Wo immer es ein Produkt für einen Kunden gibt,
gibt es auch einen Wertstrom.
Die Herausforderung liegt darin, ihn zu sehen.

– Mike Rother und John Shook

Die Wertstrom-Organisation

Agilität radikal zu Ende gedacht

von

Torsten Scheller

Verlag Franz Vahlen GmbH

Die *Wertstrom-Organisation* und *OpenSpace Change* werden unter der CC-BY-SA-Lizenz veröffentlicht. Weitere Informationen zu dieser Lizenz finden Sie auf Seite 251 dieses Buches.

In diesem Buch wird aus Gründen der besseren Lesbarkeit meistens die männliche Form verwendet. Weibliche und andere Geschlechteridentitäten sind dabei ausdrücklich mit gemeint.

ISBN Print: 978 3 8006 6221 0
ISBN E-Book: 978 3 8006 6222 7

© 2021 Verlag Franz Vahlen GmbH, Wilhelmstr. 9, 80801 München
Satz: Fotosatz Buck
Zweikirchener Str. 7, 84036 Kumhausen
Druck und Bindung: Beltz Grafische Betriebe GmbH
Am Fliegerhorst 8, 99947 Bad Langensalza

Umschlaggestaltung: Ralph Zimmermann – Bureau Parapluie

Gedruckt auf säurefreiem, alterungsbeständigem Papier
(hergestellt aus chlorfrei gebleichtem Zellstoff)

Für
Max
Alessja
Natalia
und die Kommenden

Die Wertstrom-Organisation

Die Wertstrom-Organisation ist ein human-zentriertes ganzheitliches Organisations- und Transformationskonzept für Business Transformation, Operational Excellence und Organisationsentwicklung. Innerhalb von 90 Tagen können sich Unternehmen aus eigener Kraft selbst verändern und Marktführer werden. Dabei kommt das Potenzial der Mitarbeiter zur wirksamen Entfaltung und wird echte Business Agility erreicht.

Die Wertstrom-Organisation baut auf **drei Säulen** auf:

- eine auf Nutzen für den Kunden ausgerichtete *Strategie*,
- ein innovatives *Produkt*, das schnell zu Absatz und mittelfristig zu Marktführerschaft führt, und
- eine auf den Wertstrom zur Erstellung dieses Produktes ausgerichtete *Organisation*, welche die ersten beiden Säulen umsetzt.

Die drei Säulen müssen die **7 plus 1 Kernfragen der Wertstrom-Organisation** beantworten:

1. *Wozu ist Ihre Organisation da?*
   Der *primäre Zweck* Ihrer Organisation muss deren wirtschaftliches Überleben sichern. Die *sekundären Zwecke* Ihrer Organisation müssen der Gesellschaft dienen, in der diese Organisation agiert.
2. *Wer ist der Kunde Ihrer Organisation?*
   Wem entsteht durch den primären Zweck Ihrer Organisation ein *Nutzen* – und daraus dann *Wert*?
3. *Was ist das Produkt Ihrer Organisation?*
   Wie setzt Ihre Organisation den primären Zweck um? Was ist das Produkt – der *Output* – und was dessen beabsichtigte Wirkung – der *Outcome*?
4. *Wie und wodurch entsteht dem Kunden durch das Produkt Ihrer Organisation welcher Wert?*
   Wie führt der primäre Zweck über das Produkt zu einem Wert für den Kunden? Wenn Sie genau wissen, was an dem Produkt wie Wert für den Kunden stiftet, können Sie alles andere weglassen.
5. *Wo in Ihrer Organisation entsteht das, was zu diesem Wert führt?*
   Wenn Sie wissen, wo in Ihrer Organisation das am Produkt entsteht, was Ihrem Kunden Wert erzeugt, dann können Sie diese Stelle kontinuierlich verbessern – und alles andere weglassen.
6. *Wie organisiert und verbessert Ihre Organisation kontinuierlich dieses {„Wo in Ihrer Organisation entsteht das, was zu diesem Wert führt?"}?*
   Sie müssen nur diese Stelle (5.) organisieren und kontinuierlich verbessern. Alles andere trägt nicht zu Wert für den Kunden bei und ist daher Verschwendung.

7. *Wie koordiniert und führt Ihre Organisation deren Projekte, Produkte und Initiativen?*
   Ihre Organisation muss ihre Projekte, Produkte und Initiativen selbst regeln, anhand einer klaren Strategie priorisieren und umsetzen. Dies ist zu organisieren und die entsprechend notwendigen Daten sind bereitzustellen.

Zusatzfrage: Wie verteilt Ihre Organisation die Produktivitätsverbesserungen?

Wer profitiert wie von der Wertstrom-Organisation? Für wen ist Ihre Organisation da? Dies betrifft die sekundären Zwecke Ihrer Organisation.

An dieser Stelle schließt sich der Kreis zur ersten Kernfrage.

Mit einem zyklischen Durchlaufen der 7 plus 1 Kernfragen entwickeln Sie Ihre Organisation kontinuierlich weiter.

Diese Fragen – und die Antworten darauf – leiten die Transformation inhaltlich und strukturell.

Das Vorgehen zur Transformation – *OpenSpace Change* – besteht aus seiner Sequenz von Lernkapiteln in drei Phasen *Shu – Ha – Ri*:

- *Shu*: In der *Einführungsphase* lernt die Organisation mit externer Unterstützung *OpenSpace Change* kennen und anwenden. Ziel ist, dass die Organisation die Methodik anschließend selbstständig anwendet.
- *Ha*: Die Organisation baut *Kompetenz* auf, sie wird in der Anwendung von *OpenSpace Change* immer besser.
- *Ri*: Die Organisation erreicht *Meisterschaft* in der Anwendung von *OpenSpace Change*, löst sich davon und geht ihren eigenen Weg.

Abbildung 1: Ein Lernkapitel in OpenSpace Change: Zwei OpenSpace Meetings rahmen die eine Lean Change-Phase ein

Ein Lernkapitel besteht aus zwei Open Spaces im Abstand von sechs Monaten mit einer *Lean Change*-Phase – in der die Themen aus den Open Spaces bearbeitet und umgesetzt sowie integriert werden – dazwischen (siehe Abbildung 1).

Das Ziel von OpenSpace Change ist, Organisationen zu ermöglichen, permanente Veränderungsfähigkeit in ihre DNA einzubauen.

Aus der Sicht des Bisherigen, ist das Neue immer falsch.
Im alten Denkrahmen ist nicht wirklich Neues möglich.

– Ernst Weichselbaum

Vorwort

> Wir sind ein Produktionsunternehmen und wollen agil werden.
> Wo fangen wir an? …

So oder so ähnlich beginnen viele Anfragen, die ich in den letzten Jahren seit meinem ersten Buch *Auf dem Weg zur agilen Organisation* [Sch17] erhielt. Die Frage ist, ob das, was hier mit „Agilität" gemeint ist, auch das ist, was Agilität eigentlich meint. Denn „Agilität" hat sich mittlerweile von seinem eigentlichen Kern – dem Bearbeiten → *komplexer*[1] Themen – entfernt und ist zum Synonym für zeitgemäßes Arbeiten und vermeintlich modernes Management geworden. Es gibt ja fast nichts mehr, das heute nicht agil sein soll …

Hinter den Anfragen steht häufig das Bedürfnis nach menschengerechter Organisation von Arbeit, nach Arbeitsformen, die moderner, flexibler und attraktiver für potenzielle Mitarbeiter[2] sind.

Dazu kommt die Beobachtung, dass es zwar durchaus optimal funktionierende Teams gibt, jedoch nur wenige optimal funktionierende Organisationen. Offensichtlich führen optimal funktionierende Teams nicht zu einer optimal funktionierenden Organisation … Wem die Denkwelt des Systemischen vertraut ist, den verwundert dies nicht.

Dies führt zur Frage:

> **Wie schaffen wir optimal funktionierende Organisationen, basierend auf optimal funktionierenden Teams?**

Unsere Organisationen sind nach wie vor funktional getrennte Organisationen – *Taylor-Ford-Organisationen*. Für die Lösung heutiger und zukünftiger Herausforderungen wird das immer stärker zum Problem. Die meisten von uns wissen das. Und die meisten fühlen zumindest, dass sich Grundlegendes ändern muss, statt nur den Rahmen des Bestehenden auszuschöpfen: Es gilt, *am System* zu arbeiten statt *im System*.

Um Anfragen, wie eine Organisation agil werden kann, zu beantworten, ist zunächst klar zu trennen zwischen der *Sachebene* und der *Beziehungsebene* in einer Organisation. Die Sachebene – hier werden die Aufgaben der Organisation bearbeitet – muss sich nach der Beschaffenheit der Aufgabenstellungen der Organisation richten. Diese

---

[1] Mit dem Zeichen „→" wird auf Begriffe, Modelle und Konzepte verwiesen, die an anderer Stelle im Buch erläutert werden. Sie finden diese im Stichwortverzeichnis.
[2] *Anmerkung des Verlags:* In diesem Buch wird aus Gründen der besseren Lesbarkeit die männliche Form verwendet. Weibliche und andere Geschlechteridentitäten werden dabei ebenfalls ausdrücklich angesprochen.

können *klar*[3], *kompliziert* und *komplex* und hoffentlich nie *chaotisch* sein (→ *Cynefin-Framework*). Die Beziehungsebene dagegen ist immer *komplex*. Wer das nicht glaubt, möge eine Beziehung beginnen.

Wir müssen daher *gleichzeitig* organisieren, was einerseits klare, komplizierte und komplexe Aufgabenstellungen und andererseits die komplexe Zusammenarbeit von Menschen erfordern.

Um in Organisationen Komplexität auf der Beziehungsebene zu gewährleisten, brauchen wir komplexe Strukturen in der Organisation. Die Beziehungsebene muss die Sachebene entsprechend den notwendigen Beschaffenheiten – *klar, kompliziert* und *komplex* – organisieren. Einen universellen Ansatz zur menschengerechten Organisation beim Bearbeiten von Aufgabenstellungen verschiedener Beschaffenheiten bietet die Wertstrom-Organisation.

Organisationen radikal neu denken

> Wer als Werkzeug nur einen Hammer hat, sieht in jedem Problem einen Nagel.
>
> – Paul Watzlawick
> Kommunikationswissenschaftler, Psychotherapeut, Psychoanalytiker und Philosoph

Unsere Organisationen müssen anpassungsfähiger, schneller, innovativer, nachhaltiger, ressourcenschonender – kurz: *zukunftsfähiger* – werden. Mit *„ein bisschen Change hier, ein bisschen Change da"* erreichen wir das nicht.

Organisation wird allgemein als ein *kompliziertes* Design-Thema aufgefasst, dabei ist es ein Thema *komplexer* Interaktionen – dem ist Rechnung zu tragen, sowohl in der Struktur der Organisation als auch bei deren Veränderung.

Das beginnt mit dem Daseinszweck einer jeden Organisation: Was will diese für wen wie leisten? Daraus ergibt sich die notwendige Wertschöpfung. Aus dieser ergibt sich dann die zur Umsetzung notwendige Struktur. In dieser sind Regelungsprozesse zu etablieren, damit die Organisation sich, basierend auf Feedback, permanent weiterentwickelt.

Dies führt zu einer von einem Zweck für einen organisationsexternen Kunden geleiteten lernenden Organisation, in der die Wertschöpfung so fließt, dass das *passende Produkt* zum *passenden Zeitpunkt* in der *passenden Qualität* zum *passenden Preis* dem Kunden zur Verfügung steht.

Im Idealfall begeistert dieses Produkt den Kunden so sehr, dass dieser ein treuer Kunde und bester Promoter für die Leistung der Organisation wird.

---

[3] Dave Snowden – der „Erfinder" des Cynefin-Frameworks – definierte ursprünglich einen Bereich „*einfach*". Da dieser nicht exakt genug beschrieb, worum es geht, benannte er diesen in „*klar*" um – mit der zwischenzeitlichen Bezeichnung „*offensichtlich*". Sie können in Literatur und Internet auf alle drei Begriffe stoßen, die inhaltlich dasselbe meinen.

Wenn eine Organisation zu schlecht funktioniert – und das erleben wir seit einiger Zeit immer häufiger –, wird reflexartig deren interne Struktur – der Aufbau der Organisation – umgestaltet. Das geschieht in der Erwartung, dass neue Strukturen oder neue „Berichtslinien" die Abläufe fundamental verbessern und danach „alles wie geschmiert läuft". Und wenn dies dann nicht eintritt, erfolgt die nächste Umstrukturierung ...

Wenn wir uns Unternehmen anschauen, die heute schon Zukunft leben – wie *Morning Star*, *FAVI*, *sipgate* und andere –, dann fällt auf, dass diese keinen Wert auf eine Hierarchie legen. Sie konzentrieren sich ausschließlich auf die Erstellung von Wert für ihre Kunden und die dazu notwendigen Abläufe und Prozesse – sie konzentrieren sich auf *die Organisation der Wertschöpfungsprozesse*.

Die Wertschöpfung muss in den Fokus, weil dort der Nutzen für den Kunden geschaffen wird. Der Aufbau der Organisation ergibt sich dann aus den Abläufen, und zwar minimal, um flexibel, schnell und wendig – um agil, adaptiv zu sein.

Beim Thema Wertschöpfung müssen wir am richtigen Punkt ansetzen: die Wartezeit eines Auftrages beträgt in unseren Organisationen mindestens 90 % (s.u.). D.h., wir sind schon recht effizient – wenn wir etwas tun. Wir haben nur zu große Wartepausen zwischen unserem Tun. Das Problem unserer Organisationen ist nicht, dass wir nicht effizient genug sind – sondern dass die einzelnen Prozesse zu schlecht miteinander vernetzt sind. Verbesserungen – wie Agilität – verschärfen dieses Problem, da diese an den maximal 10 % Nichtwartezeiten ansetzen und diese verkürzen. Wir müssen daher unsere Organisationen so aufstellen, dass die mindestens 90 % Wartezeiten entfallen.

Was kaufen Sie als Kunde?

Die Abbildung 1 zeigt die Organigramme – das sind grafische Darstellungen der Hierarchie einer Organisation – einiger bekannter Unternehmen[4].

Von welchem dieser Unternehmen würden Sie ein Produkt kaufen? Schauen Sie genau hin! Details sind wichtig! Sie kennen diese Unternehmen und benutzen deren Produkte.

Sie meinen, der innere Aufbau einer Organisation, deren Hierarchie ist Ihnen egal? Sie wollen die *Leistung* der Organisation kaufen und nicht für deren *Struktur* bezahlen?

Nun – Sie haben recht! *Als organisationsexterner Kunde kaufen Sie ein Produkt, weil Ihnen dieses über seinen Nutzen einen Wert schafft.*

Doch offensichtlich sehen Organisationen das anderes – und zwar komplett. Sonst würden sich diese mehr mit den Themen der Kunden als mit ihren eigenen befassen. Stattdessen beschäftigen sie sich lieber mit dem eigenen Dasein, mit ihrem inneren Aufbau und stellen organisationsbezogene Belange über jene der Kunden.

---

[4] Am Ende dieses Vorwortes erfahren Sie, um welche Unternehmen es sich dabei handelt.

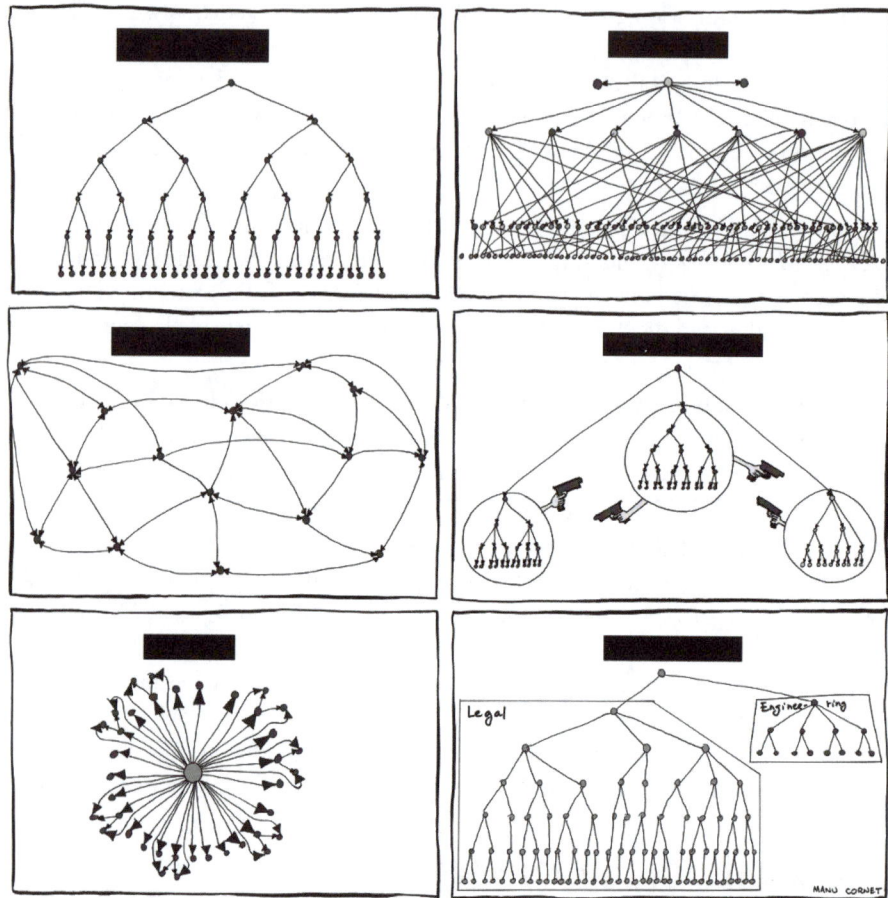

Abbildung 1: Vom Autor anonymisierte Organigramme einiger bekannter Unternehmen (© Manu Cornet [BW], modifiziert vom Autor)

Das Problem liegt also tiefer: *Der Aufbau unserer Organisationen ist schon seit einiger Zeit nicht mehr zeitgemäß.*

Flussorientierter Wertstrom statt lokal optimierte Silos

Der Autor Klaus Leopold nennt ein schönes Beispiel für den aktuellen Zustand in unseren Organisationen, für *lokale Optimierungen* vs. *Optimierung des Gesamtsystems* [Leo18]: Stellen Sie sich vor, in einer Organisation gibt es 26 Teams. Jedes Team liefert einen Buchstaben, indem es beispielsweise eine Taste auf einer Computertastatur drückt. Normalerweise optimieren sich nun alle Teams auf *ihre* Tätigkeit, d.h. möglichst schnell *ihren* Buchstaben zu liefern, *ihre* Taste zu drücken. Wenn die

Leistung der gesamten Organisation nun Briefe sind, dann nutzt es wenig, wenn das Team Q seinen Buchstaben in rekordverdächtiger Zeit liefert – es muss diesen zur *richtigen Zeit in der richtigen Menge* liefern! Denn ein Brief entsteht nicht, indem jedes Team so schnell wie möglich seinen Buchstaben liefert, sondern, indem die einzelnen Buchstaben entsprechend dem zu schreibenden Text in einem gleichmäßigen Fluss kommen! So wird der Brief am schnellsten geschrieben, so entstehen am wenigsten Fehler, Ausschuss und Verschwendung.

Außerdem: Ein Brief ist der → *Output* Ihrer Organisation, deren Leistung. Doch der Kunde möchte ein → *Outcome,* also den *Wert durch die Nutzung dieser Leistung* haben. Ein Kunde möchte also nicht den Brief an sich, sondern dessen Wirkung – sei es ein Liebes- oder Beschwerdebrief.

Unsere Organisationen sind heute meistens so aufgestellt, dass sie ihre eigenen Bedürfnisse optimieren. Dazu sind sie zum einen nach Funktionen getrennt, die sich jeweils spezialisieren und optimieren – auch als *Silos* bezeichnet. Weiterhin setzt sich diese funktionale Trennung als Spezialisierung innerhalb der Silos bis zum einzelnen Arbeitsplatz fort. Eine Leistung der Organisation – ein Produkt oder ein Service – muss nun quer zu dieser funktionalen Struktur durch die Organisation gebracht werden.

Die Sicht auf die eigenen Prozesse ist die Sicht auf die Bedürfnisse der eigenen Organisation. Hierbei geht es in erster Linie um eine optimale Auslastung der eigenen Ressourcen. Diese Prozessbetrachtung vergisst dabei den organisationsexternen Kunden als Referenzpunkt allen Tuns. Nur über jemanden außerhalb der eigenen Organisation, der mit eigenem Geld für einen ihm entstehenden Wert bezahlt, kann „frisches Geld" in die Organisation kommen. Alles andere ist „rechte Tasche – linke Tasche".

Organisationen sind daher weit davon entfernt, zu leisten, was das in ihnen schlummernde Potenzial eigentlich ermöglichen würde. Schon seit Langem ist bekannt, was notwendig wäre: *Alle Funktionen in der Organisation sind so zu integrieren, dass der Ablauf der Wertschöpfung – der Wertstrom – ungestört zum Kunden fließt.* Dazu muss sich einiges drehen: Der organisationsexterne Kunde muss wirklich im Mittelpunkt stehen. Dazu müssen sich die Organisationen um die notwendigen Wertströme herum organisieren und die Mitarbeiter lernen, dass Wertströme Mannschaftssport sind: *Alle sitzen in einem Boot und können nur gemeinsam gewinnen.*

Unser Ziel muss daher sein, Organisationen in von einem Wertstrom angetriebene *Lernende Organisationen* zu verwandeln, die aus sich selbst heraus permanent lernen und so immer besser werden. Der organisationsexterne Kunde ist – wie auch Lieferanten – dabei integraler Bestandteil des Wertstroms.

Zu diesem Buch

> Wir arbeiten in Strukturen von gestern mit Methoden von heute an Problemen von morgen vorwiegend mit Menschen, die in den Kulturen von vorgestern die Strukturen von gestern gebaut haben und das Übermorgen innerhalb der Unternehmung nicht mehr erleben werden.
>
> – Knut Bleicher
> Deutscher Wirtschaftswissenschaftler

Organisationen sind dazu da, um über ihre Leistung einem organisationsexternen Kunden einen Nutzen und durch diesen einen Wert zu schaffen. Die dazu notwendige Wertschöpfung ist zu organisieren und die Organisation so aufzubauen, dass die Wertschöpfung bestmöglich organisiert wird. Dies spannt einen Bogen vom Zweck der Organisation über deren Kunden und Produkte über die notwendige Struktur bis zur Selbststeuerung.

Darum geht es in diesem Buch.

Ausgangspunkt der Untersuchungen, die zu diesem Buch führten, war die Feststellung, dass nirgends wirklich funktionierende Organisationen zu sehen sind. Und unsere Organisationen funktionieren zunehmend schlechter. Dabei gab es in den letzten 40 Jahren zahlreiche richtungsweisende Impulse dafür, was zu verändern ist (siehe Seite 2 *„Zeit, Bilanz zu ziehen"*). Doch davon wurde viel zu wenig erreicht, was zur Frage führte, ob wir etwas Grundsätzliches bisher nicht angegangen sind. Das führte zu einem intensiven Befassen mit Organisationen, deren Aufbau, Strukturen und Funktionsweisen.

Organisationen leiden an *Organisatorischen Schulden* aufgrund unzureichend erfolgreicher Veränderungen und der beiden Grundprobleme heutiger Organisationen: *Funktionale Trennung* und *Zentrale Steuerung* (siehe Teil I).

Zwar gibt es viele wirksame und gut funktionierende einzelne Methoden und Praktiken – doch es fehlt ein nachhaltig funktionierendes *Gesamtkonzept* für wirksame Organisationen einschließlich der Veränderungsvorgehen dazu.

Dies führte dazu, Organisationen radikal neu zu denken. Das Ergebnis sind die 7 Kernfragen plus Zusatzfrage (siehe Teil II):

- Frage 1: *Wozu ist Ihre Organisation da?*
- Frage 2: *Wer ist der Kunde Ihrer Organisation?*
- Frage 3: *Was ist das Produkt Ihrer Organisation?*
- Frage 4: *Wie und wodurch entsteht dem Kunden durch das Produkt Ihrer Organisation welcher Wert?*
- Frage 5: *Wo in Ihrer Organisation entsteht das, was zu diesem Wert führt?*
- Frage 6: *Wie organisiert und verbessert Ihre Organisation kontinuierlich dieses {„Wo in Ihrer Organisation entsteht das, was zu diesem Wert führt?"}?*

- Frage 7: *Wie koordiniert und führt Ihre Organisation ihre Projekte, Produkte und Initiativen?*
- Zusatzfrage: *Wie verteilt Ihre Organisation die Produktivitätsverbesserungen?*

Aus der Vielzahl an möglichen Methoden, Vorgehensweisen und Frameworks wurden einige ausgewählt, die sowohl einfach genug in der Anwendung als auch mächtig genug in der Wirkungsentfaltung erscheinen (Teil III).

Nicht alles am Konzept der Wertstrom-Organisation ist neu – Bekanntes und Erprobtes wird in einer neuen Art und Weise miteinander verbunden und durch Neues mit dem Ziel ergänzt, ein Konzept für dauerhaft funktionierende und leistungsfähige Organisationen zu schaffen.

Die Wertstrom-Organisation soll kein methodengetriebener Selbstzweck sein, sondern ein offenes Konzept, das zum Nachdenken und Weiterentwickeln anregt. Daher wird das Konzept der Wertstrom-Organisation auch in der CC-BY-SA-4.0-Lizenz[5] veröffentlicht.

Zur Unterstützung und zum Austausch mit anderen Lesern sei die Webseite zum Konzept www.wertstrom-organisation.de empfohlen.

> Um die *richtigen Dinge richtig zu tun*, muss zwischen beidem klar unterschieden werden: Den *richtigen Dingen* – dem *Was* zu tun ist – und dem *richtig tun* – dem *Wie* es zu tun ist; zwischen dem Inhalt der Veränderung – dem Was – und der Vorgehensweise zur Veränderung – dem Wie. Während sich der Inhalt nur an der Sache orientieren muss und keine Rücksicht auf Personen nehmen darf, muss die Vorgehensweise alle Betroffenen integrieren und sie so zu Beteiligten machen. Indem *„Job safety not role safety"* gegeben wird, muss niemand um seinen Job bangen. Die Erwartung ist, dass eine funktionierende Organisation genügend Möglichkeiten findet, vorhandenes Personal sinnvoll weiterzubeschäftigen.

Die Wertstrom-Organisation ist mehr ein Denkmodell als eine Blaupause zum Nachbauen.

Sie brauchen eine konstruktivistisch-systemisch coachende Haltung, um die Wertstrom-Organisation zu verstehen. Das rein mechanische Umsetzen der hier beschriebenen Ideen und Konzepte wird nicht funktionieren. Die notwendigen Erfahrungen und Haltungen können leider nicht beschrieben, sondern nur direkt vermittelt und erfahren werden.[6]

Seit meinem ersten Job 1997, als ich begann, in Deutschland WLAN einzuführen, begleiten mich die drei Phrasen:

- *Das haben wir schon immer so gemacht.*
- *Das haben wir noch nie gemacht.*
- *Da könnte ja jeder kommen.*

---

[5] Die Lizenzbedingungen sind im Abschnitt „Lizenzbedingungen" auf S. 251 angegeben.
[6] Beachten Sie hierzu die Ausführungen auf S. 235.

Daher bin ich auf Ihre Reaktion zum Konzept der Wertstrom-Organisation gespannt und freue mich auf Dialoge mit Lesern, Anwendern und Kritikern der Wertstrom-Organisation auf der Webseite zum Buch www.wertstrom-organisation.de, auf Twitter @schellerconsult, LinkedIn etc.!

Torsten Scheller
Kolbermoor an der Mangfall
im Oktober 2020

PS: Auflösung des Rätsels

Wie versprochen, sollen Sie noch erfahren, um welche Organisationen es sich in Abbildung 1 handelt.

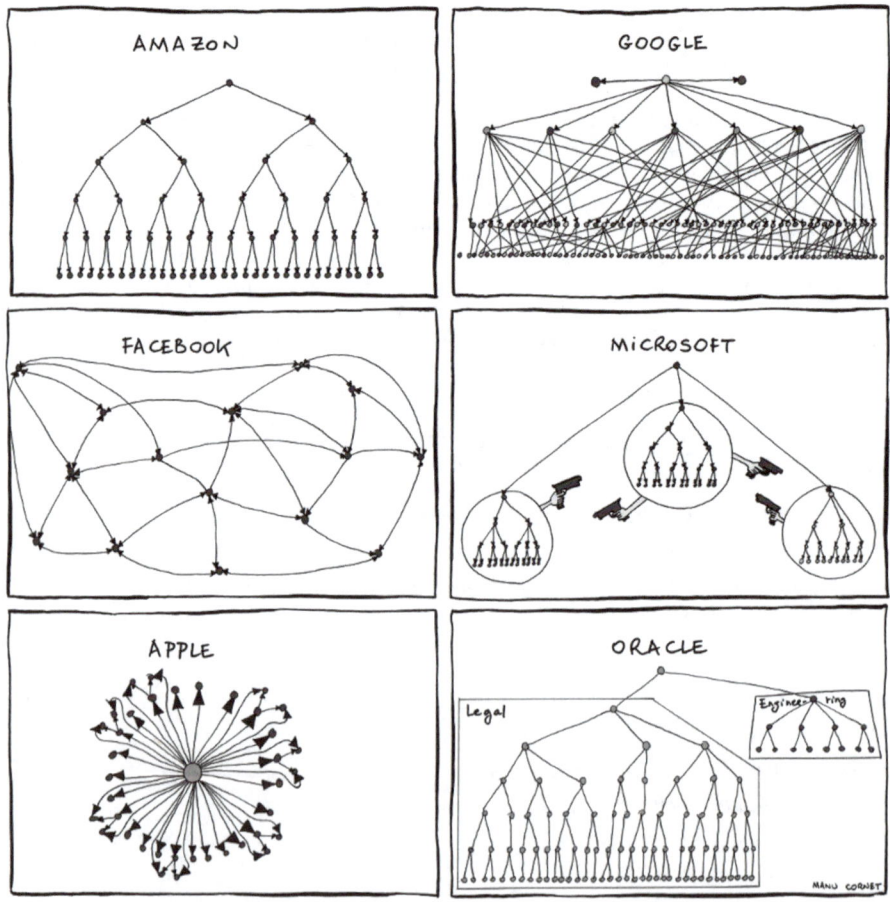

Abbildung 2: Organigramme einiger bekannter Unternehmen (© Manu Cornet [BW])

Inhaltsübersicht

Die Wertstrom-Organisation VI
Vorwort IX
Zeit, Bilanz zu ziehen 1
    Die Wertstrom-Organisation 20
    Die Leistung einer Organisation wird durch Menschen erbracht 22
    Verschwendungen erkennen und beseitigen 32
    Die Vorteile der Wertstrom-Organisation 34
    Beispiele für Wertstrom-Organisationen 35
    Wichtige Hinweise in eigener Sache 37
    Los geht's, packen wir es an! 38

Teil I Das Problem: Organisatorische Schulden erdrücken Organisationen 39
    Das Nichtlösen der Probleme der Organisationen führt zu organisatorischen Schulden 39

Teil II Die Lösung: Die Wertstrom-Organisation 53
    Die 7 Kernfragen plus Zusatzfrage auf dem Weg zur Wertstrom-Organisation . . . 55
    Frage 1: *Wozu ist Ihre Organisation da?* – Der Zweck Ihrer Organisation 56
    Frage 2: *Wer ist der Kunde Ihrer Organisation?* – Wem durch den primären Zweck Nutzen entsteht 61
    Frage 3: *Was ist das Produkt Ihrer Organisation?* – Wie Ihre Organisation den primären Zweck umsetzt 62
    Frage 4: *Wie und wodurch entsteht dem Kunden durch das Produkt Ihrer Organisation welcher Wert?* – Wie der primäre Zweck über das Produkt zu Wert für den Kunden führt 63
    Frage 5: *Wo in Ihrer Organisation entsteht das, was zu diesem Wert führt?* – Wertstrom-Management 65
    Frage 6: *Wie organisiert und verbessert Ihre Organisation kontinuierlich dieses {„Wo in Ihrer Organisation entsteht das, was zu diesem Wert führt?"}?* – Wertstrom-Management 115
    Frage 7: *Wie koordiniert und führt Ihre Organisation ihre Projekte, Produkte und Initiativen?* – Die Wertstrom-Organisation regelt sich und ihre Projekte, Produkte und Initiativen selbst 158
    Zusatzfrage: *Wie verteilt Ihre Organisation die Produktivitätsverbesserungen?* – Wer wie von der Wertstrom-Organisation profitiert und wie dies organisiert wird 162
    Fazit aus den 7 + 1 Kernfragen 164

Teil III Praktisches: Vorgehensweisen, Methoden und Tools 167
    Die Engpasskonzentrierte Strategie (EKS®) 169
    OpenSpace Change – Lean Change 3.0 173
    Das Flight-Levels-Modell zur Regelung der Projekte, Produkte und Initiativen einer Organisation 199
    Agile Interaktionen 204
    Kanban 210
    Canvases 217
    Wardley Maps 221

Teil IV Los geht's! 229
  Das Ziel der Wertstrom-Organisation 229
  Der Erfolg der Wertstrom-Organisation ist messbar 229
  Die Wertstrom-Organisation wird über das Produkt geführt 230
  Komplexe Lösungen sind individuell 230
  Gehen Sie schrittweise und aufeinander aufbauend vor! 230
  Schneiden Sie alte Zöpfe ab! 231
  Was Sie immer beachten müssen 231
  Gefahren, Hindernisse und Fehlermöglichkeiten 233
  Teilen Sie Ihre Lösungen, Probleme und Anregungen 234
  Ausbildungen 234

Quellenangaben 237

Über den Autor 247

Danksagungen 249

Lizenzbedingungen 251

Stichwortverzeichnis 253

Zeit, Bilanz zu ziehen

Inhaltsverzeichnis

38 Jahre „In Search of Excellence"	4
38 Jahre „Out of the Crisis"	5
35 Jahre „The New New Product Development Game"	7
30 Jahre Lean Management	9
27 Jahre Business Process Reengineering	12
20 Jahre „Manifest für Agile Softwareentwicklung"	14
11 Jahre „Moon Shots for Management"	16
Fazit: Dieses Buch ist notwendig	19
Die Wertstrom-Organisation	20
Rahmenbedingungen	20
Die Leistung einer Organisation wird durch Menschen erbracht	22
Worum es bei der Wertstrom-Organisation geht	23
Es muss klar sein, wo und wie Wert entsteht!	24
Komplexe Produkte erfordern eine andere Organisation der Wertschöpfungsprozesse	25
Ausgangspunkt der Überlegungen für eine zukunftsgerechte Organisationsform ist die Frage, wer für wen da ist:	25
Organisationen an die Möglichkeiten der Menschen anpassen	27
Die richtigen Dinge richtig tun – mit Effektivität und Effizienz Wert für den Kunden schaffen	28
Der Weg zur Wertstrom-Organisation	28
Verschwendungen erkennen und beseitigen	32
Die Vorteile der Wertstrom-Organisation	34
Beispiele für Wertstrom-Organisationen	35
Wichtige Hinweise in eigener Sache	37
Los geht's, packen wir es an!	38
Was Sie sofort tun können	38

Spätestens mit dem Ende der 1970er- und Anfang der 1980er-Jahre wurde deutlich, dass unsere Organisationen[1] immer schlechter funktionieren. Plötzlich auftretende „*Marktbegleiter aus Fernost*" – was damals ausschließlich japanische Wettbewerber meinte – räumten mit ihren innovativen Konsumgütern – meist Elektronik – ganze

---

[1] Unter *Organisationen* werden in diesem Buch profitorientierte Organisationen – wie Unternehmen – als auch nicht-profitorientierte – wie Verwaltungen und Vereine – zusammengefasst. Diese eint die Notwendigkeit einer Ausrichtung auf einen Nutzen durch eine Leistung für einen organisationsexternen Kunden. Erfüllen Organisationen dies nicht (mehr), haben sie sich überholt und sind Selbstzweck geworden.

Märkte ab. Und diese schafften es dann auch noch, schnell zu lernen und regelmäßig verbesserte Nachfolgeprodukte auf den Markt zu bringen. Unter den Managern im Westen griff Panik um sich …

Seitdem mangelt es nicht an wichtigen und richtungsweisenden Impulsen für Management und Organisationen, unter anderem:

- 1982 – *„In Search of Excellence"* (*„Auf der Suche nach Spitzenleistungen"*) von Thomas J. Peters und Robert H. Waterman. Die Autoren dieses Buches untersuchten Unternehmen mit Spitzenleistungen und fanden u.a. heraus, dass es bei gutem Management in Spitzenunternehmen im Grunde immer um den Menschen ging.
- 1982 – *„Out of the Crisis"* von W. Edwards Deming. Dieses Buch ist ein erster Impuls in Richtung *Lean Management* und damit einem Bewusstsein für Qualität.
- 1986 – *„The New New Product Development Game"* (*„Das neue Produktentwicklungsspiel"*) von Hirotaka Takeuchi und Ikujiro Nonaka. Die in diesem Artikel im *Harvard Business Review* vorgestellte Entwicklungsmethodik führte zehn Jahre später zum agilen Vorgehensmodell *Scrum*.
- 1990 – *„The Machine That Changed the World"* (*„Die zweite Revolution in der Autoindustrie"*) von James P. Womack, Daniel T. Jones und Daniel Roos. Dieses Buch stellte Lean Management als Ursache für den Erfolg von Toyota dar und löste damit die *Lean Management*-Welle im Westen aus.
- 1993 – *„Reengineering the Corporation: A Manifesto for Business Revolution"* (*„Business Reengineering: Die Radikalkur für das Unternehmen"*) von Michael Hammer und James Champy. Die Autoren dieses Buches stellten eine klare Prozessorientierung und die Konzentration auf kundenorientierte Unternehmensprozesse in den Mittelpunkt der Lösung der Probleme in Unternehmen und lösten damit die *Business Process Reengineering*-Welle aus.
- 2001 – Verabschiedung des *„Manifesto for Agile Software Development"* (*„Manifest für Agile Softwareentwicklung"*) durch 17 Software-Entwicklungsmethodiker und -Praktiker. Dieses bündelte verschiedene Ansätze und löste die agile Software-Entwicklungs-Welle aus.
- 2009 – *„Moon Shots for Management"* – 35 US-amerikanische Wirtschaftswissenschaftler und Praktiker formulierten 25 Thesen für Management im 21. Jahrhundert.

Nehmen wir diese – stellvertretend für alle anderen – und überprüfen: Was haben diese Impulse erreicht? Wo stehen wir heute in Bezug auf die dort angesprochenen Themen? – Zeit für eine Bilanz.

Vorab noch ein Hinweis: Ich sehe viel ehrliches Engagement und Leidenschaft für bessere und besser funktionierende Organisationen! Für funktionierendes und wirksames Management. Dies möchte ich an dieser Stelle explizit wertschätzen! Und ich teile Ihren Ärger, wenn Ihre Anstrengungen nicht die erwünschten – erhofften – Resultate zeigen. Wenn Enttäuschung, Frustration und Wut zurückbleiben. Daraus entstand dieses Buch, so sind die folgenden „Bilanzierungen" und der Ansatz der Wertstrom-

Organisation zu verstehen. Ich möchte *Cargo-Kult* überwinden! Ich denke, wenn wir das Problem an der Wurzel packen, werden wir einfacher und leichter mehr erreichen.

Cargo-Kult

Abbildung 1: Cargo-Kult: Flugzeug aus Bambus (Quelle: https://mlhoefer.files.wordpress.com/2013/05/cargoplane.jpg)

Cargo-Kult meint das Nachahmen von Verhalten, ohne den dahinterliegenden Sinn zu verstehen.

Als Beispiel wird das Verhalten der Ureinwohner aus Melanesien nach dem Zweiten Weltkrieg genannt, als die amerikanische Armee, welche die Inseln während des Krieges besetzt hatte, abgezogen war. Die Armee-Angehörigen wurden von den Ureinwohnern als Götter angesehen, da sie aus der Luft kamen, aus der Luft versorgt wurden und weder arbeiten noch jagen mussten. Und die Götter hatten so viel Überfluss, dass sie die Ureinwohner mit versorgen konnten. Durch symbolische Handlungen, wie Leucht- und Signalfeuer an Landeplätzen oder den Aufbau von Sendeanlagen und Flugzeugattrappen aus Bambus, wollten die Ureinwohner die Götter wieder anlocken und ihre Versorgung mit (westlichen) Gütern sicherstellen.

Dieses Beispiel wird immer wieder herangezogen, um die Gefahr aufzuzeigen, die entsteht, wenn Methoden mechanisch angewendet werden, ohne den dahinterstehenden Sinn zu berücksichtigen. Oft werden Methoden abgewandelt, um sie bequemer anwenden zu können und die notwendigen Veränderungen in Interaktion und Kommunikation der Organisation geringer zu halten – und den häufig damit verbundenen Schmerz zu umgehen. Gleichzeitig wird der Erfolg der Methode verhindert, wenn das zugrunde liegende Prinzip verletzt und seine Wirksamkeit nicht (mehr) erreicht wird.

Beispiele für Cargo-Kult im Agilen:
- *„Wir machen Dailys – zwei Mal die Woche."* Begründung: Daily heißt Daily, weil es täglich stattfindet. Etwas, das nicht täglich stattfindet, kann kein Daily sein. Ein Daily muss per Definition täglich stattfinden, siehe Scrum-Guide [SG17].
- *„Retrospektiven machen wir einmal im Jahr, das reicht doch."* Begründung: Die Idee ist, schnell zu lernen. Dazu braucht man schnelles Feedback. Einmal im Jahr ist zu langsam. Alle zwei Wochen oder öfter ist besser. Denn: Je kürzer der Abstand, desto schneller geht es mit dem Lernen. Eine Retrospektive muss per Definition *„zwischen dem Sprint Review und dem nächsten Sprint Planning"* stattfinden, siehe Scrum-Guide [SG17].

- *„Lernen wir Jira und andere agile Vorgehensweisen?"* Begründung: Jira ist eine „Software zur Vorgangs- und Projektverfolgung" (Zitat des Herstellers *Atlassian*) und damit keine Vorgehensweise. Agilität ist nicht abhängig davon, wie gut Jira und ähnliche Tools beherrscht werden, sondern eine Haltung, ein Mindset [Sch17].
- *„Wir sind ein Scrum-Team und das ist unser Teamleiter."* Begründung: Ein Scrum-Team hat per Definition keinen Teamleiter, siehe Scrum-Guide [SG17].

Echtes Scrum ist im Scrum-Guide [SG17] definiert. Wie Sie echte Agilität bzw. echtes Scrum erreichen, finden Sie in [Sch17].

38 Jahre *„In Search of Excellence"*

Im Jahr 1982 erschien das Buch *„In Search of Excellence"* – deutsch *„Auf der Suche nach Spitzenleistungen"* [Pet00] – der beiden US-amerikanischen Unternehmensberater Thomas J. Peters und Robert H. Waterman. Dieses Buch war ein Weckruf weit über Amerika und das Jahrzehnt hinaus.

Die Autoren stellten bei ihrer Analyse erfolgreicher Unternehmen u.a. acht Merkmale fest (siehe Kasten). Diese wurden weltweit „aufgesogen" und in den Unternehmen versucht umzusetzen.

„In Search of Excellence"

Die acht Merkmale erfolgreicher Unternehmen umfassen:

1. *Primat des Handelns*: Spitzen-Unternehmen sind ständig bereit, schnell, effektiv und effizient zu handeln. Dies erreichen sie mit innerhalb weniger Tage zusammenstellbaren Teams, die über die gegebenen Organisationsstrukturen hinweg handeln können. Um die Organisation insgesamt schneller und flexibler zu machen, wurden Organisationseinheiten heruntergebrochen. Eine ausgeprägte Offenheit für Experimente, um Ideen zu überprüfen und weiterzuentwickeln, unterstützt die Handlungsorientierung: *„Probieren geht über Studieren"*.
2. *Kundennähe*: Spitzen-Unternehmen sind nahe am Kunden, deren Interessen haben immer höchste Priorität: *„Der Kunde ist König"*. Kundennähe bedeutet, dem Kunden zuzuhören und zu verstehen, worauf es diesem bei einem Produkt oder einer Dienstleistung wirklich ankommt. Das führt dazu, dass *„ein Großteil der wirklichen Innovationen direkt vom Markt kommt"*. Es ist diese *„unmittelbare Ausrichtung am Kunden, die sie antreibt, und weniger die Technologie oder das Streben nach Kostenführerschaft"*. Statt Kosten- oder Technologieführerschaft sind Qualität, Service, Zuverlässigkeit oder Zusatznutzen die treibenden Faktoren. Die untersuchten Unternehmen sind nahezu besessen, ihren Kunden beste Qualität, Zuverlässigkeit und Service zu bieten, auch wenn das kurzfristig betrachtet unwirtschaftlich erscheint, denn es führt zu loyalen Kunden.
3. *Freiraum für Unternehmertum*: Spitzen-Unternehmen ermuntern ihre Mitarbeiter zu Unternehmertum auf Basis von Innovationen und unterstützen sie dabei. Forscher sollen echte Entdecker und ihre Produktmanager die Promotoren vielversprechender neuer Ideen sein. Es herrscht eine kreativitätsfördernde und irrtumstolerante[2] Unter-

---

[2] Zum Unterschied zwischen *Irrtum* und *Fehler* siehe [Sch17].

nehmenskultur, die Fehlschläge als Lernchancen begreift: „*Sieh zu, dass du genügend Irrtümer* [geändert TS] *machst.*"
4. *Produktivität durch Menschen*: Spitzen-Unternehmen haben „*Respekt vor dem Individuum*", denn „*auf den Mitarbeiter kommt es an*". Die exzellenten Unternehmen betrachten ihre Mitarbeiter als eigentliche Quelle für Qualitäts- und Produktivitätssteigerungen. Dazu bieten sie gute Weiterbildungsmöglichkeiten, formulieren vernünftige und klare Erwartungen und geben jedem Mitarbeiter „*die praktische Autonomie*", um Eigeninitiative zu zeigen und einen echten Beitrag zu leisten.
5. *Sichtbar gelebtes Wertsystem*: Spitzen-Unternehmen machen sehr deutlich, für welche Werte sie einstehen: „*Wir meinen, was wir sagen – und tun es auch.*" Dazu verfügen sie über einen „*wohldefinierten Katalog von Leitsätzen*", der bewusst auf einige wenige prägnante Grundaussagen reduziert ist. Es ist ihnen wichtig, dass alle Mitarbeitenden hinter diesen Werten stehen. Zudem nehmen diese Unternehmen den Prozess der Wertepflege sehr ernst.
6. *Bindung an das angestammte Geschäft*: Spitzen-Unternehmen beschränken sich auf die Kernkompetenzen, in denen sie wirklich hervorragend sind: „*Schuster, bleib bei deinem Leisten.*" Überragende Leistungen scheinen „*am ehesten den Unternehmen zu gelingen, die sich nicht allzu weit von ihrem vertrauten Tätigkeitsgebiet entfernen*".
7. *Einfacher, flexibler Aufbau*: Spitzen-Unternehmen folgen dem Prinzip „*Kampf der Bürokratie*". Dazu halten diese ihre Regeln und Abläufe einfach und haben möglichst wenige Managementebenen: „*In exzellenten Unternehmen sind die grundlegenden Strukturen und Systeme von eleganter Einfachheit.*" Diese Einfachheit gibt ihnen dann die Flexibilität, schnell auf sich ändernde Bedingungen zu reagieren.
8. *Straff-lockere Führung*: Spitzen-Unternehmen zeigen „*so viel Führung wie nötig, so wenig Kontrolle wie möglich*". Dazu kombinieren sie „*die Vorgabe einer festen zentralen Richtung*" über wenige zentral vorgegebene Grundwerte mit dem „*größtmögliche*[n] *individuelle*[n] *Freiraum jedes Einzelnen*" für Unternehmergeist.

Quelle: [Pet00, Töd19, p:b]

Ziehen wir nun Bilanz, so fällt auf, dass alle genannten acht Punkte im Großen und Ganzen hier und da ein bisschen umgesetzt wurden, der große Durchbruch jedoch überall fehlt. Zudem sind einige der damaligen Spitzen-Unternehmen von ihren ursprünglichen Prinzipien abgewichen.

In fast 40 Jahren – der Zeitspanne einer Generation – ist es uns nicht gelungen, Wesentliches in der Art und Weise von Management und Organisation zu verändern.

38 Jahre „*Out of the Crisis*"

Ebenfalls im Jahre 1982 veröffentlichte der US-Amerikaner W. Edwards Deming – ein Pionier im Bereich des Qualitätsmanagements – sein Buch „*Out of the Crisis*" [Dem92]. Deming, der ab 1950 in Japan als Qualitätsexperte agierte, wollte US-amerikanische Unternehmen dabei unterstützen, ihren Qualitätsrückstand auf japanische (Konsumgüter)Produkte zu verkürzen.

„Out of the Crisis"

In *„Out of the Crisis"* formuliert Deming *„14 Punkte für das Management"*, *„Sieben tödliche Krankheiten eines Managementsystems"* und *„Eine kleine Sammlung von Hindernissen"*.

- **14 Punkte für das Management** (eigene Übersetzung auf Basis [Dem92, And, ScP17, Dl14, WikiWEDE, WikiWEDD]):
    1. Schaffe einen beständigen Unternehmenszweck mit der Absicht, permanent Produkte und Dienstleistungen zu verbessern, um wettbewerbsfähig zu werden, im Geschäft zu bleiben und Arbeitsplätze zu schaffen.
    2. Wende die neue Philosophie an. Wir befinden uns in einem neuen wirtschaftlichen Zeitalter. Das westliche Management muss sich der Herausforderung stellen, muss seine Verantwortung lernen und die Führung für den Wandel übernehmen.
    3. Beende die Abhängigkeit und Notwendigkeit von Masseninspektionen zur Qualitätssicherung. An erster Stelle muss stehen, Qualität in das Produkt einzubauen.
    4. Beende die Praxis der Vergabe von Aufträgen auf der Grundlage des kleinsten Preises. Minimiere stattdessen die Gesamtkosten. Finde für jeden einzelnen Artikel einen einzigen Lieferanten und gehe eine langfristige Beziehung, basierend auf Loyalität und Vertrauen, ein.
    5. Verbessere permanent die Systeme für Produktion und Dienstleistungen, um Qualität und Produktivität zu verbessern und so die Kosten ständig zu senken.
    6. Führe Training on the job ein.
    7. Etabliere Führung, deren Ziel darin besteht, Menschen und Maschinen dabei zu unterstützen, ihre Arbeit besser zu machen. Die Kontrolle von Management muss überprüft werden ebenso wie die Kontrolle von Mitarbeitern.
    8. Treibe die Angst aus dem System, damit alle effektiv für das Unternehmen arbeiten können.
    9. Reiße die Mauern zwischen den Abteilungen ein. Mitarbeiter aus Forschung, Design, Vertrieb und Produktion müssen als Team arbeiten, um mögliche Probleme bei der Herstellung und Anwendung des Produktes oder der Dienstleistung vorherzusehen und abzustellen.
    10. Eliminiere Slogans, Ermahnungen und Zielvorgaben für die Belegschaft, die null Fehler und neue Produktivitätsniveaus fordern. Solche Ermahnungen schaffen nur feindliche Beziehungen, da der Großteil der Ursachen für niedrige Qualität und geringe Produktivität dem System geschuldet ist und somit außerhalb der Macht der Mitarbeiter liegt.
    11. Beseitige Leistungsvorgaben auf Basis quantitativer Quoten. Beseitige Führen durch Zielvereinbarungen (Management by Objectives) und quantitative Ziele.
    12. Beseitige alle Hindernisse, die den Mitarbeitern ihr Recht nehmen, stolz auf ihre Arbeit zu sein. Die Verantwortung der Vorgesetzten muss auf Qualität umgestellt werden. Dies bedeutet u.a. die Abschaffung der Jahres- oder Leistungsbewertung und des Führens durch Zielvereinbarungen (Management by Objectives).
    13. Führe ein ganzheitliches Ausbildungsprogramm ein und fordere und fördere die Selbstverbesserung eines jeden Einzelnen.
    14. Beziehe jeden im Unternehmen ein, um diese Transformation zu bewerkstelligen. Die Transformation ist die Aufgabe aller.
- **Sieben tödliche Krankheiten eines Managementsystems** [Dem92, WikiWEDE, WikiWEDD]:
    1. Mangelnde Beständigkeit des Organisationszwecks
    2. Betonung kurzfristiger Gewinne

3. Bewertung nach Leistung, Leistungsbeurteilung oder jährliche Überprüfung der Leistung
4. Hohe Fluktuation in Unternehmensleitung und Management
5. Ein Unternehmen nur mit sichtbaren Zahlen führen – ohne Berücksichtigung von unbekannten oder nicht-quantifizierbaren Größen
6. Überhöhte Sozialkosten
7. Überhöhte Kosten aus Produkthaftpflichtprozessen, angeheizt von Anwälten, die für Erfolgshonorare arbeiten

- *Eine kleine Sammlung von Hindernissen"* umfasst [Dem92, WikiWEDE]:
  1. Vernachlässigung langfristiger Planung
  2. Auf Technologie setzen, um Probleme zu lösen
  3. Suche nach nachahmenswerten Beispielen, anstatt eigene Lösungen zu entwickeln
  4. Ausreden wie „unsere Probleme sind anders"
  5. Der Irrglaube, dass Managementfähigkeiten im Unterricht vermittelt werden können
  6. Sich auf Qualitätskontrollabteilungen zu verlassen, statt auf Management, Vorgesetzte, Einkaufsleiter und Produktionsmitarbeiter
  7. Schuldzuweisungen an die Belegschaft, obwohl diese nur für 15 % der Fehler verantwortlich ist, während das vom Management entworfene System für 85 % der unbeabsichtigten Folgen verantwortlich ist
  8. Sich auf die Qualitätsprüfung zu verlassen, anstatt die Produktqualität zu verbessern

Ziehen wir nun 38 Jahre nach Erscheinen des Buches Bilanz, so haben wir aus meiner Sicht in manchen Punkten Fortschritte erreicht, die Auflistung an sich ist allerdings immer noch relevant. Es bleibt die Frage, warum wir so wenig erreichten? Ja, die Organisationen waren – bisher! – sehr erfolgreich in dem, was sie taten und wie sie es taten. Doch die Frage ist, was und wie viel mehr möglich gewesen wäre, wenn die genannten Punkte wirksam umgesetzt worden wären.

35 Jahre „The New New Product Development Game"

In der Ausgabe vom Januar/Februar 1986 des *Harvard Business Review* erschien der Artikel „*The New New Product Development Game*" [Tak86a – deutsch „Das neue Produktentwicklungsspiel" [Tak86b]) der beiden japanischen Wirtschaftswissenschaftler Hirotaka Takeuchi und Ikujiro Nonaka. Darin beschrieben die Autoren die Ergebnisse ihrer empirischen Studie zur Entwicklungsmethodik von sechs sehr erfolgreichen Produkten. Diese Studie kann als Beginn der „agilen Bewegung" gesehen werden, obwohl alle untersuchten Produkte Hardware-Produkte waren.

> **„The New New Product Development Game"**
>
> Das Ergebnis der Studie zeigt, dass *„führende Unternehmen sechs gemeinsame Merkmale im Produktentwicklungsmanagement aufweisen"* [Tak86b]:
>
> 1. *Eingebaute Instabilität*: Statt ihnen ein detailliertes Produktkonzept oder einen spezifizierten Arbeitsplan vorzugeben, wurde den Teams ein *„breites Ziel oder eine allgemeine strategische Richtung signalisiert"*.

2. *Selbstorganisierende Projektteams*: Teams wurden divers in Funktion und Charakter zusammengestellt, maximale Freiheiten eingeräumt und sie „*scheinen ganz von einer nie endenden Suche nach ihren Grenzen in Anspruch genommen zu werden*".
3. *Überlappende Entwicklungsphasen*: Statt eines bisher sequentiellen Vorgehens – erst Spezifizierung, dann Entwicklung, Produktion, Service – arbeiteten alle Funktionen gleichzeitig an dem Produkt.
4. *Funktionsübergreifendes Lernen*: Die verschiedenen Funktionen lernen gleichzeitig gemeinsam und voneinander. Jedes Team-Mitglied eignet sich Wissen aus und von anderen Funktionen an.
5. *Subtile Kontrolle*: Diese wird auf sieben verschiedene Weisen ausgeübt:
   - Auswahl der richtigen Leute für das Projektteam bei gleichzeitiger Beobachtung der Gruppendynamik und eventuell erforderlicher Hineingabe oder Herausnahme von Mitgliedern.
   - Schaffen eines offenen Arbeitsumfeldes.
   - Die Ingenieure ermutigen, den Markt zu beobachten und mit Kunden und Händlern zu sprechen.
   - Bewertung und Entlohnung an die Gruppenleistung koppeln.
   - Den Arbeitsrhythmus im ganzen Entwicklungsprozess angleichen.
   - Fehler tolerieren.
   - Ermutigen der Lieferanten zu mehr Selbstständigkeit.
6. Lerntransfer *im Unternehmen*: Dazu gehören u.a.
   - (Teil)Teams zusammenlassen und mit den nächsten Projekten betrauen.
   - Erfolgreiche Arbeitsweisen einzelner Teams für alle Mitarbeiter im gesamten Unternehmen verfügbar machen.
   - Anpassen an die Markterfordernisse und befreien von altem Wissen.

Weiterhin geben die Autoren folgende „Managementkonsequenzen" an und schreiben: „*Um rasch und flexibel genug zu sein, müssen die Unternehmen die Produktentwicklung in dreierlei Hinsicht neu gestalten*":

1. Das Management sollte erkennen, „*dass die Produktentwicklung selten linear voranschreitet, sondern dass sie einen iterativen Prozess von Versuch und Irrtum darstellt*". Dazu werden „*operative Entscheidungen [...] inkrementell getroffen, zentrale strategische Entscheidungen aber so lange wie möglich aufgeschoben, sodass auch noch in letzter Minute eine flexible Reaktion auf das Feedback vom Markt möglich ist*".
2. Eine andere Form von Lernen ist erforderlich. Statt hochkompetente Gruppen von Spezialisten neue Produkte entwickeln zu lassen, sind nun „*Nicht-Experten für die Produktentwicklung*" verantwortlich. Diese müssen „*Wissen aus allen Managementgebieten, Hierarchieebenen, betrieblichen Funktionen und Unternehmensbereichen akkumulieren*".
3. Management sollte „*in der Produktentwicklung eine neue Aufgabe erkennen*". Diese sei nicht mehr „*vorrangig als Quelle zukünftiger Einnahmeströme*" zu betrachten, sondern als „*Katalysator für den organisatorischen Wandel*". So dient das Team „*als Motor für den Wandel im Unternehmen, wenn seine Mitglieder strategische Initiativen ergreifen, die gelegentlich über den gewohnten Tätigkeitsbereich des Unternehmens hinausgehen, und ihr Wissen auf Nachfolgeprojekte übertragen*".

Wo stehen wir heute nach fast 35 Jahren seit Erscheinen dieser Studie? Wenn diese Studie den Anfang von Agilität markiert, wie weit sind wir damit gekommen? Wenn ich die Liste im Kasten „*The New New Product Development Game*" anhand meiner Erfahrungen reflektiere, komme ich zu folgenden Feststellungen:

1. Den meisten Teams wird auch heute noch weder ein *„breites Ziel"* noch *„eine allgemeine strategische Richtung signalisiert"*.
2. Teams werden weder divers in Funktion und Charakter zusammengestellt noch werden ihnen maximale Freiheiten eingeräumt.
3. Auch für komplexe Entwicklungsaufgaben wird immer noch zu häufig ein sequenzielles Vorgehen vorgegeben und umgesetzt.
4. Da die meisten Teams immer noch nicht divers zusammengesetzt sind, lernen die Teammitglieder weder gleichzeitig gemeinsam noch voneinander.
5. Subtile Kontrolle wird nicht erreicht, da:
   - zu selten die richtigen Leute für das Projektteam ausgewählt werden, Gruppendynamik nicht beobachtet oder gar berücksichtigt wird und zu selten die erforderliche Hineingabe oder Herausnahme von Mitgliedern stattfindet,
   - offene Arbeitsumfelder nicht geschaffen wurden,
   - die Ingenieure – auch und gerade in „agilen Teams" – zu selten ermutigt werden, den Markt zu beobachten und mit Kunden und Händlern zu sprechen,
   - Bewertung und Entlohnung zu selten an die Gruppenleistung gekoppelt sind, dafür nach wie vor an individuellen Zielen,
   - der Arbeitsrhythmus im ganzen Entwicklungsprozess nicht ausgeglichen wurde,
   - Fehler nicht toleriert werden,
   - Lieferanten nicht zu mehr Selbstständigkeit ermutigt werden, im Gegenteil.
6. Lerntransfer im Unternehmen findet zu wenig statt:
   - Teams werden nach einem Projekt meist vollständig aufgelöst. Wissen geht auf diese Art und Weise verloren.
   - Erfolgreiche Arbeitsweisen einzelner Teams werden nicht für alle Mitarbeiter im gesamten Unternehmen verfügbar gemacht.

Fast 35 Jahre nach Erscheinen des Artikels *„The New New Product Development Game"* – der sogar innerhalb der „agilen Bewegung" kaum bekannt ist – wurde viel zu wenig erreicht.

30 Jahre *Lean Management*

Im Jahr 1990 erschien das Buch „The Machine That Changed the World" [Wom90] – deutsch *„Die zweite Revolution in der Autoindustrie"* [Wom92] der US-amerikanischen Ökonomen James P. Womack, Daniel T. Jones und Daniel Roos. Dieses Buch stellte Lean Management als Grundlage des Toyota Produktionssystems und damit als Ursache für den Erfolg von Toyota dar. Dies löste im Westen die *Lean Management*-Welle aus.

Lean Management

Lean Management ist eine Managementphilosophie, bei der es darum geht, alle Abläufe in einer Organisation so zu gestalten, dass die Leistung der Organisation so schnell wie möglich mit so wenig wie möglich Ressourcen erstellt wird. Grundlage für Lean Management ist das *Lean Thinking*.

Die fünf Prinzipien des Lean Thinking

> Lean Thinking beginnt nicht mit dem Produkt, sondern mit dem Wert, den der Kunde zieht.
>
> – Mik Kersten

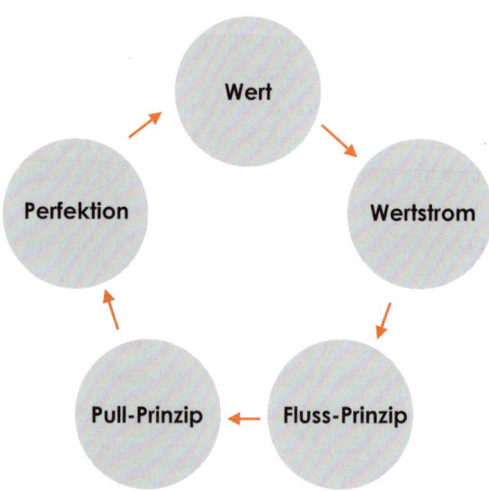

Abbildung 2: Die fünf Prinzipien des Lean Thinking im Fluss

1. *Kundenorientierung durch genaue Spezifikation des Wertes durch das spezifische Produkt*: Der Wert für den Kunden muss im Zentrum aller Aktivitäten stehen. Dieser Wert kann nur aus der Sicht des Kunden festgestellt werden: Ein Produkt oder eine Dienstleistung ist nur so wertvoll, wie der Kunde damit zufrieden und entsprechend bereit ist, dafür zu bezahlen. Denn nur für die Erfüllung seiner Bedürfnisse wird ein Kunde einen angemessenen Preis bezahlen. Dies setzt voraus, dass der Kunde und seine Bedürfnisse bekannt sind.
>> Bedienen Sie nur die Bedürfnisse Ihrer Kunden!
2. *Identifikation des Wertstroms für jedes Produkt*: Verschwendungen – alle Tätigkeiten, die nicht wertschöpfend sind, also aus der Sicht des Kunden den Wert nicht erhöhen – müssen eliminiert werden. Dazu muss klar sein, welche Tätigkeiten tatsächlich notwendig sind, auf welche verzichtet werden kann und wie die notwendigen einfacher den gleichen Wert erzeugen.
>> Konzentrieren Sie sich ausschließlich auf wertschöpfende Aktivitäten!
3. *Das Fluss-Prinzip – kontinuierliche Abläufe*: Alle Arbeitsschritte bis zum fertigen Produkt oder bis zur abgeschlossenen Dienstleistung müssen nahtlos und ohne Verzögerung ineinandergreifen. Wartezeiten, Doppelarbeit, Zwischenbestände sind Verschwendung. Das Fluss-Prinzip führt zur kürzest möglichen Durchlaufzeit bei optimal ausgelasteten Kapazitäten und senkt die Bestände.
>> Organisieren Sie ineinandergreifende kontinuierliche Abläufe!

4. *Das Pull-Prinzip – bedarfsgerechte Leistungserstellung*: Das Pull-Prinzip bedeutet, erst auf Anfordern („pull") des Kunden die tatsächlich geforderten Produkte in der geforderten Menge zu produzierend – statt auf Vorrat und diese dann in den Markt zu drücken („push"). So wird jede Form von Über- oder Fehlproduktion vermieden.
   >> Beginnen Sie erst auf Anforderung des Kunden mit der Erstellung Ihrer Leistung!
5. *Streben nach Perfektion*: Die Ansprüche und Erwartungen der Kunden steigen, ebenso das Know-how der Mitarbeiter. Zudem verändern sich die Technologien und werden anspruchsvoller. Daher muss permanent hinterfragt werden, was wie verbessert werden kann.
   >> Verbessern Sie kontinuierlich!

Die Lean-Prinzipien

Auf Basis des *Lean Thinking* und anderer Quellen lassen sich folgende allgemeine Lean-Prinzipien formulieren [Sch17]:

- *Mache nur Tätigkeiten, die Wert schaffen!*
- *Ermächtige die „Leute vor Ort"!*
- *Reagiere unmittelbar auf Kunden!*
- *Schneller Durchlauf (Flow), basierend auf Anforderung (Pull)!*

Diese Prinzipien sind direkt in Methoden der agilen Softwareentwicklung geflossen, z.B. in Kanban.

Quellen: [LAI19, Wom96, 97]

Empfehlenswerte Bücher zu Lean Management (in alphabetischer Reihenfolge, ohne Wertung):

- Furukawa-Caspary, Mari: Lean auf gut Deutsch. Band 1 bis 3. BoD – Books on Demand, Norderstedt, 2016.
- Modig, Niklas; Åhlström, Pär: Das ist Lean. Die Auflösung des Effizienzparadoxons. Rheologica, 2019.
- Pfeifer, Werner; Weiß, Enno: Lean Management. Grundlagen der Führung und Organisation industrieller Unternehmen. Erich Schmidt Verlag, Berlin, 1992
- Weiß, Enno; Strubl, Christoph; Goschy, Wilhelm: Lean Management. Grundlagen der Führung und Organisation lernender Unternehmen. Erich Schmidt Verlag, Berlin, 2015.
- Zollondz, Hans-Dieter: Grundlagen Lean Management. Einführung in Geschichte, Begriffe, Systeme, Techniken sowie Gestaltungs- und Implementierungsansätze eines modernen Managementparadigmas. Oldenbourg Verlag München, 2013.

Bei der Umsetzung von Lean Management im Westen wurde auf Methoden und Tools gesetzt und die zugrunde liegende Philosophie weitgehend unberücksichtigt gelassen. Als Ergebnis waren z.B. *„Just-in-time-Lieferungen"* zu beobachten, was – statt der eigentlich gemeinten termin- und mengengerechten Produktion und Anlieferung von Material – ein Verlagern bestehender Materiallager *„auf die Straße"* bedeutete. Statt besser organisierter Prozesse und Zusammenarbeit mit ihren Lieferanten fuhren nun viele LKWs mit Material auf Europas Autobahnen so lange im Kreis, bis ein Kunde bestellte. Der jeweils dem Produktionsstandort am nächsten fahrende LKW belieferte diesen dann – Cargo-Kult vom Feinsten.

Obwohl Lean Management ebenfalls eine Wurzel von Agilität ist [Sch17], bleiben auch hier viel zu oft die Lean-Prinzipien etc. unberücksichtigt.

27 Jahre *Business Process Reengineering*

Im Jahr 1993 erschien das Buch „*Reengineering the Corporation: A manifesto for Business Revolution*" ([Ham93] – deutsch „Business Reengineering: *Die Radikalkur für das Unternehmen*" [Ham94]) der beiden US-amerikanischen Wirtschaftswissenschaftler Michael Hammer und James Champy. Sie definierten *Business Process Reengineering* als „*fundamentales Umdenken und radikales Neugestalten von Geschäftsprozessen, um dramatische Verbesserungen bei bedeutenden Kennzahlen, wie Kosten, Qualität, Service und Durchlaufzeit, zu erreichen*" [WikiBPRD] und lösten damit die *Business Process Reengineering*-Welle aus.

Business Process Reengineering

Business Process Reengineering (BPR) transformiert in einem zyklischen Vorgehen (siehe Abbildung 3 und *Revitalizing* in Abbildung 4) ein Unternehmen von einer funktionalen zu einer prozessorientierten Organisation.

BPR baut auf folgende vier Elemente:

1. Fokussieren auf die entscheidenden Geschäftsprozesse
2. Ausrichten dieser Geschäftsprozesse auf den Kunden
3. Konzentrieren auf die Kernkompetenzen
4. Unterstützen der Prozesse durch moderne Informationstechnologien

Reengineering besteht aus „*vier Re's*" (Abbildung 3):

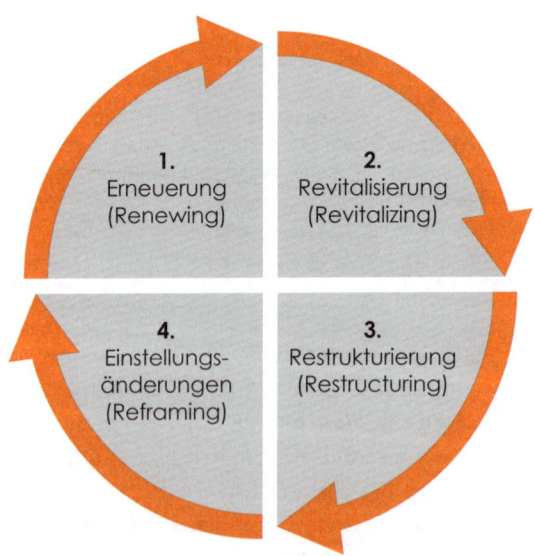

Abbildung 3: Die vier Re's des Reengineerings [MT17]

1. *Renewing* – Erneuerung: Einbinden der Mitarbeiter in den Prozess, z.B. durch Schulungen zum Erwerb von Fertigkeiten und Fähigkeiten sowie zur Motivation.

2. *Revitalizing* – Revitalisierung: Identifizieren des Prozesses, dessen Analyse, Verbesserung, Test und Implementierung (Abbildung 4).

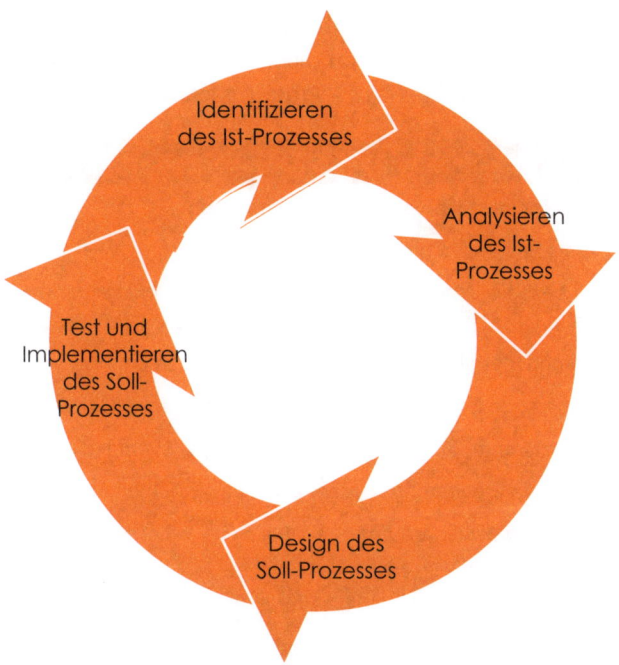

Abbildung 4: Der Business Process Reengineering-Zyklus [WikiBPRE]

3. *Restructuring* – Restrukturierung: Umsetzung der neu gestalteten Prozesse und Messen der Kennzahlen, um gegebenenfalls Anpassungen vornehmen zu können.
4. *Reframing* – Einstellungsänderungen: Ablegen herkömmlicher Denkmuster, Etablieren neuer Methoden und Einstellungen.

Quellen: [Ham94, WikiBPRE, WikiBPRD, MT17]

Dieser Impuls war seinerzeit allerdings nicht komplett neu. Bereits 1983 erschien ein Buch zur Prozessorganisation [Gai83], und 1990 legte Michael Hammer wesentliche Gedanken in einem Artikel für den *Harvard Business Review* [Ham90] dar.

Hier in diesem Buch wird im weiteren Verlauf dargestellt, dass der Fokus auf die Abläufe bei Beibehalten des Aufbaus einer Organisation scheitern muss. Wenn die Leistungserstellung der Daseinszweck einer Organisation ist, dann muss die Vormachtstellung des Aufbaus über den Ablauf gebrochen werden und der Aufbau einer Organisation sich deren Abläufen unterordnen. Genau dies blieb leider unberücksichtigt, sodass auch dieser Impuls weitgehend wirkungslos blieb.

Zeit, Bilanz zu ziehen

20 Jahre „Manifest für Agile Softwareentwicklung"

Im Jahr 2001 einigten sich 17 US-amerikanische Software-Entwicklungsmethodiker auf gemeinsame Werte und Praktiken für alle bis dahin als *„leichtgewichtig"* bezeichneten Methoden. Diese Werte und Praktiken wurden unter dem Namen *„Manifest für Agile Softwareentwicklung"* [AM01] – kurz „Agiles Manifest" – zusammengefasst.

„Manifest für Agile Softwareentwicklung"

Das Agile Manifest umfasst vier Werte und 12 Praktiken.

Die vier Werte – als Basis allen agilen Vorgehens – lauten:

„Wir erschließen bessere Wege, Software zu entwickeln, indem wir es selbst tun und anderen dabei helfen. Durch diese Tätigkeit haben wir diese Werte zu schätzen gelernt:

Individuen und Interaktionen	mehr als	Prozesse und Werkzeuge
Funktionierende Software	mehr als	umfassende Dokumentation
Zusammenarbeit mit dem Kunden	mehr als	Vertragsverhandlung
Reagieren auf Veränderung	mehr als	das Befolgen eines Plans

Das heißt, obwohl wir die Werte auf der rechten Seite wichtig finden, schätzen wir die Werte auf der linken Seite höher ein."

Folgende 12 Prinzipien wurden als Leitsätze für die agile Arbeit formuliert:

„1. Unsere höchste Priorität ist es, den Kunden durch frühe und kontinuierliche Auslieferung wertvoller Software zufriedenzustellen.
2. Heiße Anforderungsänderungen selbst spät in der Entwicklung willkommen. Agile Prozesse nutzen Veränderungen zum Wettbewerbsvorteil des Kunden.
3. Liefere funktionierende Software regelmäßig innerhalb weniger Wochen oder Monate und bevorzuge dabei die kürzere Zeitspanne.
4. Fachexperten und Entwickler müssen während des Projektes täglich zusammenarbeiten.
5. Errichte Projekte rund um motivierte Individuen. Gib ihnen das Umfeld und die Unterstützung, die sie benötigen, und vertraue darauf, dass sie die Aufgabe erledigen.
6. Die effizienteste und effektivste Methode, Informationen an und innerhalb eines Entwicklungsteams zu übermitteln, ist im Gespräch von Angesicht zu Angesicht.
7. Funktionierende Software ist das wichtigste Fortschrittsmaß.
8. Agile Prozesse fördern nachhaltige Entwicklung. Die Auftraggeber, Entwickler und Benutzer sollten ein gleichmäßiges Tempo auf unbegrenzte Zeit halten können.
9. Ständiges Augenmerk auf technische Exzellenz und gutes Design fördert Agilität.
10. Einfachheit – die Kunst, die Menge nicht getaner Arbeit zu maximieren – ist essenziell.[3]

---

[3] Da dieses Prinzip am häufigsten Fragen hervorruft, soll kurz darauf eingegangen werden: *„Perfektion ist nicht dann erreicht, wenn es nichts mehr hinzuzufügen gibt, sondern wenn man nichts mehr weglassen kann."* – Antoine de Saint-Exupéry. Und: *„Einfachheit ist die höchste Form der Perfektion."* – Leonardo Da Vinci. Es geht darum, nur das zu machen, was *für den Kunden Wert darstellt* – und alles andere wegzulassen. (Dies kann nur im engen Dialog mit den Kunden und über Experimente herausgefunden werden. Dabei muss klar priorisiert werden, was den Kunden wirklich wichtig ist, d.h. wofür sie bereit sind, zu bezahlen, und was *„not necessary but nice to have"* ist, wofür die Kunden also nicht bereit sind, zu bezahlen.)

> 11. Die besten Architekturen, Anforderungen und Entwürfe entstehen durch selbstorganisierte Teams.
> 12. In regelmäßigen Abständen reflektiert das Team, wie es effektiver werden kann, und passt sein Verhalten entsprechend an."
>
> Quelle: [AM01].

Ziehen wir nun nach fast 20 Jahren *Agiles Manifest* Bilanz und nehmen dazu die Aussagen von zwei Experten, die 2001 das Agile Manifest mit verabschiedeten:

- Jeff Sutherland, Mit-Erfinder des agilen Vorgehensmodell Scrum:

> Sie liefern nicht,
> sie messen nicht,
> sie verbessern sich nicht,
> aber sie fühlen sich unheimlich agil.
> Das ist das, was ich „California Agile" nenne.

- Mike Beedle, Initiator des Agilen Manifestes:

> Egal ob auf Team-, Programm-, Portfolio- oder Unternehmensebene, die überwiegende Mehrheit derer, die agile Implementierungen – mit welchen Mitteln auch immer – durchführen, folgen nicht wirklich den agilen Prinzipien:
> – Sie arbeiten nicht gut zusammen.
> – Sie liefern keine funktionierende Software.
> – Sie reden nicht so viel mit dem Kunden.
> – Sie reagieren nicht sehr gut auf Veränderungen.

Fast 20 Jahre nach Verabschiedung des Agilen Manifestes – das sogar vielen innerhalb der „agilen Szene" unbekannt ist – wurde viel zu wenig erreicht. Wesentliche Punkte wie Kundenorientierung, kontinuierliches Verbessern des Vorgehens und funktionierende Selbstorganisation sind viel zu selten wirklich wirksam.

> **Zum Stand von Agilität in der Praxis**
>
> Agilität ist *kundennutzenzentrierte Wertschöpfung*. Das ist Wertschöpfung,
>
> - die nur das erzeugt, was der organisationsexterne Kunde wirklich braucht – dies ist der Nutzen aus der Leistung der Organisation –,
> - die den organisationsexternen Kunden dazu direkt einbezieht,
> - die das Produkt[4] in der vom organisationsexternen Kunden gewünschten – und bezahlten – Qualität erzeugt und
> - die Verschwendungen aller Arten verhindert.
>
> Agilität ist allerdings vielerorts zum methodengetriebenen Selbstzweck verkommen, sie wird um ihrer selbst Willen gemacht. Organisationen, die „Agilität einführen", drehen sich noch stärker um sich selbst, als die eigentlich zu überwindende → *Taylor-Ford-Organisation*.

---

[4] *Produkt* meint in diesem Buch immer sowohl ein physisches als auch nicht-physisches Produkt sowie Dienstleistungen.

> „Agile Implementierungen" versagen,
> weil diese die Grundprobleme von Organisationen nicht lösen.

Die „agilen Implementierungen" lösen die Grundprobleme heutiger Organisationen nicht. Die agile Praxis sieht typischerweise so aus, dass alles – insbesondere → *Ablauforganisation* und Zuständigkeiten – so bleibt, wie es ist, nur dass die Entwicklungs- oder Projektteams jetzt „agil arbeiten". Da sieht man dann monofunktionale Teams allerorten und Mitarbeiter sind – neben ihrem „Tagesgeschäft" – Mitglied in vier bis fünf „Scrum-Teams" [sic!]… → *Cargo-Kult* überall.

11 Jahre *„Moon Shots for Management"*

> Es ist ein geradezu tragisches Versagen, dass Unternehmen durch Management genau der Qualitäten beraubt werden, die uns zu Menschen machen: unsere Lebenskraft, unser Einfallsreichtum und unsere Hilfsbereitschaft.
>
> – Gary Hamel
> US-amerikanischer Ökonom und Unternehmensberater

Im Jahr 2009 trafen sich 35 US-amerikanische Wirtschaftswissenschaftler und Praktiker – allesamt auch in Deutschland bekannt – zur *„Entwicklung eines kühnen Fahrplans zur Ausarbeitung revolutionärer Managementtheorien für das 21. Jahrhundert"* [Ham09b]. Kern war dabei die Frage, *„wie im Zeitalter rapiden Wandels Organisationen geschaffen werden können, die einerseits anpassungsfähig und flexibel, andererseits aber auch problemspezifisch und effizient sind"* [Ham09b].

„Moon Shots for Management"*

Die Antworten auf die Frage, was geschehen muss, um Unternehmen wirklich für die Zukunft zu wappnen, wurden in den folgenden 25 Thesen zusammengefasst [Ham09b]:

1. Sorgen Sie dafür, dass Manager einem höheren *Zweck* dienen: „ … müssen sich Managementmethoden von morgen darauf konzentrieren, gesellschaftlich relevante und ehrenwerte Ziele zu erreichen".
2. Berücksichtigen Sie alle wichtigen *Interessengruppen*: „In Zukunft müssen Managementsysteme ethischen Kriterien genügen."
3. Schaffen Sie eine *neue Philosophie des Managements*: „Unternehmen von morgen müssen anpassungsfähig sein, Innovation und Inspiration fördern, soziale Verantwortung zeigen und den Geschäftsbetrieb optimieren. Diese Ziele lassen sich nur erreichen, wenn die Grundlagen des Managements von theoretischer wie praktischer Seite neu geschaffen werden."
4. Beseitigen Sie die lähmende Wirkung formaler *Hierarchien*: „ … muss die traditionelle Organisationspyramide durch eine ‚natürliche' Hierarchie ersetzt werden, bei der Status und Einfluss jedes Einzelnen weniger von dessen Position als von seinem Beitrag zur Organisation abhängen. Hierarchien müssen dynamisch sein, damit die Befugnisse jenen Personen zuteil werden, die einen Mehrwert für das Unternehmen schaffen."
5. Reduzieren Sie *Angst* und schaffen Sie *Vertrauen*: „In einem idealen Arbeitsumfeld behält kein Mitarbeiter Informationen für sich; abweichende Meinungen können frei geäußert werden; und die Mitarbeiter werden ermuntert, auch einmal Risiken einzugehen."

6. Erfinden Sie ein *Kontrollsystem Gleichgestellter*: „Die Kontrolle sollte durch Gleich- statt Höherrangige erfolgen, auf der Basis gemeinsamer Werte und Erwartungen." Und: „Das Ziel der Unternehmen muss sein, Mitarbeiter zu beschäftigen, die uneingeschränkt zur Selbstdisziplin fähig sind."
7. Definieren Sie Ihre *Führungsaufgaben* neu: „In diesem neuen Modell schafft die Führungspersönlichkeit ein Umfeld, in dem jeder Mitarbeiter Gelegenheit erhält, sich kooperativ und innovativ zu zeigen und Höchstleistungen zu erbringen."
8. Fördern und nutzen Sie Vielfalt in allen Bereichen: „Künftige Managementsysteme müssen daher Vielfalt, Widerspruch und Verschiedenheit ebenso in den Mittelpunkt stellen wie Konformität, Konsens und Kohäsion."
9. Überdenken Sie kontinuierlich Ihre *Strategien*: „In Zukunft ist es nicht mehr die Aufgabe der Unternehmensleitung, Strategien zu entwickeln, sondern Bedingungen zu schaffen, unter denen Strategien entstehen und sich entwickeln können."
10. Unterteilen Sie die Organisation in kleinere Einheiten: „Unternehmen können ihre Anpassungsfähigkeit stärken, indem sie sich in kleineren Einheiten organisieren und flexible, projektbasierte Strukturen schaffen."
11. Reduzieren Sie den Einfluss der Vergangenheit so stark es geht: „Kontinuität ist zwar nicht unwichtig, aber diese subtile und fest eingefahrene Bevorzugung des Status quo muss aufgedeckt, genauestens untersucht und gegebenenfalls beseitigt werden."
12. Verteilen Sie die *Verantwortung für den Wandel* auf viele Schultern: „Die Verantwortung für den Kurs des Unternehmens [muss] auf möglichst viele Schultern verteilt werden. Außerdem kann nur eine Form der Mitbestimmung dazu führen, dass sich alle Mitarbeiter des Unternehmens ganz dem Wandel verschreiben. Statt Macht und Position müssen vorausschauendes und kluges Handeln die entscheidenden Argumente bei der Frage sein, wer in welchem Ausmaß die Richtung für das Unternehmen vorgibt."
13. Entwickeln Sie ganzheitliche *Leistungsindikatoren*: „ … müssen Unternehmen Bewertungssysteme entwickeln, die ganzheitlich ausgerichtet sind."
14. Entwickeln Sie nachhaltige *Anreizsysteme*: „Das Entwickeln eines neuen Anreizsystems, das die Aufmerksamkeit der Unternehmensleitung vor allem auf langfristige Vorteile für alle Interessengruppen lenkt, hat eine zentrale Bedeutung bei Managementinnovationen."
15. Gehen Sie mit *Informationen* demokratisch um: „In einem unsicheren Umfeld benötigen die Mitarbeiter einerseits die Freiheit, schnell handeln, und andererseits Daten, um fundierte Entscheidungen treffen zu können."
16. Fördern Sie die *Rebellen* und entwaffnen Sie die Ewiggestrigen: „ … neue Managementsysteme [...], bei denen die Entscheidungsbefugnisse auf die Schultern derer verteilt werden, die auf die Zukunft setzen und bei einem Wandel am wenigsten zu verlieren haben."
17. Erweitern Sie den *Gestaltungsspielraum* Ihrer Mitarbeiter: „Unternehmen müssen ihre Managementsysteme so umgestalten, dass Experimente vor Ort und Graswurzelprojekte unterstützt werden."
18. Schaffen Sie interne Märkte für *Ideen, Talente* und *Ressourcen*: „Eine flexiblere und dynamischere Ressourcenzuteilung lässt sich durch firmeninterne Märkte erreichen, auf denen bisherige Programme und neue Projekte gleichberechtigt um Talente und Geld konkurrieren."
19. Trennen Sie *Entscheidungsprozesse* und *Firmenpolitik*: „Die Unternehmen benötigen neue Entscheidungsprozesse, bei denen verschiedene Ansichten berücksichtigt werden, das gesamte Wissen innerhalb der Organisation genutzt wird und keine positionsbedingte Voreingenommenheit vorhanden ist."

> 20. Vereinen Sie scheinbar Gegensätzliches: *„Ziel ist, Organisationen zu schaffen, die die Möglichkeiten des Erforschens und Erkundens in dezentralen Netzwerken mit der effizienten und zielgerichteten Entscheidungsfähigkeit hierarchischer Strukturen kombinieren."*
> 21. Beflügeln Sie die Fantasie Ihrer Mitarbeiter: *„Die Managementprozesse von morgen müssen Innovationen überall in der Organisation fördern."*
> 22. Fördern Sie Leidenschaft auf allen *Hierarchieebenen*: *„Unternehmen müssen zu von Leidenschaft geprägten Gemeinschaften werden, in denen jeder Einzelne die Erfüllung seines Arbeitslebens findet. Hierzu ist es erforderlich, dass die Mitarbeiter in einem Team die gleiche Leidenschaft antreibt und dass die Ziele der Organisation im natürlichen Interesse der beteiligten Personen liegen."*
> 23. Berücksichtigen Sie bei der Führung *Netzwerkeffekte*: *„In einem Netzwerk aus Freiwilligen beziehungsweise rechtlich unabhängigen Kollegen ist die Führungspersönlichkeit stets darauf bedacht, der Gemeinschaft neuen Schwung zu verleihen und sie zu erweitern, statt sie von oben zu verwalten. Um erfolgreich zu sein, müssen folglich neue Methoden gefunden werden, um menschliche Anstrengungen zu mobilisieren und zu koordinieren."*
> 24. Richten Sie Sprache und Praxis des Managements auf Menschen aus: *„Um Organisationen zu schaffen, die in ihrer Fähigkeit zu Anpassung, Innovation und Engagement schon beinahe menschliche Züge annehmen, müssen die Pioniere des Managements von morgen neue Methoden ermitteln, wie sich schnöde geschäftliche Aktivitäten mit tief greifenden Idealen wie Ehre, Wahrheit, Liebe, Gerechtigkeit und Schönheit verbinden lassen."*
> 25. Bringen Sie das Management dazu, umzudenken: *„Manager von morgen benötigen neue Fähigkeiten wie reflektierendes Lernen, systembasiertes Denken, kreative Problemlösungen und werteorientiertes Denken."*
>
> Diese Liste soll ein *„leicht verständlicher Katalog"* sein und ist dazu gedacht *„Unterstützung zu bieten, die Richtung vorzugeben und allen anderen Managementrebellen ein wenig Mut zu machen"* [Ham09b].
>
> * Deutscher Titel: *„Mission: Management 2.0"* [Ham09b].

Ziehen wir nun Bilanz nach über 11 Jahren seit Erscheinen dieser Liste: Wo stehen wir heute? Gehen wir dazu die 25 Punkte der Liste durch:

- Unsere Organisationen bestehen nicht aus kleineren Einheiten (Punkt 10).
- Weder dienen Manager einem höheren Zweck (Punkt 1) noch werden alle wichtigen Interessengruppen berücksichtigt (Punkt 2). Eine neue Philosophie des Managements ist nicht zu erkennen (Punkt 3). Management hat viel zu wenig umgedacht (Punkt 25). Sprache und Praxis des Managements sind immer noch viel zu selten auf Menschen ausgerichtet (Punkt 24).
- Formale Hierarchien lähmen immer noch Organisationen (Punkt 4), die Leidenschaft auf allen Hierarchieebenen wird nicht gefördert (Punkt 22). Angst ist nicht reduziert, Vertrauen viel zu wenig geschaffen (Punkt 5). Kontrollsysteme Gleichgestellter existieren kaum (Punkt 6).
- Die Verantwortung für den Wandel ist nicht auf viele Schultern verteilt (Punkt 12). Die Gestaltungsspielräume wurden viel zu wenig erweitert (Punkt 17). Weder wird

scheinbar Gegensätzliches vereint (Punkt 20) noch die Fantasie der Mitarbeiter beflügelt (Punkt 21).
- Die Vergangenheit ist immer noch so einflussreich wie eh und je (Punkt 11). Entscheidungsprozesse und Firmenpolitik sind immer noch eng verknüpft (Punkt 19). Ganzheitliche Leistungsindikatoren fehlen (Punkt 13) ebenso wie nachhaltige Anreizsysteme (Punkt 14).
- Führungsaufgaben sind nicht neu definiert (Punkt 7). Netzwerkeffekte bei der Führung werden viel zu wenig berücksichtigt (Punkt 23). Strategien werden nicht überdacht – schon gar nicht kontinuierlich (Punkt 9). Informationen sind immer noch ein Machtmittel (Punkt 15).
- Vielfalt wird weder gefördert noch genutzt – schon gar nicht in allen Bereichen (Punkt 8). Weder sind die Ewiggestrigen entmachtet noch werden Rebellen gefördert (Punkt 16). Weder für Ideen noch für Talente oder Ressourcen gibt es interne Märkte (Punkt 18).

Fazit: Dieses Buch ist notwendig

Fast 40 Jahre nach den ersten Impulsen ist es ernüchternd, festzustellen, wie wenig erreicht wurde. Statt die gemeinsamen Aspekte aller erwähnten Impulse, wie

- eine funktional integrierte Organisation aufzubauen,
- die Wertschöpfungsprozesse auf die organisationsexternen Kunden auszurichten,
- diese Wertschöpfungsprozesse permanent zu verbessern und
- die Mitarbeiter in die Lage zu versetzen, eigenverantwortlich zu handeln,

umzusetzen, wurde *Business-Theater* betrieben: Oberflächenkosmetik, hier und da Kästchen schieben in Organigrammen[5], Posten umbenennen etc. Statt grundlegender Veränderungen sehen wir vielerorts → *Cargo-Kult*. Der eigentliche Zweck der Organisationen – *effektiv und effizient Wertschöpfung für den Kunden zu betreiben* – wurde häufig verfehlt. Dafür verkamen Organisationen zum Selbstzweck und wurden zu Plattformen für die Egotrips ihrer Manager.

Solange wir das Primat der → *Aufbauorganisation* – der Organisation von Macht und der Verteilung von Ressourcen – nicht brechen, bleiben alle Veränderungen Cargo-Kult. Solange die Grundstruktur der Aufbauorganisation unangetastet bleibt, kann sich Wertschöpfung nicht frei entfalten. Solange wir Organisationen nicht über die Wertschöpfung strukturieren, so lange bleibt Verschwendung das Hauptproblem unserer Organisationen:

Nur in 0,5 bis 5 Prozent der Zeit, die ein Auftrag in einer Organisation verbringt, wird diesem Wert hinzugefügt; die übrige Zeit verbringt dieser mit Warten[6].

---

[5] *Organigramme* sind die bildliche Darstellung des Aufbaus einer Organisation – der Hierarchie.
[6] Quelle [Str93], andere Studien kommen auf Werte zwischen 3 und 7 Prozent.

Statt weiter *im bestehenden System* Verbesserungen anzustreben, müssen wir *am System* arbeiten und dessen grundlegenden Aufbau verändern.

Es ist tiefgreifender Wandel statt Oberflächenkosmetik notwendig:

Wir müssen die Art und Weise, wie wir Wertschöpfung organisieren, grundlegend verändern.

Der in diesem Buch vorgestellte Ansatz der Wertstrom-Organisation geht diesen Weg:

Überwinden des Primats der Aufbauorganisation durch Überwinden der funktionalen Trennung und der dadurch notwendigen zentralen Steuerung in der Organisation. Denn beides wird weder den organisationsexternen Umweltfaktoren – dynamischere Märkte und Wettbewerb, VUKA-Welt [Sch17] – noch den organisationsinternen Faktoren – hochmotivierte und bestens ausgebildete Mitarbeiter, komplexe Technologien und Vorgehensweisen – gerecht. *Nur eine funktional integrierte Wertschöpfungsorganisation, basierend auf dezentraler marktgesteuerter Regelung, ist dauerhaft in der Lage, mit den gegebenen organisationsexternen und -internen Faktoren angemessen umzugehen.*

Und genau dazu möchte das vorliegende Buch (s)einen Beitrag leisten.

Was uns weiterhin zu denken geben sollte, ist, dass die erwähnten Impulse der letzten 40 Jahre fast ausschließlich von US-amerikanischen Wirtschaftswissenschaftlern kamen. Damit dominiert im Westen eine überwiegend US-amerikanische Sichtweise auf Management und Organisation. Möglicherweise ist dies Teil des zu lösenden Problems …

Die Wertstrom-Organisation

Rahmenbedingungen

> Aus der Sicht des Bisherigen ist das Neue immer falsch.
> Im alten Denkrahmen ist nicht wirklich Neues möglich.
>
> – Ernst Weichselbaum
> Vordenker, Konstruktivist, Philosoph, Berater und Erfinder
> der Nahtstellenorganisation

In einer immer dynamischeren, unübersichtlicheren und komplexeren Welt – Stichwort *VUKA-Welt* [Sch17] – stehen Organisationen heute unter einem immensen Druck: Sie müssen gleichzeitig äußeren Faktoren – z.B. die vier wichtigsten Wettbewerbsfaktoren (siehe der folgende Kasten) – als auch inneren Faktoren – z.B. ihre hochqualifizierten und motivierten Mitarbeiter sowie zunehmend komplexere Produkte mit einem zunehmend komplexer werdenden Wertschöpfungsprozess – gerecht werden.

Die vier wichtigsten Wettbewerbsfaktoren
Für jede einem Kunden angebotene Leistung – ob Produkt oder Service – gelten die vier wichtigsten Wettbewerbsfaktoren [LAI19]: • *Verfügbarkeit*: Die Leistung muss auf Kundenanforderung abrufbar sein. • *Individualität*: Die Leistung muss den jeweiligen Kundenanforderungen entsprechen. • *Qualität*: Die Leistung muss fehlerfrei sein. • *Kosten*: Die Leistung muss so wenig aufwendig wie möglich (entstanden) sein. Wer diese Faktoren im Griff hat, lebt *Business on Demand* und ist unschlagbar – allerdings nur, solange kein Wettbewerber in einem der Faktoren besser ist. Daher müssen diese kontinuierlich verbessert werden – wer sich ausruht, fällt zurück.

Abbildung 5 zeigt die Herausforderung an die Gestaltung von Organisationen:

- Einerseits hängen die drei Komponenten *Strategie*, *Produkt* und *Organisation* – die beides umsetzen muss – zusammen, bestehen Abhängigkeiten zwischen diesen,
- andererseits wirken alle drei einzeln auf die Leistung der Organisation, die das Überleben der Organisation sicherstellen muss.

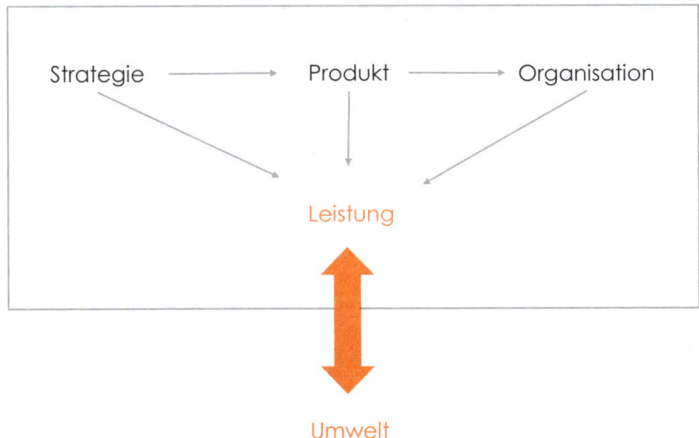

Abbildung 5: Die Herausforderung besteht darin, Strategie, Produkt und Organisation so zu gestalten und zu kombinieren, dass die entstehende Leistung das Überleben sichert

Bisherige Ansätze betrachten jeweils nur *eine* Komponente:
- Strategieberatung kümmert sich isoliert um die Strategie.
- Beratung zum Produkt und Produktentstehungsprozess (PEP) kümmert sich isoliert um dieses, hierzu zählen auch die agilen Ansätze.
- Organisationsberatung und Change Management kümmern sich isoliert um die Organisation.

Eine ganzheitliche Lösung entsteht so nicht.

In einer VUKA-Welt [Sch17] müssen isolierte Betrachtungen und Lösungsansätze scheitern! Nur ganzheitliche und im Sinne des → *Gesetz von Ashby* adäquate komplexe Lösungsansätze können überhaupt erfolgversprechend sein!

> **Produktarchitektur und Wertstrom müssen zusammenpassen**
>
> In früheren Zeiten war die technische Entwicklung der Engpass. Dies ist heute nicht mehr so, im Gegenteil: Heute dominiert die Technologie. Organisationen richten sich an den Strukturen „ihrer Systeme" aus, statt „die Systeme" an ihrer Organisationsstruktur zu orientieren. Auch sind die meisten Architektur-/Skalierungsansätze falsch, da sie von einer technologischen statt einer Geschäftsicht – und damit dem Fluss von Wert für einen organisationsexternen Kunden – getrieben sind.

Die Leistung einer Organisation wird durch Menschen erbracht

> Der Zweck einer Organisation ist es, gewöhnliche Menschen zu befähigen, außergewöhnliche Dinge zu tun.
>
> – Peter F. Drucker

Toyota – Vorbild und Vorreiter in Sachen Lean Management und damit dem Wertstrom-Gedanken – hat zwei Klassen von Wertströmen: *Für Produkte und für Mitarbeiter* [Lik09].

Die Idee eines Wertstromes für Mitarbeiter ist, dass immer dann Wert geschaffen wird, wenn Menschen lernen, sich weiterentwickeln und gefordert werden. Damit ist jede Zeit, in der dies nicht geschieht, Verschwendung – *verschwendete Lebenszeit ...*

Erinnern Sie sich an die Feststellung, dass nur in 0,5 bis 5 Prozent der Zeit, die ein Auftrag in einer Organisation verbringt, dieser eine Wertsteigerung erfährt und die übrige Zeit mit Warten verbringt [Str93]. Dies trifft dann auch auf die Mitarbeiter zu.

Durch dysfunktionale Strukturen verschwenden Menschen ihr Leben in Organisationen!

Für den Erfolg einer Organisation müssen der Produkt-Wertstrom und der Mitarbeiter-Wertstrom zusammengebracht werden. Dies geschieht über das Lösen von Problemen – in diesem Punkt kommt alles zusammen [Lik09]. Der Schlüssel zum Erfolg einer Organisation liegt im Zusammenbringen von *produktbezogenen Wertströmen* mit *mitarbeiterbezogenen Wertströmen* [Lik09]. Nur Menschen, die kompetent und motiviert sind, alle Probleme zu lösen, mit denen sie konfrontiert werden, halten unsere Organisationen „am Laufen". Zwar geschieht dies heute schon, allerdings mit viel zu viel Verschwendung zunehmend immer schlechter ...

Wertstrom ist kein Tool oder Prozess – es ist eine Haltung. Diese fokussiert auf Wertschöpfung für einen organisationsexternen Kunden. Alles, was keinen Wert erzeugt, ist Verschwendung. Dies gilt für Material und Menschen, Energie und Zeit etc.

Worum es bei der Wertstrom-Organisation geht

> Reißt die Mauern zwischen Abteilungen ein.
> – W. Edwards Deming

Das Konzept der Wertstrom-Organisation tritt an, die oben genannten Herausforderungen anzugehen:

- eine funktional integrierte Organisation aufzubauen,
- die Wertschöpfungsprozesse auf die organisationsexternen Kunden auszurichten,
- diese Wertschöpfungsprozesse permanent zu verbessern und
- die Mitarbeiter in die Lage zu versetzen, eigenverantwortlich zu handeln.

Dazu wird die *funktionale Trennung* im Aufbau der Organisation überwunden. Durch diese Trennung war bisher eine *zentrale Steuerung* notwendig, die nun entfällt. *Entscheidungen werden nun vor Ort* von denjenigen getroffen, die das notwendige Wissen haben und die Verantwortung dafür tragen – die beteiligten Mitarbeiter. Alle Wertschöpfungsprozesse werden durch die *beteiligten Mitarbeiter* auf die *organisationsexternen Kunden* ausgerichtet und im engen Kontakt mit diesen *permanent verbessert*.

Was die Wertstrom-Organisation ist

Wert geht über Fluss, Fluss geht über Beseitigung von Verschwendung.
– Grundsatz aus dem Lean Thinking

Die Wertstrom-Organisation ist die agile Organisation radikal zu Ende gedacht: *eine anpassungsfähige, adaptive, flexible Organisation nicht nur für komplexe Aufgaben, sondern für Aufgaben aller Beschaffenheiten – klare, komplizierte, komplexe – und auch für Aufgaben gemischter Art.*

Die Wertstrom-Organisation ist eine Organisation, die wirklich die Bedürfnisse ihrer Kunden erfüllt.

Die Wertstrom-Organisation ist eine Organisation im Prozess, im permanenten Werden. Sie ist eine lernende Organisation – und Lernen muss permanent stattfinden, um nicht zurückzufallen. Daher muss die Wertstrom-Organisation permanent verbessert werden, damit sie eine Wertstrom-Organisation bleibt. Insofern will die Entscheidung, eine Organisation zu einer Wertstrom-Organisation umzubauen oder eine Wertstrom-Organisation neu aufzubauen, gut überlegt sein.

Die Wertstrom-Organisation entsteht durch und baut auf → *OpenSpace Change* (auch bekannt als *Lean Change 3.0*), einem der wirkmächtigsten Veränderungsverfahren. Die Wertstrom-Organisation ist damit eine *OpenSpace Change*-Organisation. Kern dieser sind halbjährlich sich wiederholende dreitägige *Open Space*-Events auf Ebene der Gesamtorganisation zur Reflexion des Bisherigen und Weitergehen der nächsten Schritte.

> Die Wertstrom-Organisation ist kein akademisches Modell, sondern das Ergebnis der Analyse von erfolgreichen Unternehmen aus der Praxis. Es wurden verschiedene sehr erfolgreiche Unternehmen analysiert und daraus dann das Modell der Wertstrom-Organisation extrahiert. Da Sie Ihre eigene Implementierung der Wertstrom-Organisation finden müssen, werden hier keine Namen genannt. Das Nennen von Namen ist immer ein Autoritätsbeweis. Das Problem ist dabei immer, dass das genannte Unternehmen als Blaupause verstanden und nachgebaut wird – siehe Spotify.[7]
>
> Daher gilt generell: Entweder Sie sind von etwas überzeugt – dann brauchen Sie keine Namen, dann machen Sie das. Oder Sie sind davon nicht überzeugt – dann sollten Sie es nicht machen, egal welche großen Namen dies bereits taten. Auf keinen Fall sollten Sie etwas tun, von dem Sie nicht überzeugt sind, nur weil es große Namen taten.
>
> Eine genauere Beschreibung erfolgt in Teil II bei der Bearbeitung zur Kernfrage 6 auf Seite 115 ff.).

Es muss klar sein, wo und wie Wert entsteht!

Der Zweck des Unternehmens ist es, einen Kunden zu schaffen und zu halten.

– Peter F. Drucker

Das Zitat von Peter F. Drucker kann nicht oft genug wiederholt werden: *Organisationen sind dazu da, für einen Kunden eine wertvolle Leistung zu erbringen.* Dazu muss klar sein, wer unser Kunde, was unser Produkt[8] und was der Nutzen für den Kunden an unserem Produkt ist. Außerdem muss bewusst sein, wie und wodurch unserem Kunden ein Wert durch unser Produkt und wo dieser Wert bei der Erstellung des Produkts entsteht.

Damit von dem, was wertvoll und wertschaffend ist, mehr gemacht wird, und von dem, was wertlos ist, wo kein Wert entsteht, weniger. Die zentrale Frage ist damit:

Was müssen wir mehr tun und was müssen wir (weg)lassen, damit unser Kunde mehr Wert bekommt?

Beim Erarbeiten der Antwort müssen wir radikal ehrlich sein – zu uns, zu unseren Kunden, zu unseren Lieferanten – statt weiter zu vertuschen, um den heißen Brei herumzureden und Cargo-Kult zu veranstalten!

---

[7] Aus dem, was bei *Spotify* funktioniert hat und beschrieben wurde, haben findige Berater das „*Spotify-Modell*" gezaubert. Dabei gibt es kein Spotify-Modell, es gibt nur die Implementierung einer agilen Organisation bei *Spotify*. Diese direkt nachzubauen funktioniert nicht, da die Rahmenbedingungen bei jeder Organisation individuell unterschiedlich sind. Ideen können Sie natürlich immer achtsam übernehmen, auf Ihre Gegebenheiten anpassen und als Startpunkt für Ihren eigenen individuellen Weg verwenden.

[8] *Produkt* meint sowohl materielle als auch immaterielle Produkte sowie Services und Dienstleistungen.

Komplexe Produkte erfordern eine andere Organisation der Wertschöpfungsprozesse

> In einer nichtlinearen Welt erzeugen nur nichtlineare Ideen neue Werte.
>
> – Gary Hamel

Das Problem mangelnder Effektivität und Effizienz unserer Wertschöpfungsprozesse ist spätestens seit Beginn der 1990er-Jahre – der *Lean Management*-Welle – bekannt. Durch verschiedene Verschwendungsarten – wie Warten und Lagern – ist der Anteil der Nicht-Wertschöpfung an der Gesamtzeit von Entwicklung und Erstellung der Leistung für den Kunden viel zu groß. Dies wird bei komplexen Produkten noch dramatischer (siehe Kasten „*Probleme bei der Wertschöpfung komplexer Produkte*").

Probleme bei der Wertschöpfung komplexer Produkte

Neuere Erkenntnisse für komplexe Produkte zeigen (u.a. [Ker18]):

1. Je umfangreicher ein Produkt wird, desto stärker entkoppeln sich *der Aufbau eines Produktes* und *der Wertstrom zur Entwicklung und Erstellung dieses Produktes*. Dies führt zu sinkender Produktivität und steigender Verschwendung.
2. *Wertstromunterbrechungen* sind die Schwachstelle für Produktivität. Diese Entkopplungen entstehen durch *falsche Organisation und falsche Anwendung der Vorgehensweisen*.
3. Wertströme für komplexe Produkte sind nicht linear wie Wertströme in Fertigungsprozessen, sondern *komplexe Kooperationsnetzwerke*, die auf *die Produkte ausgerichtet* werden müssen.

Daraus ergeben sich folgende Lektionen für das Vorgehen (u.a. [Ker18]):

1. Konzentrieren Sie sich auf den *Ende-zu-Ende-Wertstrom*, um nicht in die Falle lokaler Optimierungen zu laufen.
2. Transformationen nur mit Blick auf die Kosten zu steuern *verringert die Produktivität*.
3. Alle Funktionen einer Organisation müssen zu einem Netzwerk verbunden sein und gemeinsam an der Leistung der Organisation arbeiten.

Ausgangspunkt der Überlegungen für eine zukunftsgerechte Organisationsform ist die Frage, wer für wen da ist:

1. *Sind Menschen – als Kunden und Mitarbeiter – für die Organisationen da?* Oder:
2. *Sind die Organisationen für die Menschen – als Kunden und Mitarbeiter – da?*

In diesem Buch wird 2. angenommen: Organisationen sind für Menschen da, und zwar *Menschen als Kunden* und *Menschen als Mitarbeiter*. Menschen sind weder „Humankapital" noch „Konsumenten". Sie sind immer Individuen mit ganz speziellen eigenen Bedürfnissen, Ansprüchen, Vorstellungen und Wünschen. Dem muss eine Organisation – als Lieferant und als Arbeitgeber – Rechnung tragen.

> ### Kunde und Anwender/Konsument
>
> Der Begriff „*Kunde*" kann in verschiedenen Bedeutungen verwendet werden. Zunächst ist der Kunde derjenige, der die Leistung eines Prozesses abnimmt und dem durch den Nutzen dieser Leistung – hoffentlich – ein Wert entsteht. Dies wäre z.B. in einer Produktionsstraße die nachfolgende Station. Oft werden andere Abteilungen oder Funktionen als – interne – Kunden gesehen, die eine Leistung beauftragen. So bestellt z.B. die Auftragsverwaltung bei der internen IT eine Software, um Kunden und Aufträge verwalten zu können.
>
> Allerdings greift – insbesondere auf die gesamte Organisation gesehen – eine solche Sichtweise zu kurz: Wenn die IT der Auftragsverwaltung eine Leistung liefert, kommt noch kein „*neues Geld*" in die Organisation. Doch genau darum geht es: Die Frage muss lauten: „*Wie und durch wen kommt neues Geld in die Organisation?*" **Nur ein *organisationsexterner* Kunde bezahlt mit organisationsfremdem Geld für eine Leistung der Organisation.** Nach diesem Denken ist der organisationsexterne Kunde der *gemeinsame Kunde* aller Abteilungen der gesamten Organisation, also von IT *und* Auftragsverwaltung.
>
> Weiterhin ist zu unterscheiden zwischen demjenigen, der die Kaufentscheidung trifft und das Produkt bezahlt – der *Einkäufer* –, und demjenigen, der die Kaufentscheidung ausbaden muss und das Produkt anwendet bzw. konsumiert – dem *Anwender* bzw. *Konsumenten*. Oft sind beide identisch, manchmal nicht. Denken Sie zum Beispiel an Kinderspielzeug: Die Eltern sind die Einkäufer, denn diese entscheiden und bezahlen. Kinder sind die Anwender, sie müssen das Spielzeug anwenden. Wem entsteht nun welcher – direkter und indirekter – Nutzen?
>
> In diesem Sinne wird der Begriff *Kunde* in diesem Buch verwendet: *Ein Kunde ist ein Organisationsexterner, der die Leistung der Organisation mit eigenem Geld bezahlt, weil diese für ihn – direkt oder indirekt über einen Anwender bzw. Konsumenten – einen Nutzen bringt und dadurch einen* → *Wert erzeugt.*

Wenn wir den Menschen als Kunden in den Mittelpunkt stellen und ihm einen Nutzen bringen wollen, brauchen wir zunächst eine *kundennutzenzentrierte Strategie*, die wir dann in einer *kundennutzenzentrierten Organisation* umsetzen. Beides zusammen sorgt dafür, dass die Organisation die *richtigen Dinge richtig* tut!

> ### Acht Merkmale einer „guten" Arbeitsorganisation
>
> Frederick Herzberg beschreibt acht Merkmale einer „guten" Arbeitsorganisation:
>
> 1. unmittelbare Rückmeldung,
> 2. man muss wissen, für wen man arbeitet,
> 3. man muss dabei etwas Neues lernen können,
> 4. seine Arbeit selbst einteilen können,
> 5. sich wenigstens in Teilgebieten als alleiniger Fachmann fühlen können,
> 6. über bestimmte Mittel selbst verfügen können,
> 7. sich unmittelbar an andere wenden können und
> 8. sich persönlich verantwortlich fühlen können.
>
> (zitiert aus [Küs99])

Antrieb dafür ist nicht nur Humanismus, sondern schlicht Logik: Einer Organisation, welche die *richtigen Dinge richtig* tut – und dies auch noch dauerhaft –, kann nichts passieren. Weder kann sie bankrott gehen noch vom Wettbewerb geschlagen werden. Zudem bietet sie dauerhaft sichere Arbeitsplätze für ihre Mitarbeiter.

In der Vorgehensweise auf dem Weg zur dieser Organisation konzentrieren wir uns auf rein betriebswirtschaftliche und organisationsbezogene relevante Themen und Dinge. Kein „New Work", keine „Gestaltung der Organisationskultur", keine Oberflächlichenkosmetik, kein → *Cargo-Kult*. Nur „harte Dinge", es geht schonungslos um Prozesse, um Zusammenarbeit, um Interaktionen. Alles andere – Organisationskultur etc. – ergibt sich daraus.

Viele in Konzepten und der Praxis gesehene Fehler und das Überdenken ihrer Ursachen, Absichten und Hintergründe führten zum Konzept der Wertstrom-Organisation. **Die Wertstrom-Organisation ist die agile Organisation radikal zu Ende gedacht!** Agilität muss in die Tiefe der Organisation, muss in den Wertstrom, muss in die Interaktionen. Diese Radikalität hat nichts mit *„fehlendem Pragmatismus"* zu tun – sie ist einfach notwendig, wenn wir substanziell etwas Neues erreichen wollen.

Organisationen an die Möglichkeiten der Menschen anpassen

Die → *Dunbar-Zahl* mit 150 Menschen gilt auch als Obergrenze für die Anzahl von Mitarbeitern in einer Organisationseinheit. Arbeit muss dann so organisiert werden, dass jeder Mitarbeiter seine Leistung in einem Verbund mit dieser Anzahl an Menschen erbringen kann.

Die Aussage *„wir brauchen viele Menschen, um Großes zu leisten"* offenbart noch altes – tayloristisches – Denken. Ein Denken aus Zeiten vieler ungelernter Arbeiter und → *klarer* Prozesse und Produkte. In Zeiten → *komplexer* Produkte und komplexer Wertschöpfungsprozesse müssen wir Arbeit anders organisieren. Dazu trägt dieses Buch bei.

Organisationen müssen also so aufgebaut werden, dass sie einerseits genügend Komplexität zur Bearbeitung der anstehenden Aufgaben entfalten (siehe → *Gesetz von Ashby*), andererseits dürfen die Organisationseinheiten die Dunbar-Zahl nicht überschreiten. Eine spannende Herausforderung!

Die Dunbar-Zahl

Anfang der 1990er-Jahre untersuchte der britische Psychologe Robin Dunbar den Zusammenhang zwischen der Größe des Neocortex – einem speziellen Teil des Gehirns – von Säugetieren und der Gruppengröße, in denen diese Tiere leben. Für den Menschen fand er eine maximale Gruppengröße von 150 – die *Dunbar-Zahl* oder *Dunbar's Number* [Dun92, 93, WikiDZ]. Diese definiert die maximale Anzahl an Menschen, mit denen eine Person soziale Beziehungen unterhalten kann, und stimmt laut Dunbar mit Beobachtungen an realen menschlichen Gemeinschaften überein. So bestand schon bei den Römern die kleinste militärische Einheit – eine Zenturie – aus 100 Mann. Auch in heutigen Armeen ist dies eine übliche Größe militärischer Grundeinheiten. Manche Unternehmen,

> wie *W. L. Gore & Associates*, achten darauf, dass eine Unternehmenseinheit nicht größer als 150 Mitarbeiter wird, und wenn sie auf diese Größe zusteuert, sich rechtzeitig teilt. *Spotify* fasst maximal 100 Mitarbeiter zu einer Einheit („*Tribe*") zusammen, da der Mehraufwand an Kommunikation für weitere 50 Mitarbeiter den Nutzen aus deren Mehrleistung übersteigt. Auch „*Scrum of Scrums*" – das Skalieren von Scrum-Teams mittels Scrum – funktioniert bis 150 Personen sehr gut.

Die richtigen Dinge richtig tun – mit Effektivität und Effizienz Wert für den Kunden schaffen

> *Business Agility* ist die Fähigkeit, sich schnell und effektiv an alle Formen des Wandels anzupassen, um ein Maximum an Wert und Kundenerfahrung zu liefern.
>
> – Mike Beedle

Es gibt einiges zu tun, um die oben genannten Ziele zu erreichen! Dazu muss vieles noch sehr viel besser und klarer werden: *Es müssen die richtigen Dinge richtig getan werden!*

- *Die richtigen* Dinge sind das, was sich auf Basis der Kundenanforderungen und -bedürfnisse vor Ort als konkret notwendig herausstellt.
- Die Dinge *richtig tun* heißt, diejenigen, die die Dinge tun, lernen zu lassen, was *richtig tun* heißt und wie das geht.

Vieles davon ist nicht neu, es muss nur endlich auch einmal richtig gemacht werden. Dazu müssen wirkliche Veränderungen erfolgen, statt diese nur zu spielen!

Was machen Menschen, wenn etwas nicht funktioniert? Sie machen mehr davon, strengen sich noch mehr an.[9] Doch wenn etwas nicht funktioniert, dann muss man etwas anderes machen[10]!

Der Weg zur Wertstrom-Organisation

> Es ist nicht notwendig, sich zu ändern. Überleben ist nicht zwingend obligatorisch.
>
> – W. Edwards Deming
> US-amerikanischer Physiker, Statistiker sowie
> Pionier im Bereich des Qualitätsmanagements

Die Wertstrom-Organisation ist die agile Organisation radikal zu Ende gedacht! Es geht dabei immer um *Wert für den Kunden*. Dieser Wert entsteht durch *den Nutzen aus der Leistung* der Organisation. Dazu braucht es zuerst eine kundennutzenorien-

---

[9] Dies ist als *Lösung erster Ordnung* bekannt.
[10] Dies ist als *Lösung zweiter Ordnung* bekannt.

tierte Strategie, die dann in einer dafür aufgestellten Organisation umgesetzt wird. Es zählt dabei einzig und allein, was dem Kunden Nutzen schafft. Zwar geht es dabei auch um Nachhaltigkeit und Ressourcenschonung, vordergründig allerdings zunächst um klare Betriebswirtschaft – keine Verschwendung, nur Werte schaffen.

Organisationen sind für die Menschen da – Menschen als Kunden und Menschen als Mitarbeiter. In dieser Reihenfolge. Nur durch die Tätigkeit für einen Kunden entsteht den Mitarbeitern Sinn, der sie motiviert und zu Höchstleistungen führt. Nur durch die Tätigkeit für einen organisationsexternen Kunden entstehen die Mittel, die das Überleben einer Organisation sicherstellen.

Um Ihre Organisation in eine Wertstrom-Organisation zu transformieren, müssen Sie Antworten auf die 7 Kernfragen plus Zusatzfrage der Wertstrom-Organisation (siehe Teil II) finden:

1. *Wozu ist Ihre Organisation da?*
2. *Wer ist der Kunde Ihrer Organisation?*
3. *Was ist das Produkt Ihrer Organisation?*
4. *Wie und wodurch entsteht dem Kunden durch das Produkt Ihrer Organisation welcher Wert?*
5. *Wo in Ihrer Organisation entsteht das, was zu diesem Wert führt?*
6. *Wie organisiert und verbessert Ihre Organisation kontinuierlich dieses {„Wo in Ihrer Organisation entsteht das, was zu diesem Wert führt?"}?*
7. *Wie koordiniert und führt Ihre Organisation ihre Projekte, Produkte und Initiativen?*

Zusatzfrage: *Wie verteilt Ihre Organisation die Produktivitätsverbesserungen?*

Mit diesen Fragen schaffen Sie Klarheit über

- den Zweck Ihrer Organisation: *Wozu ist diese für wen mit welcher Leistung da?*, und
- wie Sie Ihre Organisation dazu passend aufstellen.

Das alles ist nicht neu – es wird nur in der Praxis nicht umgesetzt. Neu ist die Kombination erfolgreicher Ansätze zu einem wirkungsvollem Gesamtkonzept, u.a.:

- *Lean Management*, insbesondere Wertstrom-Management mit Wertstrom-Analyse, -Design und -Planung,
- Systemtheorie, systemisches Arbeiten, Umgang mit Komplexität und Emergenz,
- Organisations- und Sozialpsychologie, Gruppendynamik kleiner und großer Gruppen,
- Agilität, insbesondere agile Interaktionen,
- Strukturen schnellen organisationalen Lernens,
- *Zellstrukturdesign* und die segmentierte Organisation,
- *Engpasskonzentrierte Strategie EKS®* und Engpasstheorie (*Theory of Constraints*),
- das *Flight-Levels-Modell*,
- *Wardley Maps*,
- *Lean Change* und *OpenSpace Change*.

Ausführungen dazu finden Sie in den Teilen II und III.

Um Ihre Organisation in 90 Tagen zur Wertstrom-Organisation weiterzuentwickeln, setzen Sie auf das Format *OpenSpace Change* (siehe Teil III). In acht Iterationen (Sprints) zu je zwei Wochen werden Sie die 7 Kernfragen plus Zusatzfrage bearbeiten, indem Sie:

- eine kundennutzenorientierte Strategie definieren und umsetzen,
- schnell Verbesserungen finden und diese umsetzen,
- ein Kommunikationssystem aufbauen, um alle Projekte, Produkte und Initiativen Ihrer Organisation abzustimmen.

Ausführungen dazu finden Sie in Teil II, nützliche Vorgehensweisen, Methoden und Tools in Teil III.

Diese 90 Tage werden intensiv. Sie werden Althergebrachtes zurücklassen müssen und *entlernen*, hinderliche Vorannahmen sowie Glaubenssätze überwinden und lernen, mit Paradoxien und Ungewissheiten umzugehen.

Es klingt erst einmal paradox: Sie müssen Ihre Organisation *entkomplizieren*, um Komplexität zu erreichen. Sie müssen Kompliziertheit beseitigen, um Platz für Komplexität zu schaffen, damit Raum für Selbstorganisation und Selbstregelung entstehen kann.

Abbauen müssen Sie alles Überflüssige, was – direkt oder indirekt – keinen Wert für einen Kunden schafft:

- überflüssige Strukturen und Posten,
- überflüssige Regeln und Vorschriften,
- überflüssige Prozesse, Arbeitsschritte und Vorgänge.

Oberstes Prinzip auf dem Weg zur Wertstrom-Organisation ist: *job safety, not role safety*. Jeder Mitarbeitende ist sicher bzgl. seines Jobs und behält diesen. Allerdings kann keine Sicherheit gegenüber der aktuell ausgeübten Rolle gegeben werden. Dieses Prinzip gibt den Mitarbeitern eine grundlegende Sicherheit. Diese wissen damit, dass ihre eigenen Rollen abgeschafft werden können, ohne dass ihr Job gefährdet wird. Es gibt sehr viele Mitarbeiter, die davon überzeugt sind, dass die in ihrer Organisation ausgeübte Rolle keinen Wert – weder für die Organisation noch deren Kunden – liefert. Menschen spüren so etwas, weil es den Sinn ihres Daseins berührt. Und nicht wenige leiden (still) an der ihnen zugewiesenen Sinnlosigkeit.

Der Weg zur Wertstrom-Organisation besteht aus zwei Teilen:

- Eine auf den Kundennutzen zentrierte Strategie und
- eine kundennutzenzentrierte Organisation zum Umsetzen dieser Strategie.

Für die Strategie empfiehlt sich die → *Engpasskonzentrierte Strategie (EKS®)*. Eine Beschreibung dazu erfolgt bei der Bearbeitung der Kernfragen 1 bis 4 und in Teil III „Praktisches: Vorgehensweisen, Methoden und Tools".

Zum Auf- bzw. Umbau der kundennutzenzentrierten Organisation empfehlen sich

- die → *Engpasstheorie* (auch *Theory of Constraints* (*TOC*, siehe Kernfrage 5)) und
- → *OpenSpace Change* (auch Lean Change 3.0, siehe Kernfrage 6 und Teil III).

Da der Umbau mittels der Engpasstheorie – insbesondere bei Vorliegen von akuten Problemen in der Organisation – (sehr) lange dauern kann, wird in diesem Buch ein direkter Weg zum Umbau mittels Ansätzen aus dem Lean Management skizziert. Diese basieren u.a. auf den fünf Schlüsselprinzipien des Lean Thinking [Sch17]:

- einer genauen Spezifikation des *Nutzens* durch das spezifische Produkt,
- der Identifikation des *Wert(schöpfungs)stroms* für jedes Produkt,
- dem *Flow* des Wertes ohne Unterbrechungen,
- dem *Pull* des Wertes durch den Kunden beim Produzenten und
- dem *Streben nach Perfektion*.

Wenn Sie die Wertstrom-Organisation aufgebaut haben, werden Sie sich nie wieder ausruhen können. Die Verhältnisse erfordern eine permanente Anpassung, eine Fähigkeit, die Sie in Ihre Organisation „einbauen" müssen. Dazu muss ein stetiger Lernprozess am Laufen gehalten werden (z.B. mittels *Open Space Change*). Dies wird Ihnen leichtfallen, da die überwältigenden Ergebnisse starke Motivation für alle sind, so weiterzumachen.

Bevor Sie nun losstürmen und Ihre Organisation umbauen, müssen Sie noch ein paar wichtige Dinge klären und einige gute Antworten finden! Viele Mitarbeiter sind müde von den Veränderungen der letzten Jahre, deren Sinn sie weder sahen noch verstanden, von denen sie nichts hatten außer mehr Stress und mehr Arbeit bei weniger Sicherheit. Sprechen Sie zunächst mit Ihren Kollegen, Mitarbeitern und Führungskräften über die 7 Kernfragen plus Zusatzfrage (siehe Seite 55 und 56). „Verkaufen" Sie nicht Veränderungen! Erläutern Sie stattdessen deren Sinn! Und beziehen Sie die Menschen ein in die Sinnfindung, in Entwurf und Umsetzung der Veränderungen. Ja – legen Sie die Veränderungen in die Hände der Betroffenen![11]

> **Struktur des Weges zur Wertstrom-Organisation**
>
> Abbildung 6 zeigt die Struktur des Vorgehens und die des Buches: Ausgangspunkt ist der *Wert für den Kunden*. Er – bzw. die Voraussetzungen dazu – ergibt sich durch den *Nutzen aus dem Produkt*. Dieser entsteht in der *Wertschöpfung* durch die *Wertschöpfungsprozesse*. Diese Prozesse werden in der *Wertschöpfungsstruktur* organisiert, welche dann ihrerseits von der *Organisationsstruktur* unterstützt werden muss. *Führung* begleitet das Ganze.

---

[11] Das ist die Idee hinter *Lean Change* [Sch17] und damit hinter *OpenSpace Change*!

Abbildung 6: Übersicht und Struktur des Vorgehens

Aus dieser Struktur ergeben sich 7 Kernfragen plus eine Zusatzfrage. Diese leiten Sie durch den Hauptteil des Buches und liefern den Hintergrund aller weiteren Betrachtungen.

Verschwendungen erkennen und beseitigen

Abbildung 7 zeigt die Anteile der Durchlaufzeit eines Prozesses. Die folgende Betrachtung eines Prozesses kann leicht für einen kompletten Wertstrom erweitert werden, wenn man sich vorstellt, dass ein Wertstrom aus vielen – linear aufeinanderfolgenden oder sogar vernetzten – Prozessen besteht.

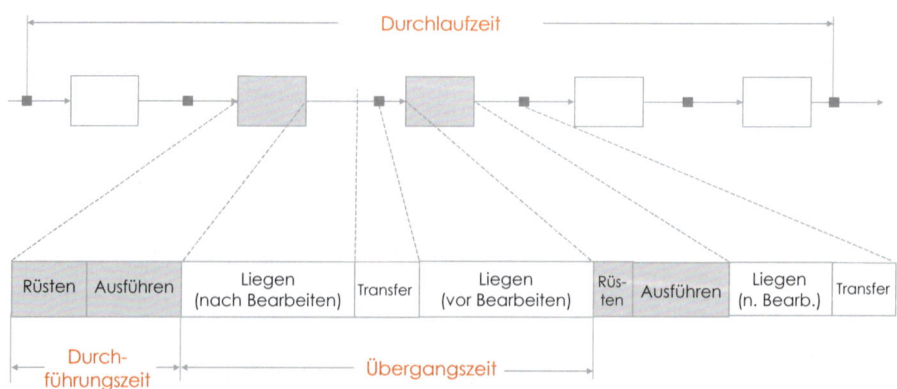

Abbildung 7: Durchlaufzeitanteile eines Prozesses [Sch10]

Die Durchlaufzeit eines Prozesses umfasst die gesamte Zeitdauer, die zur Durchführung dieses Prozesses benötigt wird [Sch10]. Diese beginnt mit dem Eintritt des zu bearbeitenden → Elementes in und endet mit dessen Austritt aus diesem Prozess. Ein Prozess endet dabei nicht mit seiner letzten Aktivität, sondern mit der Übergabe des Elementes an seinen (Prozess)Kunden, bei Geschäftsprozessen mit organisationsexternen Kunden oft erst mit dem Zahlungseingang.

Die *Durchlaufzeit* besteht aus zwei Komponenten (nach [Sch10]):

- *Durchführungszeiten:* Diese umfassen alle Aktivitäten, die notwendig sind, um den Input des Prozesses in einen Output zu transformieren. Dazu gehören
  - Vorbereitungszeiten – auch Rüstzeiten genannt: Diese umfassen alle Tätigkeiten zur Vorbereitung der Wertschöpfung. Durch die Zunahme von Kopfarbeit [Sch17] bekommen durch Störungen, Unterbrechungen, Kontextwechsel etc. hervorgerufene *„geistige Rüstzeiten"* eine zunehmende Bedeutung.
  - Wertschöpfungszeiten – auch Ausführungszeiten genannt: In diesen erfolgt die eigentliche Wertschöpfung sowie das Überprüfen und Kontrollieren des Wertschöpfungsergebnisses.
- *Übergangzeiten:* Diese entstehen durch nicht-wertschöpfende Tätigkeiten und umfassen
  - Transferzeiten: Dies sind alle Zeiten, die notwendig sind, um das zu bearbeitende Element an den nächsten Bearbeitungsschritt weiterzugeben.
  - Liegezeiten: Dies umfasst alle Zeiten, die das zu bearbeitende Element im Prozess verbringt, in denen weder Wert hinzugefügt wird noch notwendige Transfers erfolgen.

Damit stehen geeignete Größen zur Bewertung der Qualität eines Prozesses zur Verfügung: Je höher der Anteil von Wertschöpfungszeiten an der gesamten Durchlaufzeit ist, desto besser ist dieser Prozess. Die Bewertungsgröße dafür ist der *Wertschöpfungsgrad*. Dazu werden die Wertschöpfungszeiten sowie die gesamte Durchlaufzeit des Wertstromes gemessen und ins Verhältnis gesetzt:

$$Wertschöpfungsgrad = \frac{Summe\ der\ Wertschöpfungszeiten}{gesamte\ Durchlaufzeit\ des\ Wertstromes}$$

Dieser Wertschöpfungsgrad ist normalerweise gering, z.T. im Promille-Bereich. Eine weitere Messgröße ist das Verhältnis von *Wertschöpfungszeit* zu *Liegezeit*, dieses beträgt in der Regel 10 % [Sch10].

Aus dieser Darstellung ergibt sich Verbesserungspotenzial mit folgender Priorisierung nach Schnelligkeit und Einfachheit in der Umsetzung:

1. Abschaffen von Lagerungen: „Was lagert – das rostet – das kostet."
2. Abschaffen unnötiger Transfers – z.B. durch eine Fließorientierung der Arbeit.
3. Verringern der Vorbereitungszeiten – z.B. durch Optimieren der Losgrößen.
4. Verbessern der Wertschöpfungsaktivitäten – z.B. durch Verbesserungen der eingesetzten Technologien und Abläufe.

Die Vorteile der Wertstrom-Organisation

Wenn in unseren Organisationen aktuell nur in einem sehr geringen Zeitanteil Wertschöpfung stattfindet – also Wert geschaffen wird –, dann liegt hier ein gigantisches Potenzial vor uns.

Wenn nur in 0,5 bis 5 % der Zeit, die ein Auftrag in unseren Organisationen verbringt, diesem Wert hinzufügt wird, sind 95 bis 99,5 % der Zeit Verschwendung. Wenn wir diese Verschwendung beseitigen, steht uns ein Verbesserungspotential von 2.000 bis 20.000 % zur Verfügung – bei sinkenden Kosten! Zu diesem Verbesserungspotenzial kommt die Begeisterung unserer Kunden für unsere Produkte, die Begeisterung unserer Kollegen und Mitarbeiter für unsere Organisationen.

Ihren Fortschritt zur Wertstrom-Organisation werden Sie an den Größen *Wert*, *Kosten*, *Qualität* und *Mitarbeiterzufriedenheit* (siehe Kernfrage 5) messen. Diese sind unmittelbar businessrelevant, d.h., Sie sehen sehr schnell die Effekte Ihrer Anstrengungen.

Weil Ihre Organisation nun endlich das Potenzial ihrer Organisationsmitglieder freilegen und nutzen kann, wird Ihre Organisation darüber hinaus krisenfester („*resilienter*"), kreativer und attraktiver für Kunden, Mitarbeiter und Lieferanten.

Die Vorteile der Wertstrom-Organisation

- **Erfüllen des Kundenauftrags statt Optimieren einzelner Funktionen:** Durch die Organisation in (funktionsintegrierten) Wertströmen rückt der Kundenauftrag in den Fokus. Statt einer *optimalen Auslastung einzelner Funktionen* geht es nun um die *schnelle Bearbeitung des gesamten Kundenauftrags*.
- **Verbesserter Informationsfluss:** Die Integration vormals getrennter Funktionen in einer auf Teams basierenden Organisation verbessert den Informationsfluss und den Informationsstand erheblich. Zudem werden Informationen schneller aktualisiert. Dadurch entstehen deutlich schneller deutlich bessere Lösungen, was sich auch monetär bemerkbar macht.
- **Entfalten und Nutzen des Potenzials aller Mitarbeitenden**: Die Wertstrom-Organisation lebt von den Ideen und Handlungen ihrer Mitglieder. Diese haben maximalen Freiraum, sich einzubringen bei gleichzeitiger Verantwortung, dies auch zu tun. Eine arbeitsteilige Organisation (er)fordert Betrag von jedem.
- **Resiliente Organisation**: Resilienz meint die Fähigkeit eines Unternehmens, auch in einem komplexen und dynamischen Umfeld den Wandel vorauszusehen, zu überleben und zu wachsen [WikiOR]. Dies basiert u.a. auf [WikiOR]:
  - *Strategischer Anpassungsfähigkeit*: Die Organisation bleibt auch unter geänderten Bedingungen erfolgreich handlungsfähig, auch wenn dies bedeutet, dass sie sich von ihrem Kerngeschäft entfernen muss.
  - *Agilem Führungsstil*: Mit diesem können abgewogene Risiken selbstbewusst eingegangen und rasch in der gebotenen Weise sowohl auf Chancen als auch Bedrohungen reagiert werden.
  - *Solider Unternehmensführung*: Diese demonstriert ein Verantwortungsbewusstsein auf allen Ebenen einer Organisation, das auf einer Kultur des Vertrauens, der Transparenz und Innovation basiert und so gewährleistet, dass die Organisation ihrer Vision und ihren Werten weiterhin treu bleibt.

Beispiele für Wertstrom-Organisationen

Ein Hinweis vorab: Jede Organisation ist einzigartig! Jeder Weg ist einzigartig!

Organisationen, Organisationsentwicklung und -veränderung sind *komplex*, daher versagen Blaupausen, Rezepte etc. (siehe die Ausführungen zum Cynefin-Framework auf Seite 74). Allerdings hält das – zumindest – einige nicht davon ab, Beispiele – wie das von *Spotify* für eine agile Organisation in [Sch17] – zu „Modellen" zu erklären und diese ihren Kunden zu verkaufen. Dies muss im Komplexen scheitern! *Spotify* ist kein Modell, sondern eine Beschreibung dessen, was zu einem *gewissen Zeitpunkt* an einem *gewissen Ort* funktioniert hat. Ob es das *heute* noch tut, wissen wir nicht! Und wir können nicht wissen, ob es das *morgen* auch noch tun wird! So ist das eben im Komplexen …

Die nachfolgend dargestellten Beispiele sind sowohl anonymisierte reale Fälle als auch Konzepte und Entwürfe für Kunden, Ideen etc. Bitte beachten Sie dazu folgenden Hinweis:

- Sollten Sie von der Idee der Wertstrom-Organisation überzeugt sein, dann ist es egal, wer dies bereits umgesetzt hat.
- Sollten Sie von der Idee der Wertstrom-Organisation nicht überzeugt sein, dann ist es ebenfalls egal, wer diese bereits umgesetzt hat.

Sie sollten ein Konzept nicht übernehmen, nur weil es jemand anders – große Namen, coole Firmen etc. – tat. Dies führt direkt zum Cargo-Kult! (Für Ausführungen zum Cargo-Kult siehe den Exkurs auf Seite 3.)

Noch einmal: Die dargestellten Beispiele sollen KEINE Blaupause, Kopiervorlage, Modell etc. sein, sondern Ideen anregen, wie Sie Ihre Organisation als Wertstrom-Organisation gestalten können. Eine Erfolgsgarantie kann sowieso nicht gegeben werden – im Komplexen schon gleich gar nicht.

Das Prinzip der Wertstrom-Organisation ist in der Praxis bewiesen.

Der Weg jeder Organisation ist einzigartig! Sie müssen selbst herausfinden, wohin die Reise für Ihre Organisation gehen soll. Herdentrieb – den anderen nachrennen und es denen nachzumachen – ist der falsche Weg!

Beispiel für einen Automobilzulieferer

Das in Familienbesitz befindliche Unternehmen stellt Gussteile für Automobilhersteller her. Aus einem klassisch organisierten Unternehmen formte der Geschäftsführer einen selbstorganisierten Marktführer. Die mittlerweile 500 Mitarbeiter sind in 21 Teams – die als „Kleinfabriken" bezeichnet werden – mit 15 bis 35 Mitarbeitern organisiert. Diese betreuen jeweils einen Kunden – die Segmentierung der Wertstrom-Organisation erfolgt hier also nach Kunden. Wobei dies nur das vorrangige Kriterium ist, denn die Produkte sind jeweils kundenspezifisch, d.h., eigentlich liegt eine Segmentierung nach Produkten zugrunde.

Jedes Segment betreut seinen Kunden vollumfänglich, d.h. von der Kundenbetreuung über Konstruktion bis zur Auslieferung. Dies funktioniert so gut, dass es seit über 25 Jahren keine Lieferverzögerungen gab. Zudem erwirtschaftet das Unternehmen hohe Gewinne – auch in Krisenzeiten traten keine Verluste auf – und es gibt fast keine Mitarbeiterfluktuation.

Beispiel für ein metallverarbeitendes Unternehmen

Ein inhabergeführtes mittelständisches Unternehmen der Metallbranche produziert zwei Standardproduktgruppen für unterschiedliche Kunden. Die Produkte unterscheiden sich nicht so sehr in der Herstellung, sondern in den Anwendungen bei Kunden. Das Unternehmen ist klassisch aufgestellt. Es gibt eine kleine Entwicklungsgruppe, die sich eher um Prozess- und Materialverbesserungen als um neue (Standard) Produkte kümmert.

Ein seit Jahren bestehendes Problem war der Kampf zwischen Liefertreue und Flexibilität: So konnten entweder zugesagte Termine nicht eingehalten werden oder flexibel kurzfristig neue Aufträge nicht angenommen und in die Produktion „eingeschoben" werden. Dieses Problem sorgte für Spannungen im gesamten Unternehmen und zur Verärgerung bei Kunden.

Nach einer Analyse der Wertströme beider Standardproduktgruppen erschien eine Trennung der beiden Wertströme verbunden mit einer Segmentierung der Organisation als sinnvoll. Umgesetzt wurde eine Wertstrom-Organisation mit zwei Segmenten – je ein Segment pro Produktgruppe.

Ein Problem blieb die gemeinsame Nutzung einer sehr teuren Maschine am Anfang jedes Wertstroms. Diese wird nun vom Zentrum der Wertstrom-Organisation als Service betrieben und mit Lean Management-Methoden gesteuert. Die von den jeweiligen Segmenten genutzten Leistungen werden von diesen marktgerecht bezahlt. Dies funktioniert mittlerweile so gut, dass die ursprünglich angedachte Anschaffung einer zweiten Maschine nicht nur komplett überflüssig ist, sondern sogar externe Aufträge anderer Unternehmen angenommen und auf dieser Maschine bearbeitet werden.

Beispiel für einen Hersteller von Anlagen

Ein Hersteller von Anlagen produziert auf einer Produktlinie alle Produkte. Diese sind zwar technisch nicht sehr anspruchsvoll, allerdings herrscht eine große Produktvielfalt und -varianz vor. Dies und die nicht kalkulierbare Durchlaufzeit in der Produktion – was eigentlich ein *kompliziertes* Thema ist (!) – führen dazu, dass die Liefertreue und damit die Kundenzufriedenheit zu schlecht sind.

Zunächst wurde eine Wertstrom-Analyse durchgeführt und die Abläufe in der Produktion mit Lean Management verbessert. In der Produktentwicklung wurden agile Methoden eingeführt. Beides stieß allerdings relativ schnell an organisatorische Grenzen. Daher wurde die bisher klassisch aufgestellte Organisation in eine Wertstrom-Organisation transformiert, bei der jedes Segment ein Produktsegment übernahm. Die Produktion wurde entsprechend auf die Segmente aufgeteilt. Einzelne Stufen im Wertstrom – insbesondere Prozessschritte und Maschinen in der Produktion – werden zwar weiterhin von allen Segmenten genutzt, allerdings werden diese jetzt von einem „Service-Segment" wie ein eigenes Unternehmen betrieben. Die Leistungsverrechnung findet zu Marktpreisen statt. Damit sind nicht nur Kosten und Erträge deutlich sichtbarer. Dies führte – zusammen mit der Freiheit der Segmente, Aufträge auch komplett unternehmensextern vergeben zu können – zu einer deutlich verbesserten Zusammenarbeit und damit einer Zunahme der Zuverlässigkeit bzgl. Terminen, Mengen und Qualität.

Beispiel für einen IT-Dienstleister

Ein IT-Dienstleister mit ca. 100 Mitarbeitern entwickelte aus sich heraus eine Struktur ohne Hierarchie. Alle Mitarbeiter sind arbeitsrechtlich direkt den Geschäftsführern unterstellt und arbeiten jeweils in Teams für Kunden-Projekte zusammen. Diese Teams – die meist so lange zusammen sind, bis das Kunden-Projekt abgeschlossen ist – stellen sich z.T. selbstorganisiert und z.T. gesteuert durch die Geschäftsführer oder Mitarbeiter, die sich für Projekte verantwortlich fühlen, zusammen. Ein zentrales Office erbringt alle intern notwendigen Dienstleistungen.

Vom Prinzip her ist dies ein Zellstrukturdesign. Allerdings agieren die Teams mit verschiedenen Technologien zu verschiedenen Themen in (z.T.) verschiedenen Märkten. Um besser voneinander lernen zu können, wäre eine Bündelung nach Technologien, Themen oder Märkten sinnvoll. Damit wäre ein nach einem dieser Kriterien segmentiertes Zellstrukturdesign sinnvoll. Unter Berücksichtigung der (zumindest leicht) unterschiedlichen Wertströme ergibt dies dann die Wertstrom-Organisation mit aktuell drei Segmenten.

Die Mitarbeiter können weiterhin frei zwischen diesen Segmenten wechseln, wenn sie in anderen Teams oder an anderen Themen arbeiten wollen. Wissen und Erfahrungen zu speziellen Themen, Technologien und Märkten sind nun in den Segmenten gebündelt. *Communities of Practices* [Sch17] quer über alle Segmente sowie *Social Events* sorgen für eine Vernetzung zwischen allen Mitarbeitern.

Vom Prinzip her ist einem weiteren Wachstum der Weg damit geebnet.

Wichtige Hinweise in eigener Sache

1. Bekanntermaßen sind sowohl Organisationen als auch Organisationsveränderungen *komplex*.
2. Rezepte, Blaupausen, Umsetzungsanweisungen, … sind *kompliziert*, sonst könnten diese nicht beschrieben und angegeben werden.
3. Da *komplizierte* Lösungen nicht auf *komplexe* Themen passen (siehe → *Gesetz von Ashby*), kann 2. nicht für 1. funktionieren.[12]

---

[12] Jedem, der Ihnen das trotzdem anbietet, sollten Sie sehr skeptisch gegenüber sein.

Sie können daher im Folgenden keine „Bauanleitung" erwarten. Alles, was Sie bekommen können, sind Anregungen, Impulse, Ideen ... zum Selbstdenken. So ist das nun mal im Komplexen ...

Los geht's, packen wir es an!

Das Ziel ist klar, der Weg und die Vorgehensweise auch. Jetzt heißt es loslegen! Dazu erhalten Sie

- in Teil I dieses Buches eine eingehende Beschreibung des zu lösenden Problems,
- in Teil II mit 7 Kernfragen plus Zusatzfrage eine Struktur zum grundlegenden Neuaufbau Ihrer Organisation. Dabei geht es um
  - Zweck, Kunden und Produkt Ihrer Organisation,
  - wie dieses Produkt Ihrem Kunden einen Nutzen erzeugt und was Ihre Organisation dazu tun muss,
  - Wertströme, deren Organisation und Management,
  - die Wertstrom-Organisation, deren Selbstorganisation und Selbststeuerung sowie
  - der Frage nach dem Verteilen des Ertrages, und
- in Teil III Praktisches wie Vorgehensweisen, Methoden und Tools.

Was Sie sofort tun können

Agilität ist die Fähigkeit eines Unternehmens, wendig und flexibel auf Veränderungen im Markt zu reagieren.

Um Cargo-Kult und Oberflächenkosmetik zu stoppen, können Sie ab sofort Folgendes tun (nach [Pop20]):

1. Fragen Sie sich jedes Mal, wenn Ihnen eine Lösung präsentiert wird, welches *konkrete Problem* einer *konkreten Kundengruppe* in einem *konkreten Wettbewerbsumfeld* dadurch besser als bisher gelöst wird!
2. Prüfen Sie, wer welchen *Nutzen von der Einführung einer neuen Lösung* hat! Wer profitiert wie genau? Oft gibt es (versteckte) Profiteure, deren Nutzen nichts mit dem Erfolg des eigenen Unternehmens und dessen Leistungen zu tun hat (z.B. Sekundärinteressen von Managern, Beratern, Aktionären etc.).
3. Sprechen Sie mit *informellen Leistungsträgern* aus dem betroffenen Bereich und finden Sie heraus, was diese wirklich von der Lösung halten! Wenn hinter vorgehaltener Hand keiner Interesse bekundet, ist das ein Warnsignal!

Das Problem: Organisatorische Schulden erdrücken Organisationen

Inhaltsverzeichnis

Das Nichtlösen der Probleme der Organisationen führt zu organisatorischen Schulden	**39**
Der Wertstrom als Organisationseinheit	41
Falsches Verständnis von Organisationen	42
Wie Organisationen entstehen	43
Die beiden Grundprobleme heutiger Organisationen	45
Problem 1: Funktionale Trennung	45
Problem 2: Zentrale Steuerung	47
Konsequenzen aus den beiden Problemen	48
Wertschöpfung ist der Kern der Organisation	49
Eine Verbesserung der Organisation muss über die Verbesserung des Ablaufes der Wertschöpfung erfolgen	50

Das Nichtlösen der Probleme der Organisationen[1] führt zu organisatorischen Schulden

> Unsere ungelösten Probleme von heute sind sozusagen die Restposten unseres Problemlösens von gestern – nur dass dieser Rest immer größer wird, je mehr wir versuchen, ihn mit einem Denken von gestern zu beseitigen.
>
> – Hans Ulrich und Gilbert J. Probst
> Wirtschaftswissenschaftler

Organisationen leiden unter ihrem immer schlechteren Funktionieren. Das Problem dahinter ist ihr grundsätzlicher Aufbau und die damit verbundenen Probleme: die → *funktionale Trennung* und die → *zentrale Steuerung* (siehe Abschnitt *„Die beiden Grundprobleme heutiger Organisationen"*[2] *auf Seite 44*). Solange beide – insbesondere

---

[1] *Organisation* bezeichnet einerseits ein *soziales Gebilde*, andererseits den *Prozess des Organisierens*. Zur Klarheit erfolgt in diesem Buch beim Verwenden von *Organisation als Prozess* der Zusatz „(Prozess)".
[2] Weitere sich aus diesen ergebende Probleme finden Sie im Ergänzungsmaterial auf der Webseite zum Buch www.wertstrom-organisation.de/buch.

für die Bearbeitung komplexer[3] Aufgabenstellungen – nicht überwunden sind, nehmen die organisatorischen Schulden[4] weiter zu.

Alle bisherigen Lösungsversuche – wie *Business Process Reengineering* oder die Umsetzung von *Lean Management* im Westen – verschlimmerten diesen Zustand noch, da diese das grundlegende Problem der Organisationen – deren funktionale Trennung – nicht lösten.

Agilität trat vor einigen Jahren an, diese Probleme zu lösen, indem es ausschließlich auf selbstorganisierte *interdisziplinäre – crossfunktionale – Teams* setzt. Richtig gemacht funktioniert das auch – mindestens auf Team-Ebene. Für größere agile Organisationseinheiten müssen wir Agilität jedoch radikal weiterdenken. Dies bedeutet, sich ausschließlich auf die *Wertschöpfung* zu konzentrieren und die Organisation dann um diese herum aufzubauen.

Werden Veränderungen wie beschrieben gemacht, verändern sie nichts, erhöhen jedoch die *organisatorischen Schulden* weiter. Weil die grundlegenden Strukturen bestehen bleiben und aus diesen alles Weitere resultiert. Weiterhin fehlt der Fokus, es fehlt die Konzentration auf das Richtige. Fehlende Wirksamkeit ist die Folge.

Wie alle Schulden müssen auch organisatorische Schulden eines Tages bezahlt werden! Um die organisatorischen Schulden zu begleichen, ist

- mit falschen Daseinszwecken der Organisationen aufzuräumen,
- der durch die Leistung der Organisation einem organisationsexternen Kunden entstehende Nutzen in den Mittelpunkt zu stellen und
- die Organisation so aufzustellen, dass dieser Nutzen verschwendungsfrei erzeugt wird.

Structure follows Process follows Value follows Purpose follows Benefit*

Ziel des Organisierens ist diejenige Organisation, bei welcher der Betrieb seine Oberaufgabe tatsächlich richtig (d.h. auch rechtzeitig) und mit dem kleinsten Kraftaufwand erfüllt.

– Fritz Nordsieck
Deutscher Wirtschaftswissenschaftler und Kommunalpolitiker

Die in der Literatur – z.B. Frederic Laloux [Lal15] oder Gary Hamel [Ham12] – angegebenen Beispiele für Organisationen neuer Art, wie *Buurtzorg*, *FAVI* und *Morning Star*, faszinieren uns. Daher versuchen viele, diese inklusive deren Kulturen „nachzubauen" und auf ihre Organisation zu übertragen. Dabei liegt der Grund für den Erfolg der genannten Organisationen nicht in ihren Strukturen, sondern in der *Nutzenorientierung ihrer Leistungen für einen organisationsexternen Kunden* und der entsprechenden *Haltung* dazu. Dies führt dann zu den jeweils individuell notwendigen Abläufen und dem Organisationsaufbau sowie der sich daraus entwickelnden Kultur.

---

[3] Zur Unterscheidung von *kompliziert* und *komplex* siehe → *Cynefin-Framework*.
[4] *Organisatorische Schulden* meint – wie im eingangs erwähnten Zitat von Hans Ulrich und Gilbert J. Probst – den in der Zukunft zusätzlich benötigten Aufwand durch das Nichtlösen der (Grund)Probleme in der Organisation.

Das Nichtlösen der Probleme der Organisationen führt zu organisatorischen Schulden

> Damit stehen wir vor einer fundamental anderen Vorgehensweise beim Aufbau von Organisationen: Galt bisher der Aufbauorganisation – d.h. der Konstruktion von Macht und Ressourcenverteilung in Organisationen – die Aufmerksamkeit, ist es nun einzig und allein der Ablauf der Wertschöpfung. Macht spielt keine Rolle mehr, wenn eine Organisation von „heute auf morgen" verschwinden kann, weil sie für ihre bisherigen und potenziell neuen Kunden nichts (mehr) erzeugt, was aus deren Sicht Wert darstellt.
>
> *Die Struktur der Organisation ergibt sich aus dem notwendigen Prozess – der notwendige Prozess ergibt sich aus dem, was Wert für den Kunden schafft – das, was Wert für den Kunden schafft, ergibt sich aus dem Zweck der Organisation – der Zweck der Organisation ergibt sich aus dem Nutzen für den Kunden, den man stiften will.*

Der Wertstrom als Organisationseinheit

Die im Agilen geforderten → crossfunktionalen Teams – diese umfassen die bekannte Anzahl von 7±2 Personen, wobei eher minus 2 als plus 2 empfehlenswert ist – können (oft) ein Produkt nicht komplett realisieren/umsetzen. Daher braucht es mehr Menschen, oft sogar mehr Teams. Dieses erfordert dann eine Koordination der beteiligten Teams. Skalierungsansätze wie LeSS, SAFe® oder Nexus™ versuchen dies zu organisieren und setzen dabei auf die Annahme – man muss sogar formulieren, die Hoffnung –, dass eine bessere Struktur der Organisation automatisch zu einer besseren Wertschöpfung führt.[5]

Ansätze zur Koordination von Organisationseinheiten wie das → Flight-Levels-Modell führen weiter, da hierbei der zentrale Punkt der (agilen) Interaktion und Kommunikation von Menschen und Teams adressiert wird. Die Stärke dieses Modells führt – unabhängig von den eingesetzten Methoden – in der Praxis zu Fragen nach einer konkreten Struktur der Organisation und der Zusammenarbeit von Teams.

Die Idee des vorliegenden Buches ist daher, ein vollständiges Modell für eine zukunftsfähige Organisation anzubieten. Dazu gehört eine die heutigen Grundprobleme von Organisationen überwindende Struktur der Organisation als auch eine adäquate Kommunikation und Interaktion sowie deren Strukturen. In der Konsequenz führt dies zum Wertstrom als Organisationseinheit, bestehend aus crossfunktionalen Teams. Die „Skalierung" erfolgt dann ausschließlich über die Wertschöpfung, alle anderen Aspekte ordnen sich dieser unter.

---

[5] Auch der Autor dieses Buches bekennt, ebenfalls dieser Auffassung gewesen zu sein. Der Stand seines damaligen Irrtums ist in [Sch17] dokumentiert. Insofern baut das vorliegende Buch auf den dort getroffenen Aussagen auf und überwindet diese, indem Agilität radikal zu Ende gedacht wird: Es geht um Wertschöpfung für einen organisationsexternen Kunden. Dazu muss die Wertschöpfung organisiert werden, was zu Veränderungen in der Struktur der Organisation, der Zusammenarbeit, zu anderen Methoden und Werkzeugen führen kann.

Falsches Verständnis von Organisationen

Nach klassischem Verständnis sind Organisationen statische Gebilde, sind Organisationen Maschinen. Für dieses Verständnis ist die Auffassung einer statischen Aufbau- und Ablauforganisation passend. Die Organisationslehre wie auch Change Management fassen Organisation (Prozess) bisher als *kompliziertes*[6] Problem auf, als Problem, das durch Analyse und Expertenrat gelöst werden kann. Das aufkommende Gebiet des *Organisationsdesigns* ist das beste Beispiel dafür: Vorab von Experten ausgedachte – *komplizierte* [sic!] – Aufbaustrukturen werden in den Organisationen ausgerollt, die naturgemäß *komplex* sind …

Wir müssen heute Organisationen als lebende Organismen verstehen, als dynamische Gebilde, die Aufgaben mit einer völlig anderen Beschaffenheit – heute *komplex* statt früher *klar* und *kompliziert* – erledigen müssen. Daher ist ein statisches, ein *kompliziertes* Verständnis völlig überholt.

Und damit wird die statisch-komplizierte Auffassung – und insbesondere das Primat der Aufbauorganisation (siehe Kasten „Das klassische Verständnis von Aufbau- und Ablauforganisation") über die Abläufe – zum Problem: Es werden erst – *komplizierte* – Aufbaustrukturen und damit Posten geschaffen – „Macht organisiert" – und dann versucht, eine *komplexe* Aufgabe in dieser zu lösen … Und auch Change Management hilft da nicht weiter. Denn auch dieses kommt aus dem angloamerikanischen Sprachraum mit seiner *komplizierten*, teils sehr mechanischen Sichtweise auf Veränderungen von Organisationen.

Das klassische Verständnis von Aufbau- und Ablauforganisation

Die *Aufbauorganisation* gliedert die Organisation in Teileinheiten – Abteilungen, Stellen, Gremien –, ordnet diesen Aufgaben und Kompetenzen zu und koordiniert die einzelnen Teileinheiten [Sch10]. Sie beschreibt die Struktur der formalen Macht und Verteilung der Ressourcen in einer Organisation. Dazu gibt sie den Informations- und Direktiven-Fluss an, d.h. wer welche Entscheidungen und Anweisungen von wem bekommt und an wen weiterzuleiten hat. Damit beschäftigt sie sich mit dem statischen Strukturieren der Organisation in organisatorische Einheiten. Die Aufbauorganisation wird üblicherweise in einem Organigramm dargestellt.

Die *Ablauforganisation* organisiert den Ablauf des betrieblichen Geschehens, d.h. die Ausübung der betrieblichen Funktionen innerhalb der Teileinheiten [Sch10]. Sie beschreibt damit den Ablauf dynamischer Arbeitsprozesse unter Berücksichtigung der von der Aufbauorganisation gegebenen Ressourcen und umfasst alle innerhalb einer Organisation ablaufenden Arbeits- und Informationsprozesse zum Erbringen der Leistung für den Kunden. Meist fließen diese Prozesse horizontal durch die Aufbauorganisation. Die Ablauforganisation wird in der sogenannten Prozess-Landkarte formal dargestellt.

Aufbauorganisation und Ablauforganisation hängen wechselseitig voneinander ab:

- Die Aufbauorganisation betrachtet organisatorische Ressourcen.

---

[6] Die Beschaffenheiten *klar*, *kompliziert* und *komplex* werden in der Darstellung zum → *Cynefin-Framework* geklärt.

> - Die Ablauforganisation beschäftigt sich mit der (temporalen oder finalen) Kette einzelner Arbeitsschritte unter Nutzung dieser Ressourcen.

Die erwähnten Versuche – (Teil)Autonome Arbeitsgruppen, Prozessorganisation, Business Process Reengineering –, die Ablauforganisation zu stärken, haben nichts gebracht, weil diese das Primat der Aufbauorganisation nicht brachen. *Der Aufbau der Organisation muss sich aus dem ergeben, was wirklich getan wird, aus den realen Abläufen.* Und nicht aus dem, was laut Experten getan werden *soll* oder aus politischen Gründen zur Absicherung der eigenen Macht notwendig erscheint. Wertschöpfung muss in den Vordergrund rücken. Arbeit erst zu zerlegen – dies führt zur Aufbauorganisation – und dann zu versuchen, diese wieder zusammenzusetzen – dies führt zur Ablauforganisation –, ist wie „das Pferd von hinten aufzuzäumen."

Wie Organisationen entstehen

> Wenn man das ganze Betriebsgeschehen als eine Erledigung von Aufgaben im Sinne einer bestimmten Oberaufgabe ansieht, so wird man die Aufgaben zum Ausgangspunkt der Organisationsuntersuchung machen.
>
> – Fritz Nordsieck
> Deutscher Wirtschaftswissenschaftler und Kommunalpolitiker

Der Zweck einer Organisation ist das Schaffen eines Kunden (Peter Drucker). Ein Kunde entsteht dadurch, dass ein Produkt jemandem außerhalb der eigenen Organisation einen Nutzen stiftet und derjenige dafür bereit ist, in irgendeiner Form dafür zu bezahlen. Um dieses Produkt zu erstellen, betreibt die Organisation Wertschöpfung. Diese ist entsprechend zu organisieren. Und da zur Erstellung der meisten Produkte mehr als eine Person notwendig ist, entsteht eine Organisation, die meist arbeitsteilig aufgebaut ist.

Zunächst gilt es, zu verstehen, welches Problem oder Bedürfnis der Kunde heute oder in Zukunft hat – das kann diesem durchaus (noch) nicht bewusst sein. Das Produkt muss dem Kunden einen Nutzen – den *Outcome* – liefern, der ein Problem löst oder Bedürfnis befriedigt. Dieser Nutzen entsteht aus dem Produkt – dem *Output*. Dieses Produkt muss entwickelt, produziert, geliefert und mit Service versehen werden. Durch diese Kette – rückwärts vom Kunden ausgehend – bleibt der Kunde im Fokus. Strategie und Organisation (sowohl als Gebilde als auch als Prozess) sind auf diesen ausgerichtet. Die Kunst besteht dann „nur noch" darin, am Kunden dranzubleiben sowie Strategie und Organisation bei Veränderungsbedarf schnell anzupassen.

> Am Anfang aller organisatorischen Betätigung steht daher die Aufgabe, die gelöst werden soll und auf die sich, um ihre Erfüllung zu gewährleisten, alle organisatorischen Maßnahmen erstrecken. Die analytische Durchdringung der Aufgabe stellt den Ansatzpunkt jeder organisatorischen Bemühung dar. Organisationsanalyse ist daher in erster Linie Aufgabenanalyse als Grundlage aller weiteren Überlegungen.
>
> – Erich Kosiol [Kos62]
> Wirtschaftswissenschaftler

Eine Organisation entsteht also dadurch, dass eine Aufgabe zu lösen ist. Diese Aufgabe wird in Teilaufgaben zerlegt – so entsteht die Grundstruktur der Organisation: *die funktional geteilte Taylor-Ford-Organisation* (Abbildung 1).

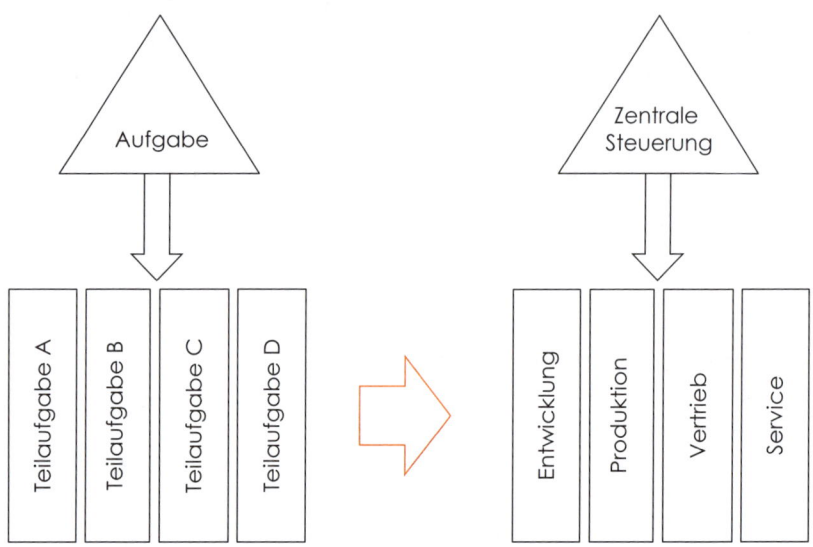

Abbildung 1: Die Zerlegung der Aufgabe in Teilaufgaben führt zur funktionalen Trennung – die funktional geteilte Taylor-Ford-Organisation entsteht

Nehmen wir an, die Aufgabe der Organisation sei es, ein klassisches Fahrrad (ohne Elektromotor) in den Markt zu bringen, dann brauchen wir dazu als Teilaufgaben (Abbildung 2)

- die Entwicklung,
- die Produktion,
- den Vertrieb und
- den Service des Fahrrades.

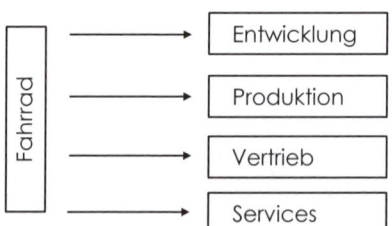

Abbildung 2: Beispiel für die Aufgabe „In-Markt-Bringen eines Fahrrades": Zerlegung in Teilaufgaben

Die Zergliederung der Aufgaben wird so lange fortgesetzt, bis die jeweiligen Teilaufgaben von einzelnen Arbeitskräften übernommen werden können (Abbildung 3).

Der Wirtschaftswissenschaftler Erich Kosiol geht hier von analytisch durchdringbaren Aufgaben aus. Dies trifft allerdings nur für *klare* und *komplizierte* Aufgaben zu. Komplexe Aufgaben lassen sich nicht analytisch durchdringen. Daher muss der Ansatz – Organisationen durch Bildung von Teilaufgaben zu gliedern – bei komplexen Aufgaben versagen.

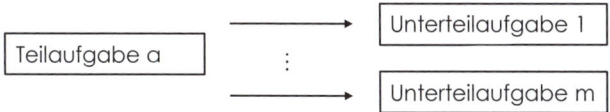

Abbildung 3: Die Zerlegung der Aufgabe in Teilaufgaben wird so lange fortgesetzt, bis diese von einzelnen Arbeitskräften verrichtet werden können

Die beiden Grundprobleme heutiger Organisationen

> Der Mitarbeiter wurde zu einem Rädchen der Maschinerie. Der angepaßte Arbeiter, der fragmentierte Arbeit leistet, ist dem Zusammenhang des Arbeitsprozesses entfremdet, orientierungslos und sogar darauf angewiesen, von oben gesteuert zu werden.
>
> – Klaus Ziehmann
> Wirtschaftswissenschaftler

Die meisten Organisationen bauen nach wie vor auf der Grundstruktur und den Grundsätzen der *Taylor-Ford-Organisation* auf. Diese hat zwei Grundprobleme, die zu überwinden sind:

- die **funktionale Trennung** in der Organisation und
- die **zentrale Steuerung** durch die Trennung von *Entscheidung über* und *Ausführung von Arbeit*.

Problem 1: Funktionale Trennung

> Den Taylorbetrieb hat man das „Paradies der Ungelernten" genannt; dahinter spielt sich aber die Tragödie des Facharbeiters ab.
>
> – Friedrich von Gottl-Ottlilienfeld
> Deutscher Staatswissenschaftler und Ökonom

Funktionale Trennung bedeutet, die Organisation nach Funktionen *getrennt* aufzubauen, z.B. aus den Funktionen Entwicklung, Produktion, Vertrieb und Service. Dies funktioniert bei zerlegbaren – weil komplizierten – Aufgaben. Diese werden so lange heruntergebrochen, bis einzelne Arbeitskräfte Bruchstücke der Aufgabe erledigen können. Gleichzeitig lassen sich die Aufgaben planen und in eigenen Abteilungen, Gruppen und Stellen organisieren (dies führt zur → *Aufbauorganisation*).

Das eigentliche Problem ist jedoch nicht die Zergliederung in verschiedene Funktionen, sondern die Wirkung, die dies entfaltet: *Ein Produkt entsteht, indem es durch die verschiedenen Funktionen fließt.* Dabei muss es zwangsläufig die verschiedenen Funktionen passieren. An jeder Schnittstelle innerhalb einer Funktion und zwischen zwei Funktionen gibt es Übergaben mit entsprechenden Informationsverlusten (Abbildung 4). Zusätzlich können Rückfragen an zentrale Funktionen der Organisation – z.B. Vorstand, Controlling – notwendig werden. Dies versucht die → *Ablauforganisation* zu organisieren. Es spannt sich eine Matrixstruktur zwischen Aufbau- und Ablauforganisation, bei der die Aufbauorganisation immer gewinnt, denn diese organisiert die Macht.

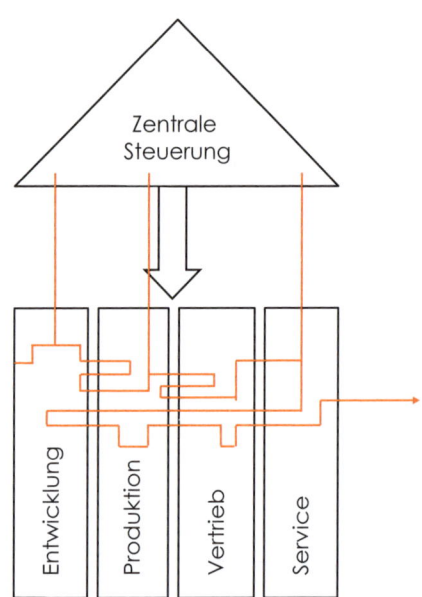

Abbildung 4: Der Fluss eines Produktes durch die Taylor-Ford-Organisation

Fließen mehrere Produkte durch die Organisation (Abbildung 5 zeigt dies beispielhaft für drei Produkte), wird es noch unübersichtlicher. Dies hat so lange bestens funktioniert, solange die Beschaffenheit der Aufgaben *klar* bzw. *kompliziert* war. Mit der technischen Entwicklung wurden die Aufgaben jedoch schwieriger – zunächst *komplizierter*. Die Lösung dafür waren Experten-Gruppen und ein schrittweises Zusammenfassen der kleinteiligen Aufgaben zu größeren Arbeitspaketen – bekannt als *Arbeitsanreicherung*.

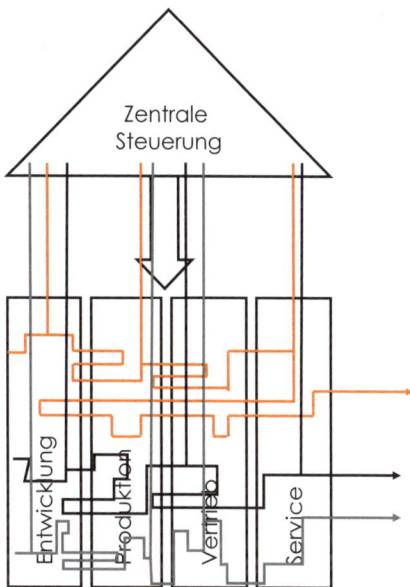

Abbildung 5: Der Fluss von drei Produkten durch die Taylor-Ford-Organisation

Organisationen stehen heute vor komplexen Aufgabenstellungen, die sich nicht zerlegen und planen lassen. Die gewohnte Aufgabenzergliederung in verschiedene Funktionen funktioniert nicht mehr. Daher versagen die bekannten Bearbeitungsmechanismen wie (Projekt)Planung.

Problem 2: Zentrale Steuerung

Die Zerlegung der Aufgabe führt zu einem weiteren Problem der Taylor-Ford-Organisation: der Trennung in *zentrale Steuerung* (Management[7] = oben) und *Ausführen der Arbeit* (Funktionsbereiche = unten). Durch die funktionale Trennung hat keine der ausführenden Stellen die Gesamtsicht auf das Produkt und den kompletten Ablauf. Daher wird eine zentrale Steuerung – das ist das Management – notwendig, die die einzelnen Aufgaben inhaltlich zwar nicht versteht, diese trotzdem plant, koordiniert und steuert. Das funktioniert, solange die Beschaffenheit der Aufgaben klar und *kompliziert* ist. Bei komplexen Aufgabenstellungen versagt allerdings zentrale Steuerung als Prinzip. *Hier müssen Entscheidung und Ausführung wieder zusammenfallen!* Entscheidungen werden dann wieder von denjenigen getroffen, die den tiefsten Einblick in eine Aufgabe haben – und dies ist nicht das Management. Somit muss für komplexe Aufgabenstellungen auch die Trennung in „oben" und „unten" überwunden werden!

---

[7] *Management* bezeichnet einerseits „jede zielgerichtete und nach ökonomischen Prinzipien ausgerichtete menschliche Handlungsweise der Leitung, Organisation und Planung in allen Lebensbereichen" [WikiMA], andererseits die Institution Organisationsleitung und deren Ebenen.

> **Das Dilemma der Ablauforganisation**
>
> Nach klassischem Verständnis soll die Ablauforganisation die von der Aufbauorganisation bereitgestellten Ressourcen optimal nutzen. Dazu muss sie die Auslastung der die Aufgaben bearbeitenden Stellen – Menschen oder Maschinen – maximieren. Gleichzeitig soll die Durchlaufzeit der einzelnen Aufträge minimal sein. Damit steckt die Ablauforganisation in einem Zielkonflikt: Eine maximale Kapazitätsauslastung führt bei ungleichmäßigem Auftragsanfall zu längeren Durchlaufzeiten, da Aufträge warten müssen, wenn die die Aufgaben bearbeitenden Stellen mit anderen Aufträgen beschäftigt ist. Eine minimale Durchlaufzeit würde zu gelegentlichem Leerlauf einzelner Stellen führen. Dieser Konflikt ist als *Dilemma der Ablauforganisation* bekannt [Sch10].
>
> In der Praxis gewinnt üblicherweise der Effizienzgedanke und es erfolgt ein Maximieren der Auslastung. Lean Management geht den entgegengesetzten Weg: Es optimiert auf schnelle Durchlaufzeit und sorgt gleichzeitig für einen gleichmäßigen Strom an Aufträgen/Arbeit, damit nur selten Aufträge/Arbeit warten müssen.

Konsequenzen aus den beiden Problemen

> Planung und Ausführung sind zwei Seiten der gleichen Aufgabe, nicht aber zwei getrennte Aufgaben: Wer nur plant und nicht auch handelt, gewinnt keine Erfahrung und gerät in die chronische Gefahr, illusionär zu werden, wer nur ausführt und nicht auch denkt, verliert die Kontrolle über sein Tun, bleibt leer, wird verantwortungslos und verliert sein Selbstbewußtsein.
>
> – Arthur Mayer
> Psychologe

Funktionale Trennung und *zentrale Steuerung* führen dazu, dass Organisationen mehr mit sich selbst beschäftigt sind als mit Leistungen für ihre Kunden und dem daraus erwachsenden Nutzen. Die Organisationen koordinieren sich permanent selbst und halten sich am Laufen, ohne dass dies Mehrwert für die Kunden schafft.

Durch die Zergliederung der Aufgaben geht der Gesamtblick auf das Produkt und den daraus entstehenden Nutzen verloren. Die durch die Zerlegung entstandenen Bereiche optimieren sich – angetrieben durch individuelle Ziele – für ihre *eigenen* Ziele und Belange. In der Folge werden Ressourcen und Prozesse für die *eigenen* Belange optimiert – statt für den Kundennutzen der Gesamtorganisation. Die Organisation besteht dann aus egoistischen Bereichen – Optimierungsinseln –, die sich auf gegenseitige Kosten und zum gegenseitigen Nachteil optimieren. Zusätzlich steigt die interne Komplexität an den Schnittstellen überproportional.

Als Folge führen nur 0,5 bis 5 Prozent der Zeit, die ein Auftrag in einer Organisation verbringt, zu einer Wertsteigerung; die übrige Zeit verbringt dieser mit Warten [Str93].

Das in der entkoppelten und zerteilten Organisation in den Menschen vorhandene Potenzial an Wissen, Fähigkeiten und Können kann nur unzureichend entwickelt und zusammengeführt werden. Das in den vor-, parallel- und nachgelagerten Wertschöpfungsschritten vorhandene Know-how kann nicht wahrgenommen werden und bleibt daher ungenutzt. Menschliche Arbeitsleistung wird degradiert zur Outputmenge pro Zeiteinheit und Teilleistung [Küs99].

Die Taylor-Ford-Organisation reagiert auf die immer dynamischeren Aufgaben mit tieferer Spezialisierung, mehr Koordination und Steuerung – aus dieser Problemspirale kann die funktional getrennte Organisation nicht ausbrechen. Gesucht ist daher eine Organisationsform, die auf den Nutzen für den Kunden ausgerichtet ist – sowohl in Strategie als auch in Ablauf und Aufbau.

Wertschöpfung ist der Kern der Organisation

> Wir werden gewinnen und der industrielle Westen wird verlieren; da können Sie gar nicht viel dagegen tun, weil der Grund des Versagens in Euch selbst liegt. Nicht bloß Eure Firmen sind nach dem Taylorschen Modell gebaut, sondern – und das ist viel schlimmer – auch Eure Köpfe. Wenn Eure Bosse das Denken besorgen und Eure Mitarbeiter die Werkzeuge schwingen, so seid Ihr im tiefsten Innern überzeugt, dies sei der richtige Weg, ein Unternehmen zu betreiben. Für Euch besteht Management darin, die Ideen aus den Köpfen der Manager in die Köpfe der Mitarbeiter zu bringen.
>
> Wir hingegen sind jenseits des Taylorismus. Wir wissen, daß das wirtschaftliche Umfeld heute so komplex und schwierig, zunehmend unvorhersagbar und gefährlich ist, daß das Überleben des Unternehmens letztlich von der alltäglichen Aktivierung des letzten Gramms von Intelligenz abhängen wird. Nur unter Ausnutzung der kombinierten Denkleistung aller Mitarbeiter kann sich ein Unternehmen den Turbulenzen und Zwängen erfolgreich stellen und überleben. Für uns besteht Management exakt in der Kunst, das intellektuelle Potential aller Mitarbeiter des Unternehmens zu mobilisieren und zusammenzubringen.
>
> – Konosuke Matsushita (1979)

Bisher wird (fast) immer versucht, Organisationen über das Einführen neuer Methoden und Tools zu verändern. Manche gehen tiefer und verändern die Struktur der Organisation – die Aufbauorganisation: Eine neue Struktur der Aufbauorganisation soll implizit eine besser funktionierende Ablauforganisation hervorbringen[8]. Allerdings hängen Aufbau und die Leistungserstellung – die Ablauforganisation – nicht direkt zusammen: Identische Abläufe können in grundverschiedenen Strukturen ablaufen und identische Strukturen können verschiedene Abläufe haben. Und der eigentliche Ablauf der Wertschöpfung – der → *Wertstrom* – ist zudem in die Ablauforganisation

---

[8] Dies führt dann sofort zu reflexartiger Panik bei den Betroffenen und der Suche nach Antworten auf Fragen wie: *„Wo ist mein Platz morgen?"* und *„Wird sich mein bisheriges Buckeln-und-Kratzen auch morgen noch gelohnt haben?"* Die Idee hinter diesem Ansatz, zuerst die Aufbauorganisation zu verändern, ist, ein Zeichen zu setzen, dass es kein Zurück gibt, dass die Veränderung ernsthaft gemeint und unumkehrbar ist.

eingebettet, sozusagen in dieser versteckt. Wir haben also viel zu viel Schale um einen viel zu kleinen Kern!

Eine Änderung des Aufbaus der Organisation verbessert den Prozess der Leistungserstellung – den Wertstrom – der Organisation nicht.

Das Einzige, was zählt, ist der Nutzen, der dem Kunden durch das Produkt der Organisation entsteht. Dafür ist er bereit zu zahlen – und nicht für organisationsinterne Belange.

Was ist der Unterschied zwischen Wertströmen und Prozessen?

Wertstrom: Ein Wertstrom ist die Summe aller Aktivitäten, die notwendig sind, um aus einer Idee Wert bei einem organisationsexternen Kunden entstehen zu lassen.

Geschäftsprozess: Ein Geschäftsprozess ist die Menge logisch verknüpfter Einzeltätigkeiten, die ausgeführt werden, um ein bestimmtes geschäftliches oder betriebliches Ziel zu erreichen. Er wird durch ein definiertes Ereignis ausgelöst. Durch den Einsatz materieller und immaterieller Güter und unter Beachtung bestimmter Regeln und unternehmensinterner und -externer Faktoren transformiert er Input in einen Output [WikiGP, Sch96].

Wertströme und *(Geschäfts)Prozesse* werden oft gleichgesetzt. Auf den ersten Blick scheint dies gerechtfertigt zu sein (siehe Definitionen), allerdings unterscheiden sich beide in ihrer grundlegenden Intention:

Während der Wertstrom den *Wert für den organisationsexternen Kunden* durch den Nutzen des Produktes im Fokus hat, verfolgen Geschäftsprozesse organisationseigene Belange.

Der Unterschied liegt also in der Zielsetzung: *Wert für einen Organisationsexternen* vs. *Optimierung der Organisation.* Die Sichtweise auf Geschäftsprozesse – die sehr stark durch die Business Process Reengineering-Welle in den 1990er-Jahren getrieben wurde – ist damit eine Fortsetzung der tayloristisch-fordistischen Sichtweise.

Eine Organisation ist dazu da, Nutzen für einen organisationsexternen Kunden zu erbringen, und nicht, die eigenen Belange zu optimieren.

Eine Verbesserung der Organisation muss über die Verbesserung des Ablaufes der Wertschöpfung erfolgen

> Es ist nicht genug, dein Bestes zu geben.
> Du musst wissen, was zu tun ist,
> und dann dein Bestes geben.
>
> – W. Edwards Deming

Die Verbesserung der Organisationen muss also an der Organisation (Prozess) der Wertschöpfung ansetzen. Dazu gab es immer wieder Ansätze – z.B. in den 1970er-Jahren *(Teil)Autonome Arbeitsgruppen*, in den 1980er-Jahren die *Prozessorganisation*, in den 1990er-Jahren *Business Process Reengineering* – doch eine grundlegende Veränderung brachte keiner.

Um die Organisation zu verbessern, ist zunächst der aktuelle Ablauf der Wertschöpfung zu erfassen, z.B. mittels → *Wertstrom-Analyse (Value Stream Mapping)*. Das Ergebnis ist eine Darstellung des Wertstromes, in der unmittelbar Verbesserungspotenziale (z.B. → *Verschwendungen*) erkannt werden können.

Anschließend wird dieser ausgerichtete Wertstrom (Value Stream) organisiert, d.h. in einen Aufbau der Organisation „übersetzt". Dies ist sparsam und behutsam zu betreiben, um flexibel für Anpassungen zu sein. Um die Potenziale der involvierten Mitarbeiter freizusetzen und zu nutzen, empfiehlt es sich, ein beteiligungsorientiertes iteratives inkrementelles Vorgehen zu wählen, das Emergenz, Komplexität und Selbstorganisation nutzt. Hierzu bieten sich → *Lean Change* und → *OpenSpace Change* an.

Die Lösung:
Die Wertstrom-Organisation

Inhaltsverzeichnis

Die 7 Kernfragen plus Zusatzfrage auf dem Weg zur Wertstrom-Organisation 55

Frage 1: *Wozu ist Ihre Organisation da?* – Der Zweck Ihrer Organisation 56
    Die Wirkung von Zweck auf die Organisation............................. 58
    Erklärung über den Zweck eines Unternehmens......................... 58

Frage 2: *Wer ist der Kunde Ihrer Organisation?* – Wem durch den primären Zweck Nutzen entsteht 61

Frage 3: *Was ist das Produkt Ihrer Organisation?* – Wie Ihre Organisation den primären Zweck umsetzt 62

Frage 4: *Wie und wodurch entsteht dem Kunden durch das Produkt Ihrer Organisation welcher Wert?* – Wie der primäre Zweck über das Produkt zu Wert für den Kunden führt 63

Frage 5: *Wo in Ihrer Organisation entsteht das, was zu diesem Wert führt?* –
    Wertstrom-Management.. 65
    Betrachtungen zum perfekten Wertstrom 68
        Was ist ein Wertstrom?.. 69
        Was ist Wert? Was ist Verschwendung? – Und für wen? 74
        Wo fließt der Wertstrom?..................................... 75
            Komplizierter Kontext 79
            Komplexer Kontext 80
        Was fließt im Wertstrom? 81
        Wie ist ein Wertstrom zu strukturieren?......................... 82
        Worauf soll ein Wertstrom optimiert werden? 85
        Was soll im Wertstrom gemessen werden? 87
        Wie stehen Wertstrom, Produkt und Technologie zueinander? 90
        Wie wird ein Wertstrom wirtschaftlich?.......................... 92
        Wie wird ein Wertstrom gemanagt?............................ 98
    Wertstrom-Management.. 100
        Wertstrom-Analyse – Den Wertstrom aufnehmen 102
            Vorgehensweise zur Aufnahme des Wertstromes 104
            Symbole zur Wertstrom-Aufnahme........................ 105
        Wertstrom-Design – Den idealen Wertstrom entwerfen 105
            Wichtige Begriffe und Konzepte 106
                Pull-Systeme 107
                Kontinuierlicher Fluss und Produktionsrhythmus 108
                Prozessketten.................................... 109
                Lokale Steuerung: Regelkreise vereinfachen die Steuerung........... 109
            Richtlinien für effiziente und kundenorientierte Wertströme 110
            Wertstrom aus der Produktstrategie entwickeln – *Wardley Maps* 113
        Wertstrom-Planung – Den Wertstrom verbessern 113
    Den Wertstrom organisieren 115

Teil II Die Lösung: Die Wertstrom-Organisation

Frage 6: *Wie organisiert und verbessert Ihre Organisation kontinuierlich dieses {„Wo in Ihrer Organisation entsteht das, was zu diesem Wert führt?"}?* – Wertstrom-Management 115
Die Grundlagen der Wertstrom-Organisation 117
    Die Prozessorganisation 118
    Die segmentierte Organisation 118
    Zellstrukturdesign 121
        Konsequente Ausrichtung auf Wertschöpfung 126
        Das Zentrum 128
        Die Peripherie 129
Die Wertstrom-Organisation 130
    Aspekt Struktur 132
        Über die Segmente 132
        Das *Gesetz von Conway* und die Frage nach der Struktur .. 134
        Die *Dunbar-Zahl* und die Frage nach der Größe 135
        Wie Entscheidungen in der Wertstrom-Organisation getroffen werden 136
    Aspekt Menschen 136
        Teams sind das Grundelement 137
        Exkurs: Betrachtungen zu Teams 140
            Teamgröße 140
            Motivationale Aspekte von Teamarbeit 141
            Crossfunktionale Teams unterstützen das Lernen 142
        Die Rolle von Experten in der Organisation 143
        Weder Matrix-Organisation noch Projekt-Organisation 143
        Wechselseitige Verpflichtungen 144
    Aspekt Betriebsmodus permanentes Lernen 146
        Transparenz fördern 149
        Gamifizierung 149
Der Weg zur Wertstrom-Organisation 149
    Mitarbeiter-Wertstrom 151
    Die drei Grundbedürfnisse der Menschen erfüllen 151
        Wie sich das Verletzen der Grundbedürfnisse in der Praxis zeigt 152
    Was Sie tun können, um die *formelle*, *informelle* und *Wertschöpfungsstruktur* Ihrer Organisation zu bedienen 154
    Wie Sie Teams zusammenstellen und mit Themen verknüpfen 155
    Pull statt *Push*! 155
    Wie Teams sich zu ihrem Wertstrom organisieren 156
    Wie Teams ihre Zusammenarbeit entlang dem Wertstrom verbessern 157

Frage 7: *Wie koordiniert und führt Ihre Organisation ihre Projekte, Produkte und Initiativen?* – Die Wertstrom-Organisation regelt sich und ihre Projekte, Produkte und Initiativen selbst 158
Das *Was* regeln 159
... und das *Wie* der operativen Ebene überlassen 160
    Feedback muss aus echten Daten bestehen 161

Zusatzfrage: *Wie verteilt Ihre Organisation die Produktivitätsverbesserungen?* – Wer wie von der Wertstrom-Organisation profitiert und wie dies organisiert wird ... 162

Fazit aus den 7 + 1 Kernfragen 164

Die 7 Kernfragen plus Zusatzfrage auf dem Weg zur Wertstrom-Organisation

Um erfolgreich eine Leistung für einen Kunden erbringen zu können, müssen acht Fragen geklärt werden, und zwar genau in der genannten Reihenfolge, denn sie bauen aufeinander auf. Gehen Sie erst zur nächsten Frage, wenn Sie eine vollständige Antwort auf die vorherige haben. Vollständig ist eine Antwort dann, wenn sie sich gut anfühlt … Und: Überraschungen sind nicht ausgeschlossen!

1. *Wozu ist Ihre Organisation da?*
2. *Wer ist der Kunde Ihrer Organisation?*
3. *Was ist das Produkt Ihrer Organisation?*
4. *Wie und wodurch entsteht dem Kunden durch das Produkt Ihrer Organisation welcher Wert?*
5. *Wo in Ihrer Organisation entsteht das, was zu diesem Wert führt?*
6. *Wie organisiert und verbessert Ihre Organisation kontinuierlich dieses {„Wo in Ihrer Organisation entsteht das, was zu diesem Wert führt?"}?*
7. *Wie koordiniert und führt Ihre Organisation ihre Projekte, Produkte und Initiativen?*

Zusatzfrage: *Wie verteilt Ihre Organisation die Produktivitätsverbesserungen?*

Diese Fragen führen vom *Zweck der Organisation* über den *Nutzen für den Kunden* und die dazu notwendige *Wertschöpfung* zur *Organisationsstruktur*.

In diesem Teil des Buches geht es nicht um Anleitungen, Rezepte oder Kopiervorlagen.[1] Sie bekommen Anregungen, Impulse und Ideen für Ihr Tun. Führen Sie gerne einen Dialog mit anderen Interessenten auf www.wertstrom-organisation.de oder bei Twitter unter @schellerconsult!

Noch einige Vorbemerkungen zu den Kernfragen:

- Antworten auf die Kernfragen – insbesondere auf die Fragen 1 bis 4 – können nicht vorgegeben oder angewiesen werden – die Antworten müssen er- und gelebt werden. Management und Geschäftsführung können Sie dabei unterstützen, allerdings keinerlei Vorgaben machen. Selbstständiges Denken wirkt hier Wunder!
- Kommen Sie in einen Dialog mit Ihren Kollegen über Ihre Erkenntnisse und Antworten bzgl. der Kernfragen. Achten Sie insbesondere auf Unterschiede in den Auffassungen, Erkenntnissen und Antworten. Wenn Sie alle einer Meinung sind, haben Sie ein Problem.
- Sie erhalten vor jeder Kernfrage unter „*Was Sie ab morgen anders machen können*" ein paar Anregungen vom Autor dieses Buches – allerdings ohne jede Gewähr. Diese Anregungen können in Ihrem Umfeld unpassend sein. Es handelt sich dabei lediglich um Ideen, was jeder Einzelne aus sich selbst heraus *sofort* anders machen könnte.

---

[1] Diese funktionieren im Komplexen ja nicht, wie Sie bereits wissen.

Die 7 + 1 Kernfragen der Wertstrom-Organisation

Frage 1: *Wozu ist Ihre Organisation da?* – Der Zweck Ihrer Organisation

> Der Zweck eines Unternehmens ist es, einen Kunden zu schaffen und zu halten.
>
> – Peter F. Drucker

Kernaussagen

- Wozu ist Ihre Organisation da? Ihre Organisation braucht zwingend eine Daseinsberechtigung für Menschen außerhalb ihrer selbst: einen primären Zweck und sekundäre Zwecke:
  - Der primäre Zweck kann nur in der Leistung für einen organisationsexternen Kunden bestehen.
  - Der sekundäre Zweck muss allen Stakeholdern und der Gesellschaft dienen.
- Welches Problem will Ihre Organisation lösen?

Was Sie ab morgen anders machen können

- Finden Sie heraus, wer wozu Ihre Organisation gründete! Und gleichen Sie dies mit dem ab, was Ihre Organisation heute behauptet, wozu sie da sei!
- Finden Sie heraus, wer vom Dasein Ihrer Organisation profitiert! Sollten dies überwiegend Personen sein, die zu Ihrer Organisation gehören oder deren Eigentümer sein, haben Sie ein Problem.

- Finden Sie heraus, wie und für wen Ihre Organisation welchen Unterschied macht!
- Der primäre Zweck und die sekundären Zwecke müssen Ihnen und Ihren Kollegen klar sein. Das ist eine Frage des Verstehens und Lebens, keine „Anordnung von oben".

Der Zweck Ihrer Organisation spannt den Rahmen auf, in dem sich Ihre Organisation bewegt. *Wozu ist Ihre Organisation da?* Für *wen* macht Ihre Organisation *wie welchen* Unterschied? Der Zweck eines Unternehmens – wie aller anderen Organisationen auch – ist das Schaffen und Halten eines Kunden.

Dabei können Sie zwischen einem *primären* und *mehreren sekundären* Zwecken unterscheiden. Der primäre Zweck muss immer eine Leistung für einen organisationsexternen Kunden sein, die sekundären Zwecke beziehen sich auf Mitarbeiter, Gesellschaft, Eigentümer etc. Ohne einen marktbezogenen primären Zweck, bei dem über die Leistung der Organisation eine Finanzierung entsteht, funktionieren die sekundären Zwecke nicht.

Der primäre Zweck einer Organisation muss ihr wirtschaftliches Überleben sichern.

Als Erstes muss jede Organisation dafür sorgen, dass sie auch morgen noch existiert – sie muss überleben. Den gegebenen gesellschaftlichen Rahmenbedingungen ist es nun einmal geschuldet, dass es dazu monetärer Mittel bedarf, die von einem organisationsexternen Kunden kommen. Damit kann die Organisation ihr Überleben sichern. Alles weitere kommt dann, wenn das Überleben gesichert ist.

Die sekundären Zwecke einer Organisation müssen der Gesellschaft dienen, in der diese Organisation agiert.

Nachdem das Überleben der Organisation gesichert ist, muss diese die Anforderungen ihrer Umwelt erfüllen, damit sie in dieser Umwelt überlebt. Und genau jetzt kommen Zwecke in Bezug auf Mitarbeiter, Gesellschaft oder Eigentümer zum Tragen!

Die sekundären Zwecke werden durch die Optimierungskriterien des Wertstromes erfüllt (siehe Abschnitt „Worauf soll ein Wertstrom ausgerichtet sein?" auf Seite 84 und die Zusatzfrage auf Seite 160).

Definieren Sie mit allen Stakeholdern – seien diese Kunden, Mitarbeiter, Lieferanten, Eigentümer, Kreditgeber, Investoren, Vertretern der Gesellschaft, von NGOs etc. – den *primären* und die *sekundären* Zwecke Ihrer Organisation! Führen Sie dazu Dialoge! Beziehen Sie alle ein – auch diejenigen, denen es „egal" ist! Finden Sie heraus, *was* diesen genau „egal" ist! Stellen Sie Fragen. Und hören Sie genau zu! Hören Sie lange zu, bevor Sie antworten oder die nächsten Fragen stellen!

Ein Zweck hat immer identitätsstiftenden Charakter: *Wer sind wir, wenn wir diesen Zweck erfüllen?* D.h., das Wozu der Organisation führt zu einem „*Wer sind wir, wenn wir diesen Zweck anstreben und erfüllen?*" Damit hat unser „Wozu für einen anderen" einen starken selbstbestimmenden, indentitätsstiftenden Effekt [Sch17]. Stellen Sie sich diesem! Nutzen Sie dies zu Ausrichtung und Motivation Ihrer Organisation!

Die Wirkung von Zweck auf die Organisation

> Die Gruppenmitglieder müssen eine gemeinsame Realität und damit einen Bereich sinnvollen Handelns und Kommunizierens erzeugt haben und auf ihn bezogen interagieren.
>
> – Peter M. Hejl
> Soziologe

Der Zweck der Organisation bewirkt eine gemeinsame Realität der Organisationsmitglieder [Wei03]. Und diese handeln dann – einzeln und gemeinsam – bezogen auf diese Realität. Daher müssen Sie den Zweck sorgfältig erarbeiten und definieren – gemeinsam! Die Wirkung von Zweck beginnt bereits mit Beginn der Auseinandersetzung mit diesem.

Der Zweck der Organisation erzeugt durch den Sinn gleichzeitig eine Identität für die Organisationsmitglieder. Diese Identität wird von allen geteilt und dadurch zu einer gemeinsamen Identität. Diese führt zu dem Wir-Gefühl, das herausragende Leistungen begleitet.

Der Zweck ist was anderes als die Strategie!

Der Zweck einer Organisation kann nie der Gang an die Börse sein. Oder eine Eigenkapitalrendite von 25 %. Unternehmen, die dies jahrelang propagierten, stehen heute schlechter denn je da, manche sogar vor dem Abgrund …

Die Strategie muss den Zweck umsetzen, muss diesen Realität werden lassen.

Erklärung über den Zweck eines Unternehmens

> Shareholder Value ist die dümmste Idee der Welt. Shareholder Value ist ein Ergebnis, keine Strategie. … Ihre wichtigsten Interessengruppen sind Ihre Mitarbeiter, Ihre Kunden und Ihre Produkte.
>
> – Jack Welch
> Ehemaliger CEO von General Electric

Es dreht sich etwas in der Wirtschaft. Nicht nur Organisationsstrukturen, auch Gedanken zu Zielen und Zwecken kommen in Bewegung.

Profit zu machen und den Aktienkurs in die Höhe zu treiben hat mit zu den Problemen geführt, vor denen wir heute stehen. Wesentliche Teilhaber am wirtschaftlichen Geschehen – Stakeholder genannt – wurden bisher nicht oder nicht ausreichend genug berücksichtigt.

Über 180 CEOs großer US-amerikanischer Unternehmen – nicht nur die „üblichen Verdächtigen" wie Amazon oder Apple – erklärten im August 2019, dass Shareholder Value – das Ziel steigender Aktienkurse – nicht mehr ihr Hauptziel sei [BR19]. In der am 19. August 2019 gemeinsam verabschiedeten Erklärung betonen sie eine umfassendere Sicht auf mehrere Stakeholder.

Erklärung über den Zweck eines Unternehmens [BR19]

Die Amerikaner verdienen eine Wirtschaft, die es jedem Menschen ermöglicht, durch harte Arbeit und Kreativität erfolgreich zu sein und ein Leben in Sinn und Würde zu führen. Wir glauben, dass das System der freien Marktwirtschaft das beste Mittel ist, um gute Arbeitsplätze, eine starke und nachhaltige Wirtschaft, Innovation, eine gesunde Umwelt und wirtschaftliche Chancen für alle zu schaffen.

Die Unternehmen spielen eine entscheidende Rolle in der Wirtschaft, indem sie Arbeitsplätze schaffen, Innovationen fördern und wesentliche Güter und Dienstleistungen bereitstellen. Unternehmen stellen Konsumgüter her und verkaufen sie, stellen Ausrüstungen und Fahrzeuge her, unterstützen die Landesverteidigung, bauen Lebensmittel an und produzieren sie, bieten Gesundheitsfürsorge an, erzeugen und liefern Energie und bieten Finanz-, Kommunikations- und andere Dienstleistungen an, die das Wirtschaftswachstum unterstützen.

Obwohl jedes unserer einzelnen Unternehmen seinem eigenen Unternehmenszweck dient, teilen wir eine grundlegende Verpflichtung gegenüber allen unseren Interessengruppen (Stakeholdern). Wir verpflichten uns dazu:

- *Unseren Kunden einen Mehrwert zu bieten.* Wir werden die Tradition amerikanischer Unternehmen fördern, die bei der Erfüllung oder Übererfüllung der Kundenerwartungen führend sind.
- *In unsere Mitarbeiter zu investieren.* Dies beginnt damit, sie fair zu entlohnen und wichtige Vorteile zu bieten. Dazu gehört auch, sie durch Schulung und Ausbildung zu unterstützen, die dazu beitragen, neue Fähigkeiten für eine sich schnell verändernde Welt zu entwickeln. Wir fördern Vielfalt und Integration, Würde und Respekt.
- *Wir gehen fair und ethisch korrekt mit unseren Lieferanten um.* Wir sind bestrebt, den anderen Unternehmen, ob groß oder klein, die uns bei der Erfüllung unserer Aufgaben helfen, als gute Partner zu dienen.
- *Wir unterstützen die Gemeinschaften, in denen wir arbeiten.* Wir respektieren die Menschen in unseren Gemeinden und schützen die Umwelt, indem wir nachhaltige Praktiken in allen unseren Unternehmen anwenden.
- *Wir schaffen langfristigen Wert für unsere Aktionäre, die das Kapital bereitstellen, das es den Unternehmen ermöglicht, zu investieren, zu wachsen und zu innovieren.* Wir verpflichten uns zu Transparenz und effektivem Engagement gegenüber den Aktionären.

Jeder unserer Stakeholder ist von wesentlicher Bedeutung. Wir verpflichten uns, für alle von ihnen Werte zu schaffen, für den zukünftigen Erfolg unserer Unternehmen, unserer Gemeinden und unseres Landes.

Die Wirtschaft beginnt also wieder allen zu dienen, nicht nur den Partikularinteressen Einzelner, auch wenn dies noch ein langer Weg ist …

Um den Zweck Ihrer Organisation herauszufinden, ist es am einfachsten, bei deren Gründern nachzufragen oder nachzuschauen. Was war deren Intention zur Gründung der Organisation? *Wozu sollte aus deren Sicht die Organisation da sein?*

Sich mit dem Gründungsmoment und -bedarf seiner Organisation auseinanderzusetzen bringt mehr, als die heutigen Eigentümer zu fragen, wozu die Organisation aus deren Sicht da sein soll. Denn möglicherweise verfolgen die heutigen Eigentümer völlig andere Interessen als die Gründer. Drei Beispiele dazu:

- Der Zweck der Deutschen Bank wurde lange Zeit mit „25 % Eigenkapitalrendite" angeben. Dies war mit Sicherheit nicht die Intention der Gründer. Diese hatten noch die Absicht, *„Land, Leute und Unternehmen mit Geld in Form von Krediten, Finanzierungen und Bürgschaften zu versorgen"*.
- Der Zweck der Deutschen Bahn wurde lange Zeit mit „Börsengang" angegeben. Die Gründer hatten noch die Intention, *„Menschen und Güter sicher, schnell, preiswert und komfortabel von A nach B zu bringen"*. Der maximale Verkaufserlös eines Unternehmens kann nie Zweck des Unternehmens sein.
- Der Zweck einer mittelständischen Industrie-Holding in Familienbesitz wird mit „Werterhalt für die Eigentümer" angegeben. Die Gründer hatten die Intention, mit neuen innovativen Produkten das Leben der Menschen sicherer und die Arbeit der Bauern zu vereinfachen. Werterhalt kann nie Zweck eines Unternehmens sein – Werterhalt ist eine Anlagestrategie, ohne operative Verantwortung übernehmen zu wollen.

Zudem überlagern seit der Gründung eines Unternehmens oft andere Themen den Zweck. Manchmal wird sogar das eigentliche Mittel, um den ursprünglichen Zweck zu erreichen, zum Zweck und ist damit Selbstzweck – siehe Agilität, die in vielen Organisationen mittlerweile Selbstzweck ist. Die Organisation beschäftigt sich mehr mit sich selbst als mit ihrem eigentlichen Zweck. Gehen Sie also zum Ursprung Ihrer Organisation zurück und finden Sie die Absicht hinter deren Gründung.

Ja, es gibt Organisationen, deren Zweck sich über die Zeit gewandelt hat. Schauen Sie sich diese Beispiele an, analysieren Sie die Beweggründe und fragen Sie sich dabei immer: *„Wem nutzt das?"* Der primäre Zweck einer Organisation kann immer nur eine Leistung für jemanden außerhalb der Organisation sein – also auch außerhalb der Interessen der Stakeholder.

Die sekundären Zwecke konkretisieren und justieren die primären Zwecke:
- Wenn der primäre Zweck einer Bank die Versorgung mit Geld ist, dann justiert und konkretisiert z.B. der sekundäre Zweck „sichere Arbeitsplätze" den primären Zweck in der Form, dass er unmoralisches und justiziables Verhalten ausschließt, da dies früher oder später zu Strafzahlungen und damit vermeidbaren Bedrohungen des Unternehmens führt.
- Wenn der primäre Zweck einer Eisenbahngesellschaft der Transport von Gütern und Menschen ist, dann justiert und konkretisiert z.B. der sekundäre Zweck, „so umweltschonend wie möglich zu handeln", den primären in der Form, dass er diesen in „Verlagerung von Transport auf die Schiene und dort Betrieb mit Ökostrom" verwandelt.
- Wenn der primäre Zweck einer mittelständischen Industrie-Holding innovative Produkte, die das Leben für Menschen sicherer und einfacher machen, ist, dann justiert und konkretisiert z.B. der sekundäre Zweck, „Einkommen und Steuerzahlungen in einer strukturschwachen Gegend zu ermöglichen", den primären.

Großgruppenformate wie → *Open Space* unterstützen Sie übrigens beim Finden des Zwecks Ihrer Organisation.

Für die Beantwortung der Kernfrage 1 kann die → *Engpasskonzentrierte Strategie (EKS®)* (siehe Teil III, Seite 167) nützlich sein.

Frage 2: *Wer ist der Kunde Ihrer Organisation?* – Wem durch den primären Zweck Nutzen entsteht

> Trotz aller anders lautenden Lippenbekenntnisse, die man heutzutage dem Markt anbietet, werden Kunden entweder völlig ignoriert oder als lästiges Übel betrachtet.
>
> – Thomas J. Peters und Robert H. Waterman
> US-amerikanische Unternehmensberater

Kernaussagen

- Der primäre Zweck Ihrer Organisation muss einem organisationsexternen Kunden Wert über den Nutzen der Leistungen Ihrer Organisation schaffen!
- Allen in Ihrer Organisation muss klar sein, wer deren Kunde ist!

Was Sie ab morgen anders machen können

- Finden Sie heraus, wer durch Ihre Organisation am meisten profitiert! Ist dies Ihr Kunde? Wenn nicht, haben Sie ein Problem.
- Finden Sie heraus, wer der Hauptkunde Ihrer Organisation ist! Ist der primäre Zweck Ihrer Organisation auf diesen gerichtet? Falls nicht, haben Sie ein Problem.

Genauso oft, wie diese Frage Langeweile zu erzeugen scheint, weil „doch alles klar sei", so oft herrscht Unklarheit. Verschiedene Mitarbeiter geben verschiedene Antworten. Testen Sie das in Ihrer eigenen Organisation aus.

Alle Organisationsmitglieder müssen ein von allen klar geteiltes Verständnis davon haben, wer der Kunde ist.

Durch den primären Zweck Ihrer Organisation haben Sie Ihren Kunden bereits definiert – diesem entsteht durch den Zweck ein Nutzen – unmittelbar, wenn dieser ebenfalls der Anwender bzw. Konsument ist, oder mittelbar, wenn andere Anwender bzw. Konsumenten sind.

Sie merken, vielleicht müssen Sie an dieser Stelle in Schleifen vorgehen und vorangegangene, bereits beantwortete Fragen neu beantworten. Tun Sie das! Es ist unwahrscheinlich, dass Sie die Fragen in *einem* Durchlauf stimmig beantworten. Darauf kommt es auch nicht an: Es geht hierbei um den Prozess der Erarbeitung der Antworten.

Zurück zu unseren drei Beispielen:
- Wenn der Zweck der Deutschen Bank 25 % Eigenkapitalrendite sei, wer ist dann der Kunde, dem daraus ein Nutzen entsteht?
- Wenn der Zweck der Deutschen Bahn der Börsengang sei, wer ist dann der Kunde, dem daraus ein Nutzen entsteht?
- Wenn der Zweck einer mittelständischen Industrie-Holding „Werterhalt für die Eigentümer" sei, wer ist dann der Kunde, dem daraus ein Nutzen entsteht?

Sie sehen, konsequent beantwortet führen die Fragen weiter.

Für die Beantwortung der Kernfrage 2 kann die → *Engpasskonzentrierte Strategie (EKS®)* (siehe Teil III, Seite 167) nützlich sein.

Frage 3: *Was ist das Produkt Ihrer Organisation?* – Wie Ihre Organisation den primären Zweck umsetzt

> *Es gibt nichts Sinnloseres, als effizient das zu tun, was gar nicht getan werden sollte.*
> – Peter F. Drucker

Kernaussagen
- Mit Ihrem Produkt setzen Sie den primären Zweck um. Dieses muss über seinen Nutzen dem Kunden einen Wert schaffen.

Was Sie ab morgen anders machen können
- Finden Sie heraus, was das Produkt Ihrer Organisation ist!
- Finden Sie heraus, wie Ihr Produkt den primären Zweck Ihrer Organisation umsetzt! Sollte es diesen nicht umsetzen, haben Sie ein Problem.
- Was ist der *Output* Ihrer Organisation? Wie wird aus diesem *Outcome*?

Die dritte Frage scheint genauso banal wie die zweite und bleibt dabei in der Beantwortung genau so oft unklar. *Was ist das Produkt unserer Organisation?* Und zwar das Produkt, das der organisationsexterne Kunde (siehe Frage 2) erhält, und nicht das Stück, das Sie bearbeiten. Wobei die Frage natürlich ebenfalls wichtig ist: *Was ist Ihr eigener Beitrag zum Gesamtprodukt?*

Es ist sehr wichtig, dass Ihr Produkt spätestens mittelfristig zu Marktführerschaft führt. Denn nur als Marktführer können Sie einen Markt gestalten. Als Marktführer setzen Sie die Impulse, definieren Standards, bestimmen das Preisniveau. Andere Strategien wie die des „Fast Followers" scheitern, wie Sie bei Siemens sehen können. Langfristig überlebt nur der Anführer eines Marktes, weil nur er dauerhaft Geld verdient.

Für die Beantwortung der Kernfrage 3 kann die → *Engpasskonzentrierte Strategie (EKS®)* (siehe Teil III, Seite 167) nützlich sein.

Die Frage nach dem Produkt darf nicht leichtfertig und vorschnell beantwortet werden. Nehmen wir das Beispiel Kinderspielzeug: Ist Ihr Produkt das haptische Spielzeug, der damit erzeugte Spaß für das Kind oder die durch die Beschäftigung mit dem Spielzeug erzeugte Ruhe für die Eltern?

Hierzu ist es sinnvoll, zu unterscheiden zwischen:
- *Output:* Das ist das, was aus Ihrer Organisation herauskommt, das konkrete Produkt, der konkrete Service.
- *Outcome:* Das ist die Auswirkung, die dem Kunden durch das Produkt – dem Output – entsteht. Die Erwartung ist, dass diese einen *Wert* für den Kunden darstellt.

Sie liefern dem Kunden *Output*. Diesem entsteht durch Nutzen/Anwenden des Produktes *Outcome*. Dieser *Outcome* erzeugt dem Kunden Wert. Ihr Ziel muss es sein, dem Kunden *maximalen Outcome bei minimalem Output* zu liefern. Denn dann entfaltet Ihr Produkt seine maximale Wirkung.

Zu unseren Beispielen:
- Wenn der Zweck der Deutschen Bank 25 % Eigenkapitalrendite sei, was ist dann das Produkt, durch das einem Kunden ein Nutzen entsteht? Kann es sein, dass die Probleme, die die Bank gegenwärtig hat, auf diesen verfehlten Zweck zurückzuführen sind?
- Wenn der Zweck der Deutschen Bahn der Börsengang sei, was ist dann das Produkt, durch das einem Kunden ein Nutzen entsteht? Kann es sein, dass noch Jahrzehnte später auftretende Probleme, wie ein marodes Schienennetz, fehlende Züge und Personal, auf diesen verfehlten Zweck zurückzuführen sind?
- Wenn der Zweck einer mittelständischen Industrie-Holding „Werterhalt für die Eigentümer" sei, was ist dann das Produkt, durch das einem Kunden Nutzen entsteht? Kann es sein, dass die Probleme, die dieses Unternehmen hat – wie teure und innovationsarme Produkte, Probleme mit der Liefertermintreue –, auf diesen verfehlten Zweck zurückzuführen sind?

Frage 4: *Wie und wodurch entsteht dem Kunden durch das Produkt Ihrer Organisation welcher Wert?* – Wie der primäre Zweck über das Produkt zu Wert für den Kunden führt

> Die wichtigste Sache, an die wir bei jeder Unternehmung denken müssen, ist, dass es keine Ergebnisse innerhalb der eigenen Mauern gibt. Das Geschäftsergebnis ist immer ein zufriedener Kunde.
>
> – Peter F. Drucker

> **Kernaussagen**
> - Sie müssen wissen, wie Ihr Produkt bei Ihrem Kunden funktioniert! Sie müssen genau verstehen, wie und wodurch Ihrem Kunden durch Ihr Produkt welcher Nutzen entsteht!
> - Der primäre Zweck realisiert sich über den Nutzen aus dem Produkt für einen Kunden. Diesen Nutzen können Sie direkt beeinflussen, den daraus entstehenden Wert nur bedingt.

> **Was Sie ab morgen anders machen können**
> - Finden Sie Kunden, die Ihnen zeigen, wie sie mit Ihrem Produkt umgehen!
> - Beobachten Sie Kunden beim Umgang mit Ihrem Produkt! Fragen Sie diese insbesondere, was an Ihrem Produkt nervt/stört/Schwierigkeiten und Probleme bereitet!

Diese Frage zielt darauf ab, wie Ihr Produkt funktioniert. Wie und wodurch genau entsteht Ihrem Kunden durch Ihr Produkt welcher Nutzen? Wie und wodurch genau führt dieser Nutzen bei Ihrem Kunden zu welchem Wert?

Um diese Frage zu beantworten, müssen Sie Ihren Kunden kennen, Sie müssen wissen, was dieser wie mit dem Produkt macht. *Wie funktioniert das Produkt für den organisationsexternen Kunden?* Wie entsteht diesem der Nutzen des Produktes? Wie entsteht Wert aus diesem Nutzen? Was genau ist dieser Wert? Nur wenn Sie die Fragen beantworten, wissen Sie, wie Sie Ihr Produkt verbessern können. Und auch Ihren Prozess zur Erstellung des Produktes, in dem die Wertschöpfung stattfindet: den Wertstrom.

Sind weder Kunde noch Produkt klar, lässt sich diese Frage nicht beantworten.

Für die Beantwortung der Kernfrage 4 kann die → *Engpasskonzentrierte Strategie (EKS®)* (siehe Teil III, Seite 167) nützlich sein.

Den Output kennen Sie – dies ist Ihr Produkt. Den Outcome können Sie zwar bei der Produktentwicklung definieren, allerdings wissen Sie nicht, ob dieser auch genau so eintritt. Und selbst wenn dieser eintritt, wissen Sie nicht, ob dieser dem Kunden dann auch Wert stiftet. Dazu können Sie ihn befragen. Noch besser ist es, ihn beim Einsatz Ihres Produktes zu beobachten. Sie müssen dazu nicht viele Kunden beobachten – fünf bis sieben Kunden genügen, weitere liefern keinen nennenswerten Erkenntnisgewinn [Kna17]. Die Vorgehensweisen zur Kundenbeobachtung sind aus *Lean Startup* und *Design Sprints* [Kna17] bekannt.

Wenn Sie genau wissen, was an Ihrem Produkt wie Wert für den Kunden stiftet, können Sie alles andere weglassen.

Frage 5: *Wo in Ihrer Organisation entsteht das, was zu diesem Wert führt?* – Wertstrom-Management

> Wenn Sie das, was Sie tun,
> nicht als Wertstrom beschreiben können,
> wissen Sie nicht, was Sie tun.
>
> – Karen Martin und Mike Osterling

Kernaussagen

- Wenn Sie wissen, was an Ihrem Produkt Ihrem Kunden Nutzen – und dadurch Wert – erzeugt, brauchen Sie nur dieses umzusetzen. Alles andere ist dann Verschwendung und kann weggelassen werden. Daraus können Sie Ihre Wertschöpfung organisieren.
- Ihre Wertschöpfungsprozesse und -aktivitäten ergeben den Wertstrom. Ziel muss es sein, einen kontinuierlichen Fluss an Hinzufügen von Wert zu den Produkten zu erreichen.
- Die Struktur des Wertstromes ergibt sich aus den Beschaffenheiten des Produkts, den dafür notwendigen Vorgehensweisen und zugrunde liegenden Technologien.
- Der Wertstrom muss an die Notwendigkeiten, die sich aus dem Produkt, den dafür notwendigen Vorgehensweisen und zugrunde liegenden Technologien ergeben, permanent angepasst werden, insbesondere bei sich entwickelnden und u.U. umfangreicher werdenden Produkten.
- Der Wertstrom ist in regelmäßigen Abständen am *„Ort des Geschehens"* aufzunehmen, anschließend zu analysieren und zu verbessern.
- Je gleichförmiger der Arbeitsablauf in einem Wertstrom gestaltet wird, desto effizienter ist dieser.
- Strukturieren Sie den Wertstrom aktiv! Sich darauf zu verlassen, dass sich *„die richtigen Strukturen von allein ausprägen"*, ist zu wenig. Sie müssen Rahmenbedingungen setzen! Kommen Sie in einen Dialog mit den Mitarbeitern im Wertstrom über die Struktur ihrer Arbeit und des Wertstromes!
- Visualisieren Sie den Wertstrom! Und überprüfen Sie regelmäßig, ob es in der Realität Veränderungen zum visualisierten Stand gibt. Wenn ja, finden Sie heraus, warum und wozu diese Veränderungen geschahen, und passen Sie ggf. die Visualisierung an. Führen Sie anhand der Visualisierung einen Dialog über Verbesserungen mit den Betroffenen im Wertstrom!
- Erfassen Sie im Wertstrom
    - den entstandenen Wert,
    - die aufgelaufenen Kosten,
    - die Qualität des Produktes und
    - die Zufriedenheit der Mitarbeiter

    sowie die Flussgrößen

    - Fließgeschwindigkeit,
    - Flusseffizienz,
    - Durchflusszeit/Durchlaufzeit und
    - Durchflussmenge.

    eines Wertstromes! Visualisieren Sie den aktuellen Stand und den Verlauf über die Zeit! Führen Sie Dialoge mit den Beteiligten über zu ergreifende Maßnahmen, *bevor* Sie Maßnahmen ergreifen!

Abläufe stattfinden, Sie müssen mit eigenen Augen sehen, was abläuft, Sie müssen mit den Menschen reden, die diese Abläufe ausführen!

Nachdem der aktuelle Ist-Stand des Wertstromes klar ist, geht es darum, diesen zu verbessern und zu optimieren. Dabei werden nicht wertschöpfende Anteile eliminiert, unterstützende Anteile reduziert und notwendige Anteile optimiert. Es geht darum, den perfekten Wertstrom anzustreben bzw. diesem schrittweise näherzukommen.

Betrachtungen zum perfekten Wertstrom

Eine Organisation ist dazu da, eine Leistung für einen Kunden zu erbringen. Diese entsteht im *Leistungserstellungsprozess* – dem Wertstrom. Hier entscheidet sich das Überleben der Organisation: Gelingt es auf Dauer nicht, im Leistungserstellungsprozess einen höheren Wert als die anfallenden Kosten[2] zu erzeugen, muss die Organisation unweigerlich untergehen.

In den klassischen Betrachtungen von (Change) Management ist die Untersuchung des Leistungserstellungsprozesses weitgehend unbeachtet. Dabei ist die Verbesserung des Wertstromes eine Aufgabe des Managements! Diese kann nicht delegiert werden!

Das Konzept des Wertstrom-Managements kommt aus dem Lean Management und bezieht sich ursprünglich auf produzierende Tätigkeiten. Dabei ging es um den Materialfluss von „Rampe zu Rampe", von der Materialeingangs-Rampe zur Produktauslieferungs-Rampe. Mittlerweile gibt es Konzepte wie *Lean Administration* und *Lean Office*, die die Ideen des Wertstrom-Managements auf nicht-produzierende Bereiche übertragen, um dort für bessere Abläufe zu sorgen.

Spätestens mit Konzepten wie *Industrie 4.0* fließt beides zusammen: So wird die Produktion immer stärker mit IT-Systemen vernetzt, sodass man von einem „Digitalen Zwilling" der Produktion sprechen kann. Die Produkte erhalten dadurch einen immer stärker werdenden Anteil an immateriellen Anteilen wie Software und Dienstleistungen. Dies erfordert eine umfassendere Betrachtung des Wertstromes und vergrößert den Wirkungsbereich von Wertstrom-Management.

In diesem Buch betrachten wir Leistungserstellungsprozesse sowohl für physische als auch für immaterielle Produkte. Der Schwerpunkt wird auf immaterielle Produkte gelegt, da diese nicht nur die Mehrzahl der Arbeitsplätze betrifft, sondern deren Wertstrom auch umfassender ist als der für rein materielle Produkte.

> **Notwendigkeit eines achtsamen Umgangs mit den Begriffen**
>
> - Der Begriff *Produktion* umfasst die jeweils zutreffende Art der Be- und Verarbeitung von Elementen. Dies meint
>   - eine physische Bearbeitung von Material und Teilen,
>   - eine Be- und Verarbeitung von Informationen, Entwürfen, Designs und Konzepten bei immateriellen Tätigkeiten, wie Verwaltung, Forschung, Entwicklung und Design,
>   - eine Bearbeitung von Kundenwünschen im Bereich Dienstleistungen.

---

[2] Kosten können auch nicht-monetär sein, z.B. fehlende Wählerstimmen.

- Der Begriff *Produkt* umfasst sowohl physische als auch immaterielle Produkte sowie Dienstleistungen.
- Mit dem Begriff *Element* wird Folgendes bezeichnet:
  - bei physischen Produkten steht Element für *Material* und *Teile*,
  - bei immateriellen Produkten für *Informationen* und
  - bei Dienstleistungen für den *Kundenwunsch*, der durch den Wertstrom fließt.
- Beim Begriff *Information* gibt es folgendes Problem: Einerseits kann Information ein Element sein, das durch die Produktion fließt, um zu einem Produkt zu werden. Andererseits gibt es zu jedem Strom einen gegenläufigen Informationsstrom, der dessen Regelung ermöglicht. Um Verwechslungen zu vermeiden, werden mit *Information* immer Informationen aus dem Informationsfluss bezeichnet. Zu be- und verarbeitende Informationen werden mit dem Begriff *Element* bezeichnet, außer dort, wo dies explizit erwähnt wird.

Was ist ein Wertstrom?

> Der Grund, warum wir uns um Wertströme herum organisieren, ist sehr einfach: Wir wollen die Zeit bis zur Markteinführung beschleunigen. Das tun wir, indem wir den Fluss durch das gesamte System optimieren. Wenn wir so organisiert sind … können [wir] mit kleineren Losgrößen arbeiten, die das System schneller durchlaufen. Es ist viel einfacher, Qualität einzubauen, weil alle zusammenarbeiten. Business und Entwicklung sind gemeinsam ausgerichtet.
>
> – Dean Leffingwell
> Erfinder des agilen Skalierungsframeworks SAFe, Autor, Unternehmer und Softwareentwicklungsmethodiker

Überall, wo Wert geschöpft wird, gibt es einen Wertstrom: Schritt für Schritt wird dem entstehenden Produkt immer mehr Wert hinzugefügt, bis dieses komplett und fertig ist und dem Kunden übergeben wird. Dieser Fluss des *„schrittweisen Hinzufügens von Wert zu einem Produkt"* wird Wertstrom genannt. Damit sind Wertströme nicht auf Produktionsabläufe beschränkt – dort kommt das Konzept ursprünglich her –, sondern überall anzutreffen. Die Kunst liegt darin, den Wertstrom zu erkennen.

Die Wertkette nach Porter und der Unterschied zum Wertstrom

> Jedes Unternehmen ist eine Ansammlung von Tätigkeiten, durch die sein Produkt entworfen, hergestellt, vertrieben, ausgeliefert und unterstützt wird. All diese Tätigkeiten lassen sich in einer Wertkette darstellen.
>
> – Michael E. Porter
> US-amerikanischer Wirtschaftswissenschaftler und Professor für Wirtschaftswissenschaft

Michael E. Porter definiert die Wertkette bzw. Wertschöpfungskette (Value Chain) einer Organisation als eine geordnete Reihenfolge von Aktivitäten, die Werte schaffen, Ressourcen verbrauchen und in Prozessen miteinander verbunden sind.

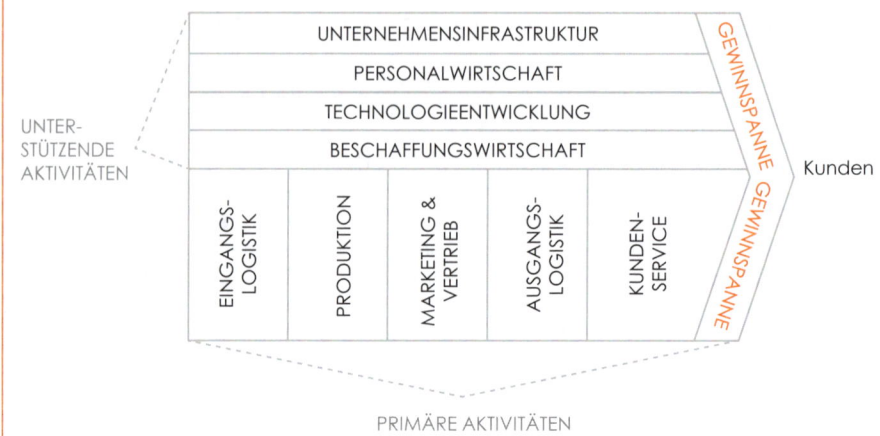

Abbildung 1: Das Modell einer Wertkette nach Michael E. Porter [WikiWK]

Porter definiert zwei Arten von Aktivitäten [WikiWK]:

- *Primäre Aktivitäten:* Diese liefern einen direkten wertschöpfenden Beitrag zur Erstellung eines Produktes. Im Modell (Abbildung 1) sind dies *Eingangslogistik, Produktion, Marketing & Vertrieb, Ausgangslogistik* und *Kundenservice*.
- *Unterstützende Aktivitäten:* Diese liefern einen indirekten Beitrag zur Erstellung eines Produktes und sind damit die notwendige Voraussetzung für die Ausübung der primären Aktivitäten. Im Modell sind dies *Unternehmensinfrastruktur, Personalwirtschaft, Technologieentwicklung* und *Beschaffung*.

Die Wertkette eines Unternehmens ist mit den Wertketten der Lieferanten und Abnehmer verknüpft. Sie bilden zusammen das Wertschöpfungskettensystem einer Branche.

Das Konzept des Wertstromes ist ähnlich dem der Wertkette, allerdings unterscheiden sich die Sichtweisen: Während der Wertstrom aus der Sicht der Umwelt – des (organisationsexternen) Kunden – auf die Organisation schaut und einen ganzheitlichen Blick auf diese hat, betrachtet die Wertkette die Innensicht auf die Organisation mit ihren Teilfunktionen. Zudem betrachtet Porter die Wertkette nicht als *ein* System, sondern als aus verschiedenen Funktionen zusammengesetztes Gebilde. Genau diesen Blick will das Konzept des Wertstromes überwinden. Daher führt nur die Sichtweise des Wertstromes zu einer ganzheitlich optimalen Gesamtorganisation.

Der *Wertstrom* (engl. Value Stream) – treffender „Strom der Wertschöpfung" [Kle15] – ist die Summe aller Aktivitäten, die notwendig sind, um aus einer Idee Wert bei einem organisationsexternen Kunden entstehen zu lassen.

Die *Aktivitäten* umfassen dabei alle Prozesse für die Be- und Verarbeitung von Elementen und deren Transport sowie alle Aktivitäten, mit denen Be-/Verarbeitung und Transport gesteuert werden (einschließlich des steuernden Informationsflusses).

Frage 5: Wo in Ihrer Organisation entsteht das, was zu diesem Wert führt?

> **Drei Arten von Aktivitäten**
>
> Alle Aktivitäten im Wertstrom gehören einer der folgenden drei Arten an:
>
> 1. *Werterhöhende Aktivitäten*: Diese umfassen alle Aktivitäten, die – aus Kundensicht! – den Wert des Produktes erhöhen.
> 2. *Unterstützende Aktivitäten*: Diese umfassen alle für werterhöhende Aktivitäten notwendigen Aktivitäten (z.B. Vor- und Nachbereitung, Transport) und erhöhen den Wert des Produktes selbst nicht.
> 3. *Verschwendung:* Diese umfasst alle Aktivitäten, die Ressourcen (z.B. Material, Raum, Zeit) verbrauchen, ohne – aus Kundensicht – den Wert des Produktes zu erhöhen.
>
> **Ziel des Wertstrom-Managements ist es nun, die Aktivitäten der ersten Gruppe zu optimieren, die der zweiten Gruppe zu reduzieren und die der dritten Gruppe zu eliminieren.**

Ein Wertstrom dient der wiederholbaren Bearbeitung von gleichen Elementen. Wenn Sie zuerst ein Auto bauen, dann einen Kuchen backen und schließlich ein Betriebssystem programmieren wollen, werden Sie dafür keinen Wertstrom aufbauen können.

Die klassische Betrachtung des Wertstroms geht innerhalb einer Organisation von „Rampe zu Rampe", d.h. von der „Eingangsrampe" für die Elemente bis zur „Ausgangsrampe" für die Lieferung an den Kunden. Werden auch Lieferanten und Abnehmer in die Betrachtung einbezogen, ergeben sich längere Wertströme, u.U. sogar vernetzte Strukturen. In diesem Buch wird diese Sichtweise erweitert bis zur Nutzung des Produktes durch den Anwender, denn erst an dieser Stelle entsteht der Wert für Anwender und Kunden. Niemandem entsteht Wert, wenn ein Produkt *„von der Ausgangsrampe fällt"*.

Nach der hier vertretenen Auffassung werden *alle* Aktivitäten für das Erstellen eines Produktes zum Wertstrom gezählt und nicht nur Entwicklungsaktivitäten wie z.B. im SAFe-Framework. Zudem sind Wertströme dauerhafte Strukturen aus cross-funktionalen Teams.

Wertströme organisieren die Teams, welche die Leistung erstellen. Dabei sollen maximal 100 bis 150 Menschen in einem Wertstrom organisiert werden (→ *Dunbar-Zahl*). Sollten mehr Menschen notwendig sein, besteht der Wertstrom aus mehreren Wertstrom-Segmenten, die dann jeweils maximal die genannte Anzahl an Menschen organisieren. Ein Team soll 5 bis 7 Mitglieder haben.

Material- und Informationsfluss

Wenn der Wertstrom immer in Richtung Kunden fließt, dann fließen entsprechend auch zu be- und verarbeitende Elemente in diese Richtung. Gleichzeitig gibt es einen weiteren Fluss – den Informationsfluss, der in der entgegengesetzten Richtung fließt: Vom Kunden zum Anfang des Entwicklungs-, Produktions und Servicestromes. Dieser Informationsfluss gibt jedem Prozess an, was als Nächstes geschehen soll. Er steuert beispielsweise, dass ein Prozess nur das herstellt, was der Folgeprozess braucht und erst dann, wenn dieser es benötigt.

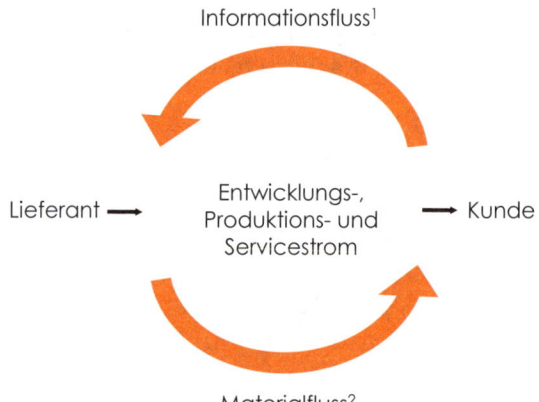

Abbildung 2: Wertstrom mit Materialfluss und Informationsfluss: Der [1]Informationsfluss wird zur Regelung des Entwicklungs-, Produktions- und Servicestromes benötigt, der [2]Materialfluss ist der Strom der Elemente (nach [Rot18]).

Beide Flüsse – Material- und Informationsfluss – gehören zusammen, sind die zwei Seiten einer Medaille (Abbildung 2).

Bei der Wertstrombetrachtung unterscheidet man zwischen [Rot18]:

1. dem *Entwicklungsstrom*: In diesem wird das Produkt von der Produktidee bis zum Produktionsstart entwickelt.
2. dem *Produktionsstrom*: Dieser umfasst alles, um – ausgehend von den Ausgangselementen – das entwickelte Produkt herzustellen und bis in die Hände des Kunden zu bringen.[3]
3. dem *Servicestrom*: Dieser umfasst alles, was die Organisation zusätzlich zum Produkt vor und nach Inbesitznahme durch den Kunden (Pre- und After-Sales-Service) leisten muss.

Jeder dieser drei Ströme hat intern einen Material- und Informationsstrom.

---

[3] Der Produktionsstrom ist nicht immer einfach zu erkennen, nicht nur bei immateriellen Produkten. Daher heißt das Buch von Mike Rother und John Shook zur Arbeit am Wertstrom auch *Sehen lernen* [Rot18].

Da der Kunde der zentrale Punkt ist, zu dem aller Wert fließen muss, beginnt eine Wertstrom-Analyse bei ihm und arbeitet sich Schritt für Schritt zum Anfang des Wertstromes vor. So wird jeder Prozess aus der Sicht seiner Leistung für seinen Kunden – den Folgeprozess – gesehen und analysiert.

Ein Wertstrom ist wie ein Produkt anzusehen und nicht als Projekt mit einem definiertem Ende. Daher braucht dieser ebenfalls ein stabiles Team, das sich permanent um diesen kümmert, Verbesserungen an diesem am Laufen hält [Ker18]. Dabei geht es nicht um das Planen oder Umsetzen von Maßnahmen, sondern um *Verantwortlichkeit*: Das Team ist dafür verantwortlich, dass sich alle um die Verbesserung des Wertstromes kümmern. Geeignete Vorgehensweisen können → *Lean Change* und → *OpenSpace Change* sein.

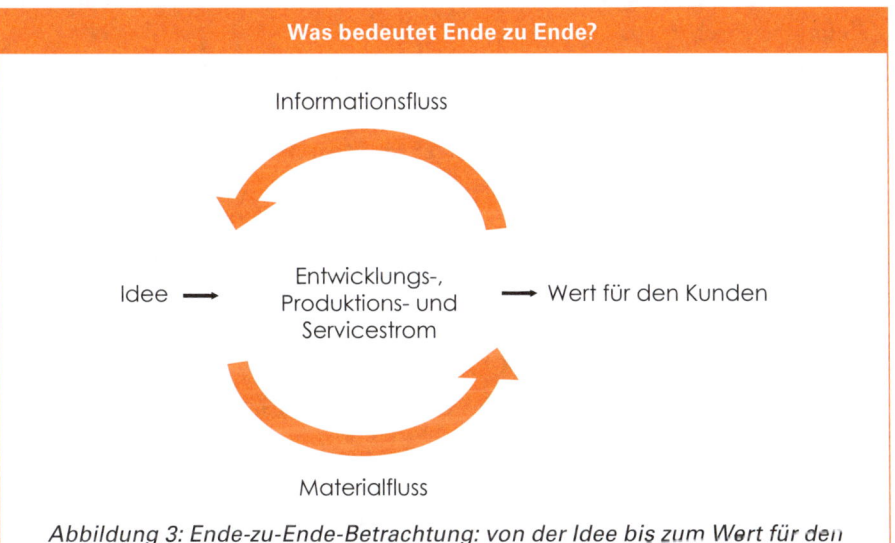

Was bedeutet Ende zu Ende?

Abbildung 3: Ende-zu-Ende-Betrachtung: von der Idee bis zum Wert für den Kunden

Ende zu Ende im Kontext von Wertströmen meint *von der Idee bis zum Wert für den Kunden*. Die Idee markiert, dass alles vom Anfang – das „eine Ende" des Wertstromes – bis zur Auslieferung an den Kunden – das „andere Ende" – zu betrachten ist. Als eine Einheit! Es gibt keine Betrachtung von einzelnen Ressorts oder Silos. Es gibt kein „Wir gegen die"! Es gibt nur eine Einheit – den Wertstrom –, der alles umfassen muss, was es braucht, um dem Kunden Wert zu liefern. Dazu gehören dann auch Lieferanten.

Mitunter wird Ende zu Ende auch als *Concept to Cash* beschrieben, also vom Konzept bis zur Bezahlung durch den Kunden.

Ein Wertstrom lässt sich angemessen mit einem → *Kanban-Board* visualisieren.

Was ist Wert? Was ist Verschwendung? – Und für wen?

> Wert tritt nur ein, wenn der Endkunde die Lösung nutzt.
>
> – Dean Leffingwell

Das Problem der klassischen betriebswirtschaftlichen Praxis ist, dass Wert ausschließlich von den Kosten aus gesehen wird und nicht aus der Sicht des Kunden. Damit können Preise unter oder über der Werteinschätzung des Kunden liegen.

Aus Sicht des Kunden ist es sinnvoll, **Wert** zu definieren als das,
was ein anderer bereit ist zu bezahlen.[4]

In dieser Sichtweise sind die entstandenen Kosten völlig unerheblich, denn sie führen nicht zu einer Wert(ein)schätzung durch den Kunden und lösen damit auch keine Zahlungsbereitschaft aus.

In der Wertbeurteilung durch den Kunden schlagen sich vier Wettbewerbsfaktoren [LAI19] nieder:

- *Verfügbarkeit:* Die Leistung muss jederzeit abrufbar sein.
- *Qualität:* Die Leistung muss fehlerfrei sein.
- *Individualität:* Die Leistung muss den jeweiligen Anforderungen entsprechen.
- *Kosten:* Die Leistung muss so wenig aufwendig wie möglich (entstanden) sein.

> Jede Tätigkeit, die ohne Wertschöpfung Ressourcen verbraucht, ist Verschwendung.
>
> – James P. Womack und Daniel-T. Jones in Lean Thinking

Da die verschiedenen Verschwendungsarten nicht immer leicht zu identifizieren sind, lohnt sich ein genauerer Blick darauf.

Verschwendung ist alles, was Ressourcen verbraucht – also Kosten verursacht –, ohne einen Wert für den Kunden zu erzeugen.

Die Lean-Philosophie – z.B. Lean Management und Lean Administration – unterscheidet folgende Arten von Verschwendung [LAI19, Kle15, WikiV]:

- *Überproduktion und/oder Überinformation, Blindleistung sowie zu frühe Produktion*: Verbrauch von unnötigen Arbeitskapazitäten und Material
- *Lager und Bestände:* Binden Kapital und belegen Raum. Zusätzlich verursachen sie Aufwand, um diese zu organisieren und zu transportieren.

---

[4] [Ste99]. Im Gegensatz dazu definiert B. A. Rutherford [Rut77]: „*Die Wertschöpfung eines Unternehmens, d.h. der durch die Aktivitäten des Unternehmens und seiner Mitarbeiter geschaffene Wert, kann durch die Differenz zwischen dem Marktwert der von dem Unternehmen produzierten Waren und den Kosten der von anderen Herstellern gekauften Waren und Materialien gemessen werden. Diese Maßnahme schließt den Beitrag anderer Hersteller zum Gesamtwert der Produktion dieses Unternehmens aus, sodass er im Wesentlichen dem von diesem Unternehmen geschaffenen Marktwert entspricht. Bei der Messung der Wertschöpfung wird der Nettobeitrag jedes Unternehmens zum Gesamtwert der Produktion bewertet, indem alle diese Beiträge addiert werden.*"

- *Transporte/Materialbewegungen:* Verlängern die Bearbeitungsdauer und binden Arbeitszeit. Meist entsteht noch zusätzlicher Aufwand durch Organisieren und Koordinieren der Transporte.
- *Wartezeiten/Liegezeiten:* Be- und Verarbeitungszeit verlängert sich, der Kunde wird nicht optimal bedient. Insbesondere entsteht zusätzlicher Aufwand bei der Erzeugung immaterieller Produkte, da der Bearbeiter sich hier bei der weiteren Bearbeitung meist wieder in die Sachlage einarbeiten muss, was bei einem fließenden Prozess nicht notwendig wäre.
- *Falsche oder schlechte Prozesse, nichtsachgerechter Technologieeinsatz oder Arbeitsprozess*: Die Be- und Verarbeitung verläuft nicht optimal – ist z.B. umständlicher und aufwendiger als mit anderen Prozessen oder Technologien – und dauert so länger als notwendig.
- *Unnötige Prozessschritte:* Dies betrifft unnötige Schritte, die durch eine schlechte Gestaltung des Ablaufes entstehen – z.B. fallen Teile nach der Bearbeitung in eine Kiste und müssen für die Weiterverarbeitung aus dieser Kiste genommen werden.
- *Unnötige Bewegungen*: Wegen mangelnder Ergonomie am Arbeitsplatz sinken die Qualität und Produktivität des Mitarbeiters.
- *Fehler, Ausschuss und Nacharbeit sowie Rückfragen und Qualitätsprobleme:* Alles, was beim ersten Anlauf nicht vollständig und korrekt erledigt werden kann, verursacht durch die Wiederaufnahme zusätzlichen Aufwand. Statt neue wertschöpfende Arbeit anzugehen, muss bei falsch erledigten nachgebessert, müssen Arbeitsschritte mehrfach erledigt werden. Des Weiteren erfordern Nacharbeit und Fehlerkorrektur insbesondere einen Steuerungs- und Koordinationsaufwand.
- *Nichtgenutztes Mitarbeiterpotenzial*: Mitarbeiter mit Tätigkeiten zu beschäftigen, die unter ihrem Wissens-, Kenntnisstand und -potenzial liegen. Das verhindert nicht nur eine höhere *Wertschöpfung*, sondern demotiviert diese auch. Aufwendige „Motivationsmaßnahmen", die versuchen, dies zu beheben, verschwenden weitere Ressourcen.
- *Schlechte Kommunikation*: Alles, was sofortige Klarheit verhindert, zu Rückfragen oder Verwirrung führt, führt zu zusätzlichem Klärungsaufwand.

Verschwendung ist in jedem Fall teuer und stellt einen Kostentreiber in jeder Organisation dar.

Wo fließt der Wertstrom?

Jede Art von Arbeit ist in einem Wertstrom organisiert – von Produktions- und Verwaltungstätigkeiten bis zu kreativen Arbeiten wie der Entwicklung von Software. Die Kunst liegt darin, den Wertstrom zu sehen, diesen freizulegen und permanent zu verbessern, um Verschwendungen zu beseitigen. Das ist nachhaltig.

Der Kontext, in dem der Wertstrom fließt, ist entscheidend für dessen Struktur, die in diesem fließenden Elemente und die Herangehensweisen zu dessen Verbesserung.

Klar, kompliziert, komplex oder Chaos? – Das Cynefin-Framework

> Das schönste Glück des denkenden Menschen ist, das Erforschliche erforscht zu haben und das Unerforschliche ruhig zu verehren.
>
> – Johann Wolfgang von Goethe

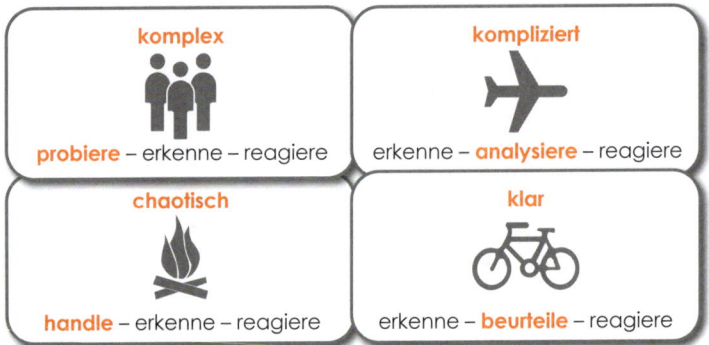

Abbildung 4: Das Cynefin-Framework [Sch17]

Bei der Betrachtung des Kontextes müssen wir immer unterscheiden zwischen der Sach- und der Beziehungsebene. *Die Beziehungsebene ist immer komplex*. Glauben Sie nicht? Fangen Sie eine Beziehung an …

Die Sachebene kann unabhängig davon Anteile verschiedener Kontexte haben: *klar*[5], *kompliziert*, *komplex* oder *chaotisch*.

Abbildung 4 zeigt das Cynefin-Framework [Sch17] – sprich Künéwin, ein altes walisisches Wort für „Lieblingsort, gewöhnlicher Aufenthaltsort, Lebensraum" – mit seinen vier Hauptdomänen und einem Zwischenbereich:

- **Klar:** Ein klarer Kontext ist durch einen eindeutigen Zusammenhang zwischen Ursache und Wirkung gekennzeichnet, der für alle Beteiligten klar erkennbar ist. Aus der Vergangenheit kann die Zukunft vollständig vorhergesagt werden.
- **Kompliziert:** Im komplizierten Kontext kann es mehrere richtige Antworten geben. Der Zusammenhang zwischen Ursache und Wirkung ist klar, allerdings nicht für alle Personen ersichtlich, da oft Fachwissen – dies haben nur Experten – erforderlich ist. Kompliziert sind beispielsweise viele technische Systeme, da sie viele Elemente und Beziehungen beinhalten, die sich nur Experten erschließen. Diese Systeme – und die Zusammenhänge in ihrem Inneren – sind vollständig erkenn- und beschreibbar – ihr Verhalten ist vollständig vorhersagbar.
- **Komplex:** Im komplexen Zusammenhang ist es unmöglich, richtige Antworten zu finden. Durch Experimente entstehen aufschlussreiche Muster. Ursachen und Wirkungen sind nur teilweise bekannt und unterliegen Zeitverzögerungen, Nichtlinearitäten und Rückkopplungen. Komplexe Systeme haben eine Geschichte und sind nicht umkehrbar. Man kann sie nicht auseinandernehmen und wieder zusammensetzen. Die Beziehung

---

[5] Ursprünglich nannte Dave Snowden – der „Erfinder" des Cynefin-Frameworks – diese Domäne *einfach*. Da ihm dies nicht präzise genug war, nannte er diese in *offensichtlich* um. Da auch dieses ihm nicht treffend genug war, nannte er diese im März 2020 in *klar* um. Daher sind in Literatur und Internet alle drei Bezeichnungen für diese Domäne zu finden. Inhaltlich ergibt sich allerdings kein Unterschied.

zwischen Ursache und Wirkung kann nur im Nachhinein wahrgenommen werden, nicht im Voraus. Komplex sind beispielsweise lebendige Systeme wie Lebewesen und Organisationen.
- **Chaotisch:** Im chaotischen Kontext lassen sich Zusammenhänge zwischen Ursache und Wirkung nicht feststellen, weil diese sich beständig ändern und keine überschaubaren Muster existieren – nur Unruhe, eine hohe Unsicherheit und Turbulenz. Kleinste Wirkungen können große und unvorhersehbare Auswirkungen haben. Beispiele sind Katastrophen und Terroranschläge.
- **Unordnung** (Zwischenbereich in der Mitte der vier Hauptdomänen): Man weiß (noch) nicht, welcher der vier Hauptdomänen ein System/Problem/eine Situation zuzuordnen ist.

Das Cynefin-Framework erlaubt, verschiedene Typen von Systemen/Problemen/Situationen zu unterscheiden und den passenden Umgang damit zu finden: Jede Domäne erfordert eigene Vorgehensweisen und Strategien [Sch17]:

- **Klar:** Für klare Systeme kann beurteilt werden, was zu tun ist. Diese können mit einem Kontrollansatz gesteuert werden. Da es sich um bekanntes Wissen handelt, können bewährte Praktiken – best practices – angewandt werden. Die Vorgehensweise ist *erkenne – beurteile – reagiere*.
- **Kompliziert:** Komplizierte Systeme müssen analysiert werden, um einen geeigneten Ansatz zu finden. Das ist die Domäne der Experten mit entsprechenden Analysetechniken. Es handelt sich um Wissen, das nicht jedem bekannt ist. Die Vorgehensweise ist *erkenne – analysiere – reagiere*.
- **Komplex:** Komplexe Systeme oder Situationen erfordern ein experimentelles Vorgehen, um Einsichten zu gewinnen und praktische Ansätze zu finden. Durch Experimente entstehen aufschlussreiche Muster, aus denen Rückschlüsse für neue Experimente gezogen werden können. Die Vorgehensweise ist *probiere aus – erkenne – reagiere*.
- **Chaotisch:** Chaotische Systeme oder Situationen erfordern sofortiges Handeln, um in eine andere Domäne zu kommen. Die Vorgehensweise ist hier *handeln* (um Ordnung wieder herzustellen) – *erkennen* (wo noch Stabilität vorhanden ist) – *reagieren* (wo keine Stabilität vorhanden ist). Allgemein herrscht eine größere Offenheit für Innovationen und innovative Praktiken können entdeckt werden.

Eine Herleitung des Cynefin-Frameworks finden Sie in [Sch17]. Dort trägt der mittlerweile als *klar* bezeichnete Kontext noch die ursprüngliche Bezeichnung *einfach*.

Nach dem *Cynefin-Framework* lassen sich drei – auch für Wertströme zutreffende – Kontexte unterscheiden[6]:

- *klar*
- *kompliziert*
- *komplex*

Im *klaren* Kontext ist klar, was wie zu tun ist: Einfache Bearbeitungsvorgänge reichen aus, um einem *klaren* Element (siehe Kasten „Beschaffenheit der Elemente" auf Seite 80) den entsprechenden Wert hinzuzufügen. So kann ein Holzbrett einfach zersägt werden, um daraus Brennholz zu machen. Der zugehörige Wertstrom ist daher *klar*.

---

[6] Da Chaos *einmalige* Notsituationen darstellt – sonst könnte man ja Pläne machen – gibt es in diesem Kontext keinen Wertstrom.

Schwieriger ist die wichtige Unterscheidung zwischen *kompliziert* und *komplex*: Wertströme im *komplizierten* Kontext – z.B. Produktion und Verwaltung – beinhalten *komplizierte* Vorgänge, hier wird „nur noch" ein bereits entwickeltes Produkt hergestellt – dies kann auch eine Entscheidung auf einen Antrag sein. Das bereits fertig entwickelte Produkt als Ergebnis des Wertstromes sowie dessen Zwischenprodukte sind bereits bekannt. Nun gilt es lediglich, dieses in vorab planbaren Schritten herzustellen und die Umsetzung zu überprüfen/kontrollieren.

Im Gegensatz dazu beinhalten Wertströme im *komplexen* Kontext – z.B. Wissensarbeit wie Softwareentwicklung – *komplexe* Vorgänge: Das Ergebnis des Wertstromes ist noch nicht bekannt. Das Produkt wird im Wertstrom erst entwickelt[7]! Daher sind sowohl der genaue Inhalt des Produktes als auch der genaue Weg zu dessen Erstellung komplett unbekannt. Wir wissen also i.d.R. vorher noch nicht, welche Funktionen das Produkt haben wird, wie diese Funktionen aussehen und wie diese technisch realisiert sein werden – ja, wie das finale Produkt schlussendlich aussehen wird! Das ist die Herausforderung im *Komplexen*! Jeder Versuch, hier planen zu wollen, muss aus strukturellen Gründen scheitern [Sch17]!

Der exakte Ablauf dessen, wie dieses Produkt entsteht, ist daher noch unbekannt. Vorab kann lediglich ein erster Entwurf zur Struktur des Ablaufes gemacht werden. Diese Struktur muss dann permanent angepasst und verbessert werden[8].

Aus Management-Sicht können lediglich Rahmenbedingungen gesetzt werden:

- *Wird die Entwicklungszeit vorab festgelegt, dann variiert der Umfang des Produktes – der Scope.* Oder:
- *Wird der Umfang vorab festgelegt, dann variiert die Entwicklungszeit.*

Wären sowohl Entwicklungszeit als auch Umfang vorab festlegbar, dann bräuchte es keine agile Entwicklung, dann kann mit klassischen – planenden – Vorgehensweisen gearbeitet werden, weil es sich dann um ein *kompliziertes* und kein *komplexes* Thema handelt [Sch17].

Für den Wertstrom ist es also entscheidend, in welchem Kontext dieser fließt: im *komplizierten* oder im *komplexen*.

Dies ist eine wichtige und wesentliche Unterscheidung!

Dieser Kontext entscheidet über die Struktur des Wertstromes, über die Art der fließenden Elemente sowie über die Art und Weise des Flusses.

Die Unterscheidung in *kompliziert* und *komplex* ist keine trennende, sondern eine verbindende: Wir brauchen beides! Und zwar jeweils dort, wo es passt:

---

[7] Meist gibt es keine Produktion im Anschluss – *Entwicklung ist Produktion*.
[8] Wie Sie dies organisieren sowie Vorgehensweisen dazu wie *OpenSpace Change* und agile *Interaktionen* werden im weiteren Verlauf des Buches dargestellt (Frage 5, 6 und 7 und Teil III Praktisches).

- Um ein noch unbekanntes Produkt zu entwickeln, brauchen wir *komplexe* Vorgehensweisen[9]. Dies führt zu einem *komplexen* Wertstrom.
- Um ein bereits entwickeltes Produkt zu produzieren, brauchen wir *komplizierte* Vorgehensweisen. Diese führen zu einem *kompliziertem* Wertstrom.

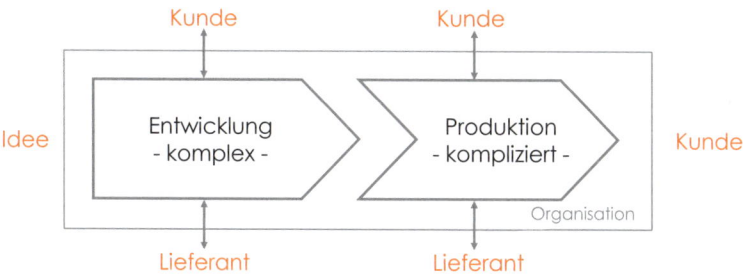

Abbildung 5: Im Normalfall besteht ein Wertstrom aus einem komplexen Anteil – der Entwicklung – und einem kompliziertem Anteil – der Produktion.

Und im Normalfall sind beide zu verbinden (Abbildung 5): Für das zunächst zu entwickelnde Produkt brauchen wir einen *komplexen* Wertstrom. Um dieses Produkt dann zu produzieren, brauchen wir einen *komplizierten* Wertstrom. Und beide sind so zu verknüpfen, dass Feedback vom Kunden und aus der Produktion in der Entwicklung zu einem besseren Produkt führt. Die bisher getrennten Welten zwischen *Weißkitteln* – Mitarbeitern in Forschung und Entwicklung – und *Blaukitteln* – Mitarbeitern in der Produktion – sind zu verbinden.

Komplizierter Kontext

Im Kontext *Produktion* findet das „Abarbeiten *vordefinierter* Prozesse" statt. Die Prozesse, Abläufe sowie die Ergebnisse und Zwischenergebnisse sind vorab definierbar und daher definiert – es handelt sich damit um einen *klaren* oder *komplizierten* Kontext. Daher kann anhand dieser Zwischenergebnisse überprüft werden, ob „alles gut läuft" – dies ist die Aufgabe von Management in diesem Kontext.

Die in diesem Kontext fließenden Elemente sind sichtbar, entweder als Material in Produktionsprozessen oder als Anträge, Formulare, Aufträge – auch in elektronischer Form – in administrativen Prozessen. Ein Element kann damit zu einem Zeitpunkt nur an *einem* Ort sein. Die Elemente sind in ihrer Struktur vordefiniert. Ihr Inhalt ist vordefinierbar.

Diese Planbar- und Vorhersagbarkeit führt zu linearen Abläufen in den Wertströmen, was sich in linearen Strukturen der Wertströme niederschlägt – *lineare Wertströme*.

---

[9] Ein bereits bekanntes Produkt mit bereits vorliegenden Änderungen zu versehen ist ein *kompliziertes* Thema.

Der Zeitbedarf, den ein Element für das Durchfließen des Wertstromes braucht, ist vorab bestimmbar, da sowohl inhaltlich als auch strukturell vorab alles bereits bekannt ist.

Angefangene „Arbeit" – also bereits in Bearbeitung befindliche Elemente – ist in der Regel sichtbar. Physischen Elementen kommt eine Besonderheit zu: Diese sind in der Regel auch in der Bilanz sichtbar – „aktiviert".

Komplexer Kontext

Im Kontext *Wissensarbeit* – im Gegensatz zu manuellen Tätigkeiten auch Kopfarbeit genannt – wird ein noch *unbekanntes* Produkt erarbeitet, d.h. entworfen, erstellt. Die dazu notwendigen Prozesse und Abläufe sowie die Ergebnisse und Zwischenergebnisse sind vorab nicht definierbar – es handelt sich damit um einen *komplexen* Kontext. Daher kann nicht anhand von Zwischenergebnissen überprüft werden, ob „alles gut läuft". Management als Kontrolle versagt hier.

Die in diesem Kontext fließenden Elemente sind Informationen und damit physisch unsichtbar. Da diese sehr leicht kopiert werden können, können Elemente als Kopien zu einem Zeitpunkt an *verschiedenen* Orten sein, ohne dass dies auffällt. Die Elemente sind in ihrer Struktur meist vordefiniert – z.B. als Kundenanforderungen an das Produkt –, allerdings ist deren Inhalt nicht vorherseh- und damit nicht vordefinierbar.

Diese Nicht-Planbar- und Nicht-Vorhersagbarkeit führt zu nichtvorhersagbaren Abläufen in den Wertströmen, was sich in der Struktur der Wertströme niederschlägt – *Wertstrom-Netzwerke*. Elemente durchlaufen unter Umständen Bearbeitungsschleifen mehrfach, um iterativ und inkrementell – schrittweise und aufeinander aufbauend – bearbeitet zu werden. Zudem bestehen u.U. Abhängigkeiten zwischen Elementen, die zu inhaltsbezogenen Wartezeiten führen, die nicht vorhersehbar sind.

Der Zeitbedarf, den ein Element für das Durchfließen durch den Wertstrom braucht, ist vorab nicht bestimmbar, da sowohl inhaltlich als auch strukturell vorab nichts oder zu wenig bekannt ist.

Angefangene „Arbeit" – also bereits in Bearbeitung befindliche Elemente – sind in der Regel nicht sichtbar und werden auch nicht in der Bilanz sichtbar „aktiviert".

kompliziert		komplex
Ortsabhängig: Ein physisches Element oder ein Online-Antrag kann zu einem Zeitpunkt immer nur an einem Ort sein.	**Ortsbezug**	Ortsunabhängig: Ein Element kann – auch unbemerkt – kopiert werden und damit zeitgleich an verschiedenen Orten sein.
Zeitbedarf ist vorab planbar, da strukturell und inhaltlich alles vorab bekannt ist.	**Zeitbezug**	Zeitbedarf ist nicht planbar, da vorab nur wenig bekannt sein kann.
Sichtbar, z.T. auch in die Bilanz aufgenommen	**Sichtbarkeit halbfertiger Produkte**	Unsichtbar, i.d.R. nicht in die Bilanz aufgenommen

kompliziert		komplex
Überprüfen der Einhaltung der Prozesse, Zeiten und Zwischenergebnisse	**Aufgabe von Management**	Schaffen der notwendigen Rahmenbedingungen, Bereitstellen der notwendigen Ressourcen
Lineare Strukturen, Durchflusszeit/Durchlaufzeit plan- und vorhersagbar	**Struktur des Wertstroms**	Netzwerke, Durchflusszeit/Durchlaufzeit nicht plan- und vorhersagbar

Tabelle II-1: Unterschiede zwischen einem komplexen und einem kompliziertem Wertstrom.

Was fließt im Wertstrom?

Grafisch wird ein Wertstrom dargestellt von links – Zulieferer – nach rechts – Kunden. Doch was fließt von links nach rechts?

Im Wertstrom fließt Wert für den Kunden. Dieser wird von den durch den Wertstrom fließenden *Elementen* transportiert, deren konkrete Ausgestaltung abhängig von dem Kontext ist, in dem der Wertstrom sich befindet:

- In klassischen Produktionsumgebungen sind die Elemente *Material* und *Teile*.
- In Verwaltungen sind die Elemente *Informationen*, beispielsweise in Form eines Antrages. Dieser kann im Verlauf des Wertstroms auch seine Form ändern, z.B. wenn aus dem Antrag ein neuer Personalausweis oder Führerschein wird. Dann hat der Wertstrom einen Büro- und einen Produktionskontext.
- Auf strategischer Ebene einer Organisation fließen strategische Elemente wie Ziele, Produkte, Projekte und Initiativen. Je näher diese zur operativen Umsetzung kommen, desto konkretere Arbeitspakete entstehen aus diesen.
- In Dienstleistungsumgebungen fließt der *Kundenwunsch*. Dieser besteht aus Informationen zum Kunden, dessen Wunsch und weiteren Daten.
- In der Entwicklung fließen *Informationen*. So fließen in der Softwareentwicklung [Ker18]:
  - *Funktionen (Features):* Neue Produktfunktionen liefern einen direkten Wert für den Kunden.
  - *Fehler (Defects):* Durch das Beseitigen von Fehlern steigt die Qualität des Produktes, daher liefert dies Qualität an den Kunden.
  - *Risiken (Risks):* Durch das Beseitigen von Risiken steigt für den Kunden die Sicherheit beim Benutzen des Produktes bzw. bleibt ein Weiterbetrieb des Produktes möglich.
  - *Schulden (Debts):* Diese – meist technischer Natur – sind Hindernisse für das Liefern von Funktionen oder Ursachen von Fehlern und Risiken in der Zukunft. Der direkte Kunde ist hierbei meist ein interner Mitarbeiter, z.B. ein Software-Architekt.

Die genannten Elemente können nach dem *Cynefin-Framework* verschiedene Beschaffenheiten haben. Diese richten sich nach dem Kontext, in dem der Wertstrom fließt.

Zur Beschaffenheit der Elemente

Die *Beschaffenheit der Elemente* bestimmt die *Beschaffenheit des Wertstromes*:

- Bei *klaren* Elementen wird deutlich, was wie zu tun ist: Ein Metall- oder Holzstück kann einfach bearbeitet werden. Der zugehörige Wertstrom kann daher *klar* sein.
- Bei *komplizierten* Elementen – wie eine Steuererklärung, ein Bauplan für einen Elektromotor oder ein Elektromotor selbst – ist die Struktur des Elementes und seines Inhaltes vorab bekannt. So wird in einer Steuererklärung kein Bauplan für einen Elektromotor erwartet, sondern Daten in Form von alphanumerischen Zeichen. Damit ist – zumindest für Experten – klar, was wie zu tun ist. Der zugehörige Wertstrom muss daher *kompliziert* sein.
- *Komplexe* Elemente – wie Beschreibungen von Kundenanforderungen in der Softwareentwicklung – sind zwar von ihrer *Struktur* her vorab bekannt und daher planbar, unterscheiden sich jedoch in ihrem nicht vorhersehbaren Inhalt. So sind Kundenanforderungen in Form von User Stories von der Struktur her zwar immer gleich – zumindest sollten sie dies sein –, deren Inhalt jedoch nicht. Und genau das erzeugt Komplexität und erfordert – nach dem → *Gesetz von Ashby* – in der Bearbeitung und Umsetzung ebenfalls Komplexität. Der zugehörige Wertstrom muss daher *komplex* sein.

Die Einschätzung der Beschaffenheit der Elemente ist wichtig für die Gestaltung des zugehörigen Wertstromes.

Ziel der Gestaltung eines Wertstromes ist ein kontinuierliches Fließen der genannten Elemente. Dazu sind die Struktur und der Aufbau des Produktes mit der Struktur und dem Aufbau des Wertstromes in Ausgleich zu bringen. Bestimmend muss dabei sein, wie dem Kunden einfacher, leichter, günstiger – nachhaltiger – Wert entsteht. Viele Unternehmen sind nach technischen Erfordernissen aufgestellt, was zu nicht-optimalen Wertströmen führt. *Oberste Priorität muss das gleichmäßige Fließen der Elemente im Wertstrom haben!*

Der in der klassischen Darstellung als „Materialfluss" bezeichnete *Fluss der Elemente* ist allgemeiner zu fassen, da dieser auch nicht-physische Elemente wie Kundenwunsch oder Funktionen umfassen kann.

Wie ist ein Wertstrom zu strukturieren?

Das Gesetz von Ashby

Eine der zentralen Erkenntnisse der Kybernetik formulierte der britische Universalwissenschaftler William Ross Ashby: *Um ein komplexes System zu steuern, muss das steuernde System mindestens den gleichen Grad an Komplexität aufweisen wie das zu steuernde System.* Allgemeinverständlich ausgedrückt: Wenn wir komplexe Aufgaben lösen wollen, komplexe Produkte entwickeln wollen, dann brauchen wir dazu eine Organisation, die mindestens genauso komplex wie die zu lösende Aufgabe ist. Nur dann, wenn sich die Organisation flexibler verhält als die Aufgabenstellung, wenn die Organisation sich an die Aufgabe anpassen und diese quasi absorbieren kann, dann ist die Organisation in der Lage, die Aufgabe zu lösen. Dies mag kontra-intuitiv klingen. Wir müssen lernen, zu akzeptieren, dass wir mit unserem Verstand nicht alles erfassen können – auch dieser kann nur Umstände erfassen, die eine geringere Komplexität haben als er selbst.

Fazit aus Ashbys Law: *Wir brauchen Organisationsstrukturen, die komplexer als die zu lösenden Aufgaben sind. Und die so individuell wie die zu lösenden Aufgaben sind.*

Wertströme funktionieren nur dann wirksam, wenn sich diese über alle Organisationen, die an der Leistung für den Kunden beteiligt sind, erstrecken. Wenn Ihre Zulieferer nicht in Ihren Wertstrom integriert sind, schöpfen Sie das Potenzial Ihrer Wertströme nicht aus! Sie können dann z.B. keinen → *Kundentakt* erreichen. Die hier dargestellten Strukturen von Wertströmen beziehen sich daher auf den gesamten Wertstrom über alle beteiligten Organisationen.

Aus dem → *Gesetz von Ashby* folgt, dass die Beschaffenheit der Struktur eines Wertstromes zur Beschaffenheit der durch diesen Wertstrom fließenden Elemente passen muss. Nicht passende Beschaffenheiten führen zu Verschwendung – wie ein *komplexer* Wertstrom für *komplizierte* Elemente. Daher brauchen Sie Klarheit über die Beschaffenheit Ihrer Elemente!

Da bei *klaren* und *komplizierten* Elementen vorab bekannt ist, was wie zu tun ist, können Wertströme für diese vorab entworfen und aufgebaut werden. Dies führt zu *linearen Strukturen*: Das Element fließt wie auf einem Fließband durch den Wertstrom und jeder Bearbeitungsschritt fügt Wert hinzu. Durch die Integration von Vor- und Teilprodukten können Wertströme zusammenfließen – am Ende kommt aus einem Wertstrom das Produkt (Abbildung 6 und 7).

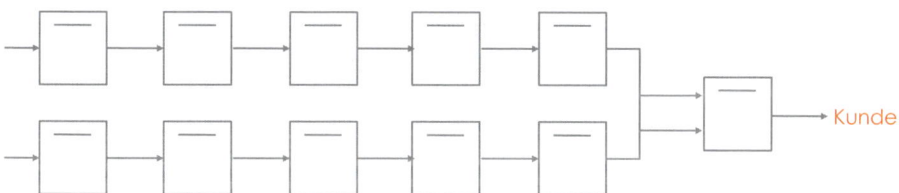

Abbildung 6: Struktur eines klaren Wertstromes: *Zwei Teilprodukte werden zum Gesamtprodukt integriert. Es gibt eine eindeutige Fließrichtung von links nach rechts.*

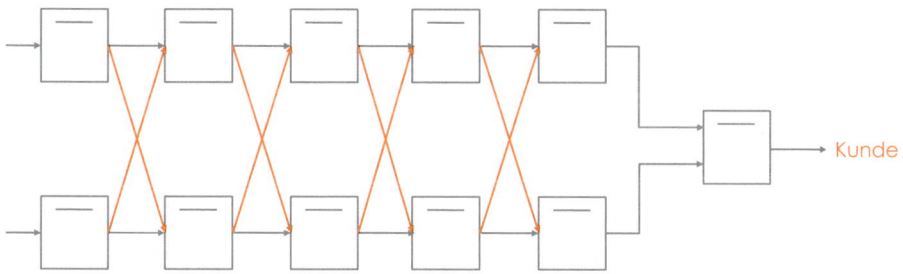

Abbildung 7: Struktur eines komplizierten Wertstromes: *Die Anzahl der Verbindungen ist höher und es gibt eine eindeutige Fließrichtung von links nach rechts*

Für *komplexe* Elemente gilt dies nicht: Da der Inhalt der Elemente vorab nicht bekannt und damit nicht planbar ist, was wie zu tun ist und wann das Produkt fertig ist – und was „fertig" überhaupt bedeutet –, muss sich diese Unplanbarkeit in der Struktur des Wertstromes niederschlagen. Bei komplexen Themen muss erst gelernt werden, wie die Lösung aussehen könnte und wie diese umgesetzt wird. Da Lernen Feedback braucht [Sch17], müssen Rückkopplungselemente im Wertstrom enthalten sein, um schrittweise und aufeinander aufbauend – iterativ und inkrementell – vorgehen zu können (Abbildung 8) – der Wertstrom muss für Lernen strukturiert sein.

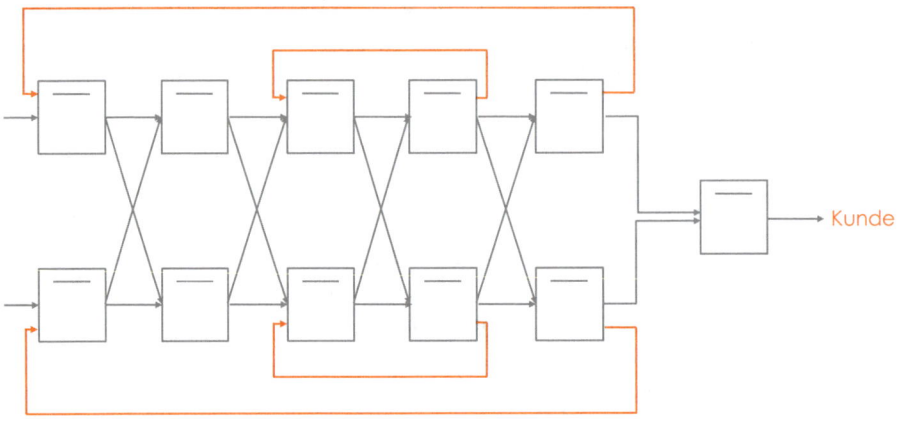

Abbildung 8: Struktur eines komplexen Wertstromes: Durch Rückkopplungselemente entsteht Komplexität. Die Fließrichtung ist nicht mehr eindeutig von links nach rechts.

In der (Software-)Entwicklung entstehen meist Netzwerkstrukturen von Wertströmen, sogenannte *Wertstrom-Netzwerke*. Bei diesen kann es beim Ausfall eines Knotens passieren, dass die fließenden Elemente einen anderen Weg durch das Netzwerk nehmen, wenn z.B. die Arbeiten des ausgefallenen Knotens von anderen übernommen werden. Ausfälle und Engpässe fallen damit nicht bzw. nicht so stark auf wie in linearen Strukturen. Diese komplexen Zusammenarbeitsstrukturen können zu Spannungen führen: Während technische Tools aus der Gegenwart stammen, können Managementsysteme veraltet und überholt sein. Dies erschwert die Steuerung dieser Wertschöpfungsnetzwerke auf Basis von Geschäftszahlen [Ker18].

Feststellungen über Wertströme

- Je größer ein Produkt wird, desto mehr gehen Architektur des Produktes und die Struktur, in der dieses Produkt gebaut wird – die Wertströme bzw. das Netzwerk aus Wertströmen –, auseinander. Dies führt zu sinkender Produktivität und steigender Verschwendung [Ker18].
- Der Engpass für die Produktivität sind getrennte Wertströme innerhalb eines Produktes. Dies wird durch falsche Organisation von Wertströmen und Produkten verursacht [Ker18].
- Wertströme in der Wissensarbeit sind – im Gegensatz zu linearen Produktionsprozessen – komplexe Netzwerke auf Basis von Zusammenarbeit. Diese Netzwerke müssen auf die Produkte ausgerichtet werden [Ker18].

Die Strukturen von Produkt und Wertschöpfung müssen zusammenpassen. Die Gestaltung des Produktes definiert die Gestaltung der Wertströme. Die verschiedenen Teilwertströme verschiedener Produktteile müssen verbunden und synchronisiert werden.

Die Struktur des Produktes bestimmt die Struktur seines Wertstromes

Produkt- und Wertstromstruktur hängen eng zusammen. Mit der Gestaltung des Produktes werden die erforderlichen Wertschöpfungsprozesse weitgehend vordefiniert [Ste99]. Damit ist die Produktgestaltung der Haupthebel für die Verbesserung der Prozesse.

Besteht das Produkt aus mehreren Teilen, führen Abhängigkeiten zwischen diesen Teilen zu Abhängigkeiten in den jeweiligen Wertströmen und erhöhen damit unnötigerweise die Komplexität des Wertschöpfungssystems. Daher sind Teilprodukte, Funktionen etc. – soweit dies geht – voneinander zu entkoppeln. Dies erleichtert auch später deren Austausch gegen neue Teile oder Funktionen. Dieses *Baukastenprinzip* baut auf das systemtheoretische Grundprinzip hoher Abhängigkeiten innerhalb eines (Teil)Systems – eines Moduls – und relativ geringer Abhängigkeiten zwischen einzelnen (Teil)Systemen. Zwischen den Modulen[10] werden die Nahtstellen[11] mit so wenigen Parametern wie möglich beschrieben. Damit reduzieren sich die Bedarfe nach Abstimmung in Entwicklung und Leistungserstellung – und damit die Komplexität. Mit dem Baukastenprinzip können sowohl die Komplexität kundenindividueller Lösungen gering als auch die Wertschöpfungsprozesse einfach gehalten werden [Ste99].

Ein Beispiel für das Baukastenprinzip sind verschiedene Fahrzeugplattformen von Automobilherstellern, bei denen die für den Kunden unsichtbaren Teile von Fahrzeugen der Low-Cost- bis zur Premium-Marke gleich sind. Nachteilig ist, dass ein Problem mit einem Bauteil dann viele Fahrzeuge und Fahrzeugtypen betrifft.

Worauf soll ein Wertstrom optimiert werden?

In der klassisch aufgebauten, funktional getrennten Taylor-Ford-Organisation erstreckt sich der Wertschöpfungsprozess über verschiedene Funktionen der Organisation wie Entwicklung, Einkauf, Produktion, Verkauf. Jede dieser Funktionen hat ihre eigenen Ziele und optimiert auf diese. Daher kann der Wertschöpfungsprozess als Ganzes in einer solchen Organisation nie optimal sein, sondern nur die Summe lokaler Optima – die einander auch widersprechen können – darstellen.

Der Wertstrom dagegen hat das gesamte System des Wertschöpfungsprozesses im Blick. Hier geht es um ein in seiner Gesamtheit optimales Wertschöpfungssystem! Dies ist dann auch organisatorisch umzusetzen (siehe Abschnitt „Die Wertstrom-Organisation" in Frage 6 auf Seite 113).

---

[10] Die konstruktive Gestaltung von Produkten aus abgrenzbaren Modulen wird *Modularisierung* genannt.
[11] Wichtig ist, die Bedeutung einer Schnittstelle zu verstehen: Eine Schnittstelle ist immer die Definition einer (Produkt)Anforderung für die Gegenseite – und damit etwas Trennendes. In Anlehnung an die → *Nahtstellenorganisation* wird in diesem Buch daher der Begriff Nahtstelle verwendet.

Erfolgreiche Organisationen, wie Google, Amazon, Apple oder Toyota, sind als Gesamtorganisation konsequent auf *ein* Kriterium optimiert und lagern Tätigkeiten, die eine andere Optimierung erfordern, konsequent aus. Diese Ausrichtung auf *ein* Ziel ermöglicht, dass die gesamte Organisation ein globales Maximum erreicht statt vieler lokaler Optima.

Damit der gesamte Wertschöpfungsprozess optimal ist, muss er – und kann nur! – auf *ein* Ziel ausgerichtet sein. Bei allen Entscheidungen und Konflikten kann nur ein Gesamtziel widerspruchsfreie Entscheidungen ermöglichen.

Der primäre Zweck eines Wertstroms – nämlich Wert für den Kunden durch die Leistung der Organisation zu schaffen – ist für alle Organisationen gleich. Damit ist der primäre Zweck selbst kein Optimierungskriterium. Nur die sekundären Zwecke einer Organisation (siehe Frage 1: *Wozu ist Ihre Organisation da?* auf Seite 55) ergeben Optimierungskriterien für den Wertstrom.

Bei der klassischen Betrachtung des Wertstromes ist das Optimierungskriterium bereits gesetzt: *kurze Durchflusszeit/Durchlaufzeit*. In diesem Buch wird die Idee vertreten, den Wertstrom – und damit die Organisation – auch auf andere Ziele auszurichten. Dies heißt dann, dass der Wertstrom immer noch zum Kunden führt, allerdings nicht mehr unbedingt den schnellsten Weg nimmt oder die effizienteste Technologie benutzt. Vielmehr soll das Konzept des Wertstroms auch für andere Kontexte verfügbar gemacht werden.

Weitere Optimierungskriterien/-ziele für den Wertstrom können sein [Fis97]:

- *Maximale Innovationsfähigkeit:* Das Ziel ist, möglichst schnell möglichst viele Innovationen zu generieren und als Produkte in den Markt zu bringen. Beispiel: Ideation von Google.
- *Maximale Flexibilität:* Das Ziel ist eine möglichst schnelle Anpassung an sich ändernde Kundenwünsche und Marktanforderungen. Beispiele: Agilität bei Spotify und Amazon.
- *Maximale Qualität/Maximaler Kundenwert:* Das Ziel ist ein möglichst hoher wahrgenommener Wert durch den Kunden. Beispiele: Luxusgüter-Hersteller, Manufakturen und Apple.
- *Maximale Individualität:* Das Ziel ist hier eine auf den konkreten Kunden maßgeschneiderte Leistung, die individuelle Wünsche des Kunden mit den gegebenen Möglichkeiten verbindet. Beispiel: Handwerker (z.B. Einbaumöbel vom Tischler).
- *Maximale Beschäftigung:* Das Ziel ist, möglichst viele Menschen in Beschäftigung zu bringen. Beispiele: Indien und China in den 1970er- und 1980er-Jahren.
- *Maximale Sicherheit:* Das Ziel ist höchstmöglicher Schutz von Betriebsgeheimnissen. Beispiele: Geheimdienste und Forschungseinrichtungen.
- *Minimale Kosten:* Das Ziel ist, durch Weglassen, Vereinfachen oder Substituieren von Wertschöpfungsstufen und/oder Produkt(an)teilen den geringstmöglichen Preis für den Kunden zu generieren. Beispiel: Billiganbieter wie Billigfluggesellschaften.

- *Maximale Transparenz:* Ziel ist eine maximale Transparenz aller Vorgänge und Entscheidungen, um z.B. gesetzlich verbriefte Rechte zu gewährleisten. Beispiele: NGOs, politische und staatliche Institutionen wie Bau- oder Sozialamt.

Das Problem besteht nun darin, dass verschiedene Optimierungskriterien einander ausschließen können:

- Maximale Schnelligkeit ist mit höheren Kosten und geringerer Qualität verbunden.
- Minimale Kosten sind mit geringer Geschwindigkeit (= längere Durchflusszeit/Durchlaufzeit) und geringer Qualität verbunden.
- Maximale Qualität führt zu hohen Kosten und geringer Geschwindigkeit (= längere Durchflusszeit/Durchlaufzeit).

Die Herausforderung besteht nun darin, sich auf *ein* Optimierungskriterium festzulegen, in diesem Spitzenniveau zu erreichen und damit bewusst andere Kriterien außer Acht zu lassen. Dies ist insofern entscheidend, als dass die Kriterien – spätestens in ihrer finalen Konsequenz – einander ausschließen und letztendlich immer zu faulen Kompromissen führen.

Es gilt deshalb, in der Organisation einen Konsens darüber zu finden, welche Optimierungsmerkmale angestrebt und wie mit Konflikten zwischen verschiedenen Merkmalen umgegangen werden soll. Verschiedene Kriterien gleichzeitig optimieren zu wollen heißt, dass nichts wirklich richtig gut wird! Auch eine (zeitlich) sequenzielle Optimierung – zuerst auf dieses Kriterium, dann jenes, dann wieder ein anderes – führt nur dazu, dass jeweils auf das letzte Kriterium optimiert wurde.

Empfehlenswert ist daher eine klare Entscheidung für *ein* Optimierungskriterium.

Die konkrete Ausgestaltung der Umsetzung der Optimierungskriterien kann nur und muss immer organisationsspezifisch sein! Sie muss konkret vor Ort erarbeitet werden! Es können keine Rezepte, Bauanleitungen o.Ä. dafür angegeben werden!

Weitere Ausführungen dazu finden Sie im Ergänzungsmaterial auf der Webseite zum Buch www.wertstrom-organisation.de/buch.

Was soll im Wertstrom gemessen werden?

> Messen ist Wissen.
> Wenn Sie es nicht messen können,
> können Sie es nicht verbessern.
>
> – William Thomson, 1. Baron Kelvin oder kurz Lord Kelvin,
> dieses Zitat wurde ebenso von Peter F. Drucker verwendet

Um Verbesserungen an einem Wertstrom objektiv bewerten zu können, muss gemessen werden. Doch was muss erfasst werden, um die Veränderungen richtig bewerten zu können?

Definitionen einiger wichtiger Messgrößen [Rot18]

Durchlaufzeit

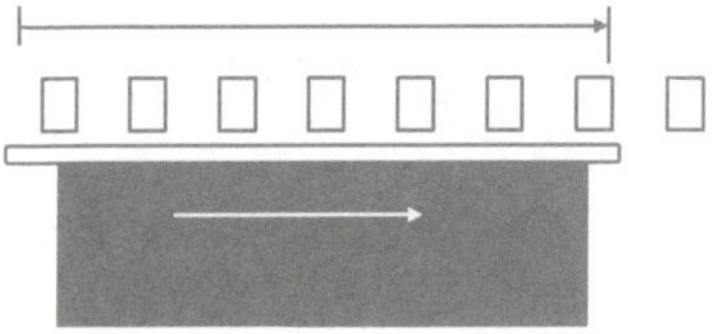

Die *Durchlaufzeit* – auch als *Durchflusszeit* bezeichnet – gibt an, wie lange ein Auftrag braucht, um einen Prozess oder einen Wertstrom zu durchlaufen.

Zykluszeit (zz)

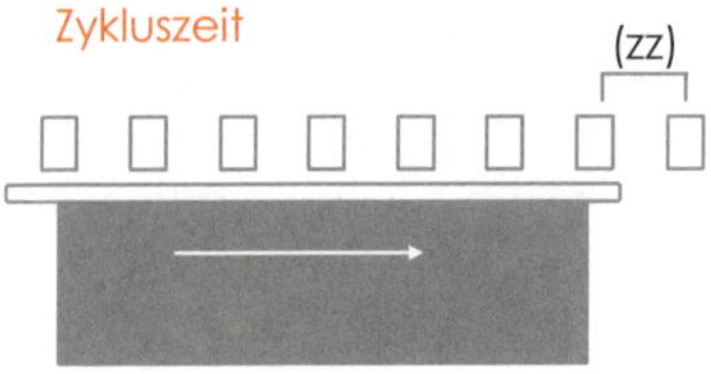

Die *Zykluszeit* gibt den zeitlichen Abstand zwischen zwei fertiggestellten Teilen an.

Die Zykluszeit kann auch für Mitarbeiter angegeben werden. Sie gibt dann die Zeit an, die ein Mitarbeiter benötigt, um alle Arbeitsschritte zu durchlaufen, bis er diese wiederholt.

Wertschöpfungszeit

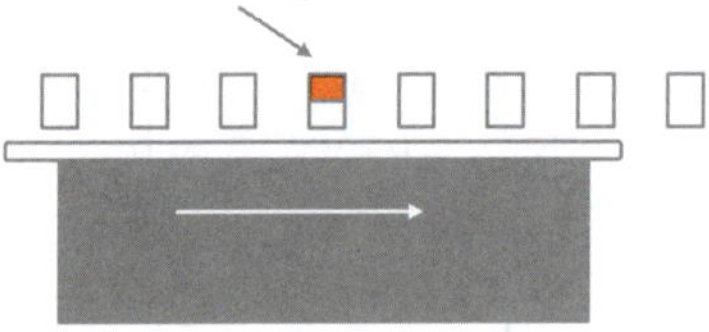

Die *Wertschöpfungszeit* gibt die Zeit an, in der tatsächlich Wert geschöpft wurde. Für diese Zeit ist der Kunde bereit, zu bezahlen.

Die *Taktzeit* gibt an, wie oft ein Kunde ein Produkt in der betrachteten Zeiteinheit kauft.

Die Taktzeit hilft bei der Synchronisierung des Produktionsrhythmus mit dem Verkaufsrhythmus.

$$\text{Taktzeit} = \frac{\text{verfügbare Betriebszeit pro betrachtete Zeiteinheit}}{\text{vom Kunden benötigte Menge pro betrachtete Zeiteinheit}}$$

Beispiel: $\text{Taktzeit} = \dfrac{8 \text{ h pro Schicht}}{80 \text{ Stück pro Schicht}}$

D.h., der Kunde kauft im Durchschnitt (!) pro Stunde 10 Stück.

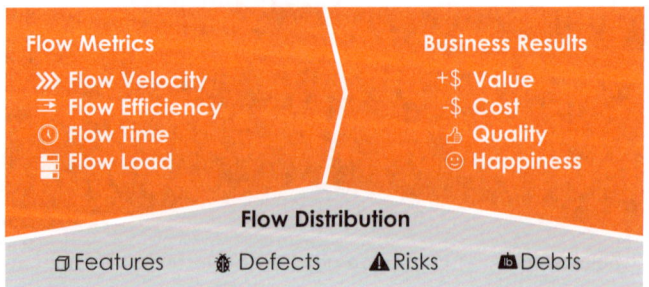

Abbildung 9: Die Verbindung der Messgrößen in Bezug auf den Fluss mit den Messgrößen in Bezug auf Business [Ker18]

Die Messgrößen lassen sich zu zwei Gruppen zusammenfassen ([Ker18], Abbildung 9):
- Messgrößen in Bezug auf den *Fluss im Wertstrom* (Flussgrößen/Fluss-Metriken):
  - *Fließgeschwindigkeit (Flow Velocity):* Diese gibt die *Anzahl abgeschlossener Elemente in einer bestimmten Zeiteinheit* an.
  - *Flusseffizienz (Flow Efficiency):* Diese gibt das Verhältnis der Zeit, in der *aktiv an einem Element gearbeitet wurde* im Verhältnis zur *Gesamtzeit, die dieses Element im Wertstrom verbrachte*, an.
  - *Durchflusszeit/Durchlaufzeit (Flow Time):* Diese gibt die Zeit vom *Akzeptieren eines Elementes zur Bearbeitung („active")* bis zur *Auslieferung an den Kunden* an[12].
  - *Durchflussmenge (Flow Load):* Diese gibt die *Gesamtmenge aller Elemente in einem bestimmten Wertstrom* an – egal, ob diese aktuell bearbeitet werden oder warten (auch als *Work in Progress (WiP)* bekannt). Dies entspricht dem Bedarf an gleichzeitiger Bearbeitung[13].
- Messgrößen in Bezug auf das *Business* (Unternehmensgrößen/Geschäftsergebnisse):
  - *Wert (Value):* Dieser gibt den von dem *jeweiligen Wertstrom geschaffenen Wert* an. Dieser ist aus den Finanzsystemen zu erfassen. Auch für Wertströme, die nicht direkt ein Produkt für einen organisationsexternen Kunden schaffen, lassen sich Messgrößen finden, die deren Wertbeitrag messen, z.B. Häufigkeit der Inanspruchnahme einer internen Dienstleistung oder eines internen Produktes.
  - *Wertstrom-Kosten (Value Stream Cost):* Diese geben *alle dem jeweiligen Wertstrom zuordenbaren Kosten* an. Dies umfasst alle direkt entstehenden und anteiligen Kosten, jedoch keine Umlagen.
  - *Qualität (Value Stream Quality):* Diese gibt die *beim Kunden auftretenden Fehler* – die *entgangenen Defekte (Escaped Defects)* – an. Alle Fehler, die beim Kunden auftreten, sind Fehler, die im jeweiligen Wertstrom nicht gefunden wurden – und liefern damit eine Aussage über die Qualität dieses Wertstromes.
  - *Mitarbeiterzufriedenheit (Value Stream Happiness):* Diese gibt die *Gesundheit des Wertstromes* an. Solange Menschen in Wertströmen Wert erzeugen, ist deren Zufriedenheit eine wichtige Einflussgröße. Viele Studien wiesen nach, dass zufriedene Mitarbeiter produktiver und kreativer sind (z.B. [Pin10]). Daher wird für jeden Wertstrom die Zufriedenheit seiner Mitarbeiter gemessen, z.B. mittels *Net Promoter Score* (*NPS* [Sch17]). Allerdings ersetzen diese Messungen keineswegs die persönliche Betreuung der Mitarbeiter durch Personalverantwortliche.

Falls verschiedene Elemente durch einen Wertstrom fließen – wie z.B. in der Softwareentwicklung –, dann ist die *Flussverteilung (Flow Distribution)* eine wichtige

---

[12] Im Gegensatz dazu erfasst die im Lean Management gemessene Zeit *Lead Time* auch die Wartezeit, bis die Bearbeitung beginnt. Der Unterschied ist in den verschiedenen Konzepten begründet: In der agilen Softwareentwicklung kommen auch Themen in den Bearbeitungsvorrat, die dann – je nach Priorisierung – nicht oder erst später umgesetzt werden. In Lean Management werden dagegen alle aufkommenden Themen umgesetzt. Würde im Agilen nun die Lead Time gemessen, würden nicht oder später realisierte Themen mit langen Wartezeiten die Messungen stark verfälschen. Daher wird im Agilen die Zeit erst ab der Entscheidung *„dies wird bearbeitet"* gemessen.

[13] Wie die → *Warteschlangentheorie* zeigt, ist eine 100 %ige Auslastung nicht sinnvoll.

Messgröße. Sie gibt die *Verteilung zwischen den verschiedenen Elementen* (z.B. Funktionen, Fehler, Risiken und Schulden) an. Der Fluss hat eine Kapazität von 100%, und die Verteilung gibt an, wie diese auf die verschiedenen Elemente verteilt sind. Dies ist ein wichtiges Vorhersagemittel, da z.B. neue Funktionen (Features) nur geliefert werden können, wenn diese im Strom eingeplant werden. Andererseits führt eine komplette Auslastung des Stromes nur mit neuen Funktionen möglicherweise nicht zu einer Beseitigung von Fehlern, zu einem Aufbau von Schulden und der Vernachlässigung von Risiken. Die Flussverteilung hat daher strategische Auswirkungen und muss mit der Strategie abgestimmt sein.

Um regelmäßig zuverlässige und belastbare Messdaten zu erhalten, sind alle Messgrößen – Flussgrößen/Fluss-Metriken, Unternehmensgrößen/Geschäftsergebnisse und Flussverteilung – besten automatisch zu erfassen.

Zu den o.g. Messgrößen lassen sich folgende Aussagen treffen:

- *Flussverteilung* und *Fließgeschwindigkeit* geben an, wie viel von welchem Typ der Elemente in welcher Zeit bearbeitet wurde.
- Die *Durchflusszeit/Durchlaufzeit* gibt an, wie schnell etwas an den Kunden geliefert wird.
- Die *Durchflussmenge* ist ein Vorlaufindikator für Probleme, die *Fließgeschwindigkeit* und *Durchflusszeit* beeinflussen.
- Die *Flusseffizienz* zeigt Wertströme mit langen Wartezeiten – z.B. aufgrund von Engpässen – an, welche die *Durchflusszeit* erhöhen und die *Fließgeschwindigkeit* reduzieren.
- Sind die *Wertstrom-Kosten* nicht pro Wertstrom erfassbar, können finanzielle Kennzahlen wie Produktprofitabilität nicht bestimmt werden.
- Indem *Wert* und *Wertstrom-Kosten* für jeden Wertstrom gemessen werden, kann der Lebenszyklus-Gewinn für jeden Wertstrom bestimmt werden.

Wie stehen Wertstrom, Produkt und Technologie zueinander?

Immer wieder wird berichtet (z.B. [Smi98]), dass Organisationen Produkte und deren Wertströme planen, ohne die zugrunde liegenden Technologien, Techniken oder Vorgehensweisen ausreichend zu beherrschen. Die Folge sind Verzögerungen, Kostensteigerungen und weitere vermeidbare Verschwendungen.

Das Produkt, der dazugehörige Wertstrom und die einzusetzenden Technologien stehen in einem engen Verhältnis:

- Der Erfolg eines Produktes hängt wesentlich von dessen Wertstrom ab.[14]

---

[14] z.B. über Kosten, Qualität, Produktverfügbarkeit oder Reaktionsgeschwindigkeit auf Änderungen

- Die Beschaffenheit eines Produktes (siehe → *Cynefin-Framework*) kann bestimmte Eigenschaften des Wertstromes erfordern, die ihrerseits bestimmte Technologien erfordern.[15]
- Die Verfügbarkeit, Reife und Anwendungssicherheit von Technologien kann ein Produkt und dessen Wertstrom ermöglichen bzw. erleichtern oder verhindern.

Technologien sind nie Selbstzweck! Sie müssen Produkte und Wertströme ermöglichen sowie deren Flexibilität erhöhen (zur Flexibilität in Produkt und -entwicklung siehe Kasten „*Entwicklungsflexibilität*" weiter unten, zu Flexibilität allgemein siehe Kapitel „*Wertstrom-Design – Den idealen Wertstrom entwerfen*" auf Seite 103).

Organisationen beschäftigen sich viel zu sehr mit Technologien statt mit funktionierenden Abläufen und den Bedürfnissen der Stakeholder. Dies muss beendet werden.

Die Wirkungskette ist klar und so auch umzusetzen: *Der Nutzen für einen Kunden ergibt sich aus dem Produkt. Zu seiner Erstellung braucht das Produkt einen Wertstrom. Damit Wertstrom und Produkt funktionieren, brauchen beide Technologien. Technologien werden von Menschen gemacht.*

„Entwicklungsflexibilität"

Entwicklungsflexibilität ist eine Größe zur Bewertung der durch Veränderungen während der Produktentwicklung entstehenden zusätzlichen Kosten. Je höher diese Kosten ausfallen, desto geringer ist die Entwicklungsflexibilität [Tho99].

Diese durch die Veränderung hervorgerufenen Kosten unterliegen dem Einfluss von vier Faktoren [Tho99]:

1. dem Aufwand bei der Produktentwicklung,
2. den Stückkosten des Produktes,
3. der zusätzlich gewonnenen Leistung und deren Bewertung durch den Kunden und
4. dem Entwicklungszeitplan.

Die *Entwicklungsflexibilität (Fl)* lässt sich definieren als Verhältnis der prozentualen Veränderung der Störvariable X zu der prozentualen Veränderung der veranschlagten Lebenszyklus-Gewinne LG [Tho99]:

$$Fl = \frac{\Delta X \text{ (in \%)}}{\Delta LG \text{ (in \%)}}$$

Die *Entwicklungsflexibilität* ist unabhängig davon, ob ein *organisationsexterner* – z.B. durch Wandel der Kundenbedürfnisse – oder *organisationsinterner* – z.B. durch Finden einer besseren technischen Lösung – Auslöser vorliegt. Zudem stellt diese Definition nicht auf eine bestimmte Quelle der Flexibilität ab, da sich diese aus verschiedenen Faktoren – wie der Konstruktion, eingesetzter Technologien und anderer Entscheidungen – ergibt.

---

[15] So erfordern Wertströme für komplexe Aufgabenstellungen Technologien etc. in Bearbeitung und Produkten, die ein schnelles Feedback ermöglichen und so z.B. agile Vorgehensweisen unterstützen, wie 3D-Drucker und Laser-Cutter für eine agile Hardwareentwicklung.

Die *Entwicklungsflexibilität* lässt sich steigern durch einen bewussten Umgang mit der vorhandenen Unsicherheit. Dazu tragen u.a. bei:

- *Rapid Prototyping-Techniken,* wie Modelle, 3D-Drucker, Laser-Cutter und technische Durchstiche,
- „*im Auge behalten*" von anderen Möglichkeiten bzgl. Technologien oder Vorgehensweisen,
- Messen und Verkürzen der Reaktionszeiten,
- Modularisierung des Produktes und
- Reduzieren von Kopplungen – und damit Abhängigkeiten – zwischen Modulen und Produktteilen.

Weitere Ausführungen siehe [Tho12, 99; Smi89; Rei09].

Wie wird ein Wertstrom wirtschaftlich?

> Auch wenn Sie die Ökonomie ignorieren, wird diese Sie nicht ignorieren.
>
> – Donald G. Reinertsen
> US-amerikanischer Unternehmensberater,
> spezialisiert auf Produktentwicklung

Ziel eines Wertstromes muss sein, dem Kunden *die gewünschte Leistung zum gewünschten Zeitpunkt in der gewünschten Qualität zum gewünschten Preis* zu liefern – damit sind alle relevanten Faktoren bekannt:

- *Die gewünschte Leistung und deren Umfang* ergibt sich aus dem Nutzen, den das Produkt dem Kunden stiften soll.
- *Der gewünschte Zeitpunkt* ergibt sich aus der Anwendung bzw. dem Konsum des Produktes beim Kunden bzw. Anwender/Konsumenten.
- *Die gewünschte Qualität* ergibt sich aus den Qualitäts- und Preisansprüchen des Kunden.
- *Der gewünschte Preis* ergibt sich aus den Preisvorstellungen des Kunden, basierend auf Vergleichs- und Wettbewerbsprodukten sowie Produkten, die das neue Produkt substituieren soll.

Ohne dieses – ausschließlich beim Kunden erlangbare – Wissen kann kein Produkt – und der dieses entwickelnde und herstellende Wertstrom – erfolgreich sein! Daher ist der direkte Kundenkontakt essenziell wichtig.

> **Return on Invest (ROI) für ein Produkt**
>
> Zur Berechnung des *Return on Invest (ROI) eines Produktes* bietet sich folgende einfache Gleichung an [War14]:
>
> $$ROI = \frac{Erfolg}{Kapitaleinsatz} = \frac{Einnahmen - Investitionen}{Gesamtlebensdauer \times Investitionen}$$
>
> mit:
>
> - *Einnahmen* = (in der Produktlaufzeit abgesetzte Stückzahl) x (Preis – Kosten)
> - *Kosten* umfassen die gesamten Herstellungs-, Vertriebs-, Service- und Entwicklungskosten pro einzelnes Produkt (Stück).
> - *Gesamtlebensdauer* läuft vom Start des Projektes bis zum Verkaufsende des Produktes.
> - *Investitionen* umfassen mindestens die Investitionen in Produktentwicklung und Werkzeuge.
>
> Dieser *produktbezogene ROI* ist ein Instrument, um Teams zu unterstützen, ihren Einfluss auf die Gesamtprofitabilität des Produktes zu erkennen, mögliche Auswirkungen zu bewerten und entsprechende Entscheidungen und Handlungen abzuleiten. Daher soll die Gleichung so einfach wie möglich sein. Der ROI soll explizit nicht dazu verwendet werden, um Individuen oder Teams zu messen und Incentives zu verteilen.
>
> Bemerkungen:
>
> - *Entwicklungskosten* werden als Investitionen aufgefasst. *Investitionen* werden als Pauschalsumme zu Beginn des Projektes und *Einnahmen* als Pauschalsumme zum Ende des Projektes aufgefasst, jeweils ohne Aufzinsung. Zinsen, Steuern etc. werden vernachlässigt.
> - Bei einer Gesamtlebensdauer in Jahren ergibt sich ein auf Jahresbasis umgerechneter ROI.
> - Mit diesen Annahmen ergibt sich eine eher konservative Abschätzung.
>
> Für weitere Ausführungen siehe [War14].

Sind diese Faktoren und weitere Marktzahlen wie Anzahl der Kunden bekannt, kann der Wertstrom wirtschaftlich gestaltet werden. Die notwendigen Kapazitäten im Wertstrom ergeben sich aus der → *Warteschlangentheorie* und der → *optimalen Größe von Arbeitsblöcken* (siehe die nächsten beiden Kästen).

Die Warteschlangentheorie

Die Warteschlangentheorie besagt, dass bei nicht planbaren Prozessen die Wartezeit mit zunehmender Auslastung überproportional ansteigt (siehe Abbildung 10). Diese Unvorhersehbarkeit führt zu Engpässen.

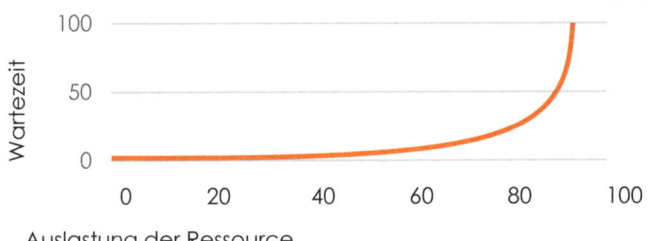

Abbildung 10: Warteschlangentheorie: Die Wartezeit in Abhängigkeit von der Auslastung

Bei der Betrachtung der Wartezeit in Abhängigkeit von der Auslastung ist die Varianz der Bearbeitungszeit der Aufgaben zu berücksichtigen [Küh18]:

- Je bekannter – standardisierter – die Aufgaben sind, desto geringer ist die Varianz der Bearbeitungszeit (Abbildung 11).

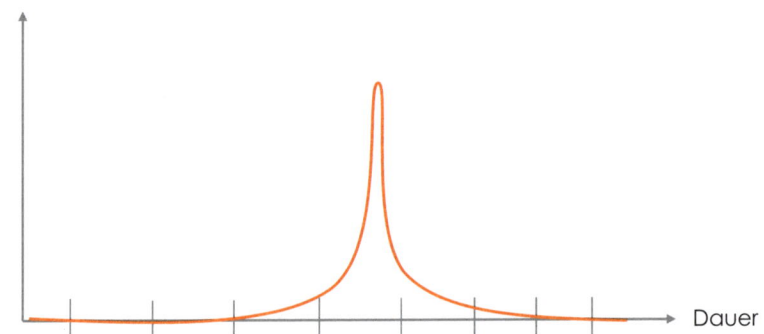

Abbildung 11: Bekannte Aufgaben haben eine geringe Varianz in der Bearbeitungszeit

- Je unbekannter, kreativer, experimenteller die Aufgaben sind, desto höher ist die Varianz der Bearbeitungszeit (Abbildung 12).

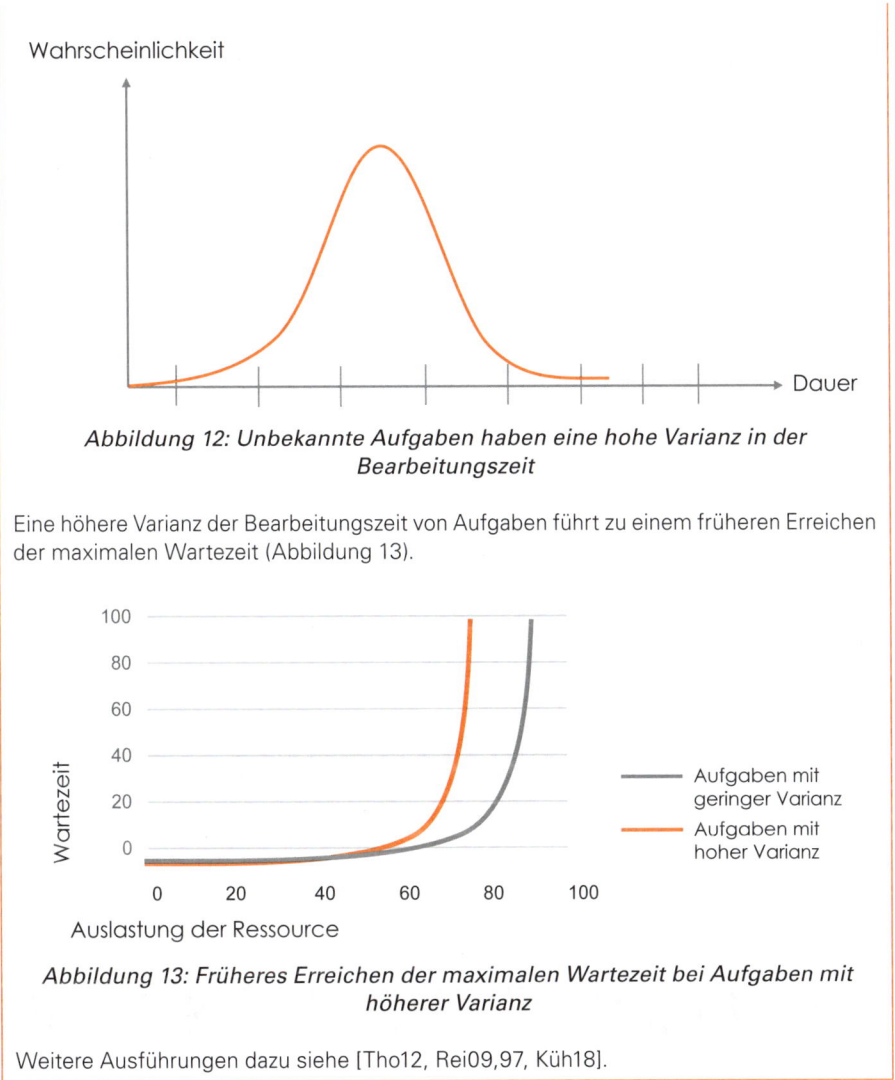

Abbildung 12: Unbekannte Aufgaben haben eine hohe Varianz in der Bearbeitungszeit

Eine höhere Varianz der Bearbeitungszeit von Aufgaben führt zu einem früheren Erreichen der maximalen Wartezeit (Abbildung 13).

Abbildung 13: Früheres Erreichen der maximalen Wartezeit bei Aufgaben mit höherer Varianz

Weitere Ausführungen dazu siehe [Tho12, Rei09,97, Küh18].

Je nach Varianz der zu bearbeitenden Aufgaben liegt die optimale Auslastung eines Wertstromes bei 60 bis 80 % (siehe Abbildung 13). Der Wertstrom hat dann „Kapazität zum Atmen". Ein „Optimieren der Auslastung" auf oder nahe an 100 % – auch „Tetris spielen" genannt – führt garantiert zu Engpässen und einer extremen Störanfälligkeit des Wertstromes auf unvorhersehbare Ereignisse wie einer Aufgabe außerhalb der normalen Varianz.

Die optimale Größe von Arbeitsblöcken (Chargengröße)

Die Größe von Arbeitsblöcken – die Chargen- oder Batchgröße – wirkt sich insbesondere auf zwei Kostenarten aus: *Lager-* und *Transaktionskosten*:

- *Lagerbestände und -kosten* nehmen mit größer werdenden Blöcken zu.
- *Transaktionskosten* – das sind alle Kosten, die mit einem einzelnen Arbeitsblock verbunden sind – sinken mit größer werdenden Blöcken, da weniger Transaktionen genügen, um die Blöcke zu bearbeiten bzw. die Nachfrage zu bedienen.

Die optimale Größe der Arbeitsblöcke ergibt sich aus dem Minimum der Gesamtkosten – der Summe von Lager- und Transaktionskosten (siehe Abbildung 14).

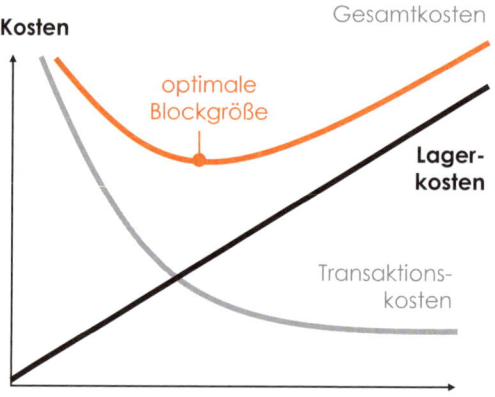

Abbildung 14: Kosten in Abhängigkeit von der Größe der Arbeitsblöcke [Tho12, Rei09]

Weitere Ausführungen dazu siehe [Tho12, Rei09,97].

Das Gesetz von Little

Das Gesetz von Little – 1961 von John D. C. Little formuliert und bewiesen – beschreibt die Zusammenhänge in einem Warteschlangensystem. In der für Wertströme gebräuchlichen Form lautet es

$$DLZ = \frac{WiP}{DS} \quad \text{mit:}$$

- der durchschnittlichen *Durchlaufzeit (DLZ)*, die ein Element benötigt, um den Wertstrom zu durchlaufen;
- dem *Work in Progress (WiP)*, der durchschnittlichen Anzahl der im Wertstrom in Bearbeitung befindlichen Elemente;
- dem *Durchsatz (DS)* als der durchschnittlichen Anzahl von Elementen, die den Wertstrom innerhalb eines definierten Zeitintervalls *T* verlassen.

> Als Annahmen für das Gesetz von Little gelten:
> - Alle drei Parameter geben den jeweiligen langfristigen Durchschnitt an und sind in derselben Maßeinheit angegeben.
> - Das System ist in einem stabilen Zustand.
>
> Zu beachten ist, dass sowohl diese Annahmen als auch das Gesetz nichts über die Auslastung des Systems aussagen.
>
> Quellen [Roo12, Veg12, Küh18, Rod10], weitere Ausführungen ebendort

Aus dem *Gesetz von Little* lassen sich folgende Aussagen für Wertströme treffen (die Gleichung wurde nach dem jeweiligen Parameter umgestellt):

$$(1)\ DLZ = \frac{WiP}{DS}$$

- Bei konstantem *Durchsatz (DS)* steigt die *Durchlaufzeit (DLZ)*, je höher der *Work in Progress (WiP)* wird.
- Bei konstantem *Work in Progress (WiP)* sinkt die *Durchlaufzeit (DLZ)*, je höher der *Durchsatz (DS)* wird.

$$(2)\ DS = \frac{WiP}{DLZ}$$

- Bei konstantem *Work in Progress (WiP)* sinkt der *Durchsatz (DS)*, je größer die *Durchlaufzeit (DLZ)* ist.
- Bei konstanter *Durchlaufzeit (DLZ)* steigt der *Durchsatz (DS)*, je größer der *Work in Progress (WiP)* wird. Allerdings ist der Durchsatz durch die maximale Kapazität des Wertstromes begrenzt.

$$(3)\ WiP = DLZ \times DS$$

- Der *Work in Progress (WiP)* steigt, wenn die *Durchlaufzeit (DLZ)* und/oder der *Durchsatz (DS)* steigen.

Mit diesen Feststellungen lassen sich die Zusammenhänge am Wertstrom verstehen und ihn so optimieren, dass das Kundenbedürfnis einer möglichst schnellen Lieferung – dies entspricht einer kurzen Durchlaufzeit (DLZ) – bedient wird. Nach Gleichung (1) sind dann der *Work in Progress (WiP)* – also die Anzahl gleichzeitig in Bearbeitung befindlicher Elemente – zu minimieren und der *Durchsatz (DS)* zu maximieren.

Allerdings muss die Frage geklärt werden, wie unabhängig die Parameter voneinander sind. Dies hängt wesentlich von der Beschaffenheit des Produktes, der Elemente – und damit der des Wertstromes – ab. Während in einer Produktionsstraße der *Durchsatz gleicher Elemente* und der *Work in Progress* unabhängig voneinander sein können, gilt dies für die Softwareentwicklung nicht. Hier führt ein größerer *Work in Progress* zu häufigeren Kontextwechseln, die den *Durchsatz* verringern.

Die o.g. Formulierung für das Gesetz von Little betrachtet den Wertstrom. Es gibt eine weitere Formulierung dieses Gesetzes, bei der die Wartezeit *vor* einem System – in unserem Fall dem Wertstrom – betrachtet wird. Dazu ist Folgendes zu beachten: Der hier betrachtete *Durchsatz (DS)* im Sinne einer *Bearbeitungsrate* ist von der *Ankunftsrate* vor dem Wertstrom entkoppelt. Eine steigende Ankunftsrate führt nicht zu einem steigenden Durchsatz – bzw. steigender Bearbeitungsrate. Um die Bearbeitungsrate zu steigern, muss der Wertstrom verändert werden, indem diesem unter Umständen zusätzliche Ressourcen hinzugefügt werden.

Die Ankunftsrate *vor* und die Bearbeitungsrate (Durchsatz) *im* Wertstrom sind über die *Auftragsliste* – z.B. ein priorisiertes Backlog [Sch17] – gekoppelt. Ein Anwachsen dieser Liste zeigt an, dass die Ankunftsrate größer ist als die Bearbeitungsrate. Kurzfristig kann dies über ein stärkeres Priorisieren – das heißt dann insbesondere das Weglassen (!) von Aufträgen –, mittel- und langfristig nur über ein Verbessern des Durchsatzes des Wertstromes gelöst werden.

Wie wird ein Wertstrom gemanagt?

Die Frage, wie ein Wertstrom gemanagt wird, ist leicht zu beantworten: *Gar nicht.* Die Struktur eines Wertstromes mag verschiedene Beschaffenheiten haben (siehe → *Cynefin-Framework* sowie die Abschnitte „*Wo fließt der Wertstrom?*" auf Seite 75 und „*Wie ist ein Wertstrom zu strukturieren?*" auf Seite 80), die *Beziehungsebene* zwischen den beteiligten Menschen ist immer *komplex*. Daher können Sie diese nicht steuern.

Komplexitätsgerechte Führung statt kompliziertheitsorientiertes Management

Der gesamte Prozess zur Wertstrom-Organisation ist zu führen! Und zwar Führen im Sinne von *anführen* und nicht durch Verhaltenskontrolle. Die Führungskräfte müssen durch ihr Verhalten zeigen, welches Verhalten zukünftig erwünscht ist – *Leading by example*. Die Integrität der Führungskraft gestaltet die Organisationskultur mehr, als beide es wahrhaben wollen.

Management unterscheidet in *Vorhersehbares* und *Unvorhersehbares*: *Vorhersehbares*[16] ist beeinflussbar – und damit planbar –, *Unvorhersehbares*[17] wird für nicht beeinflussbar gehalten.

Da Management Vorhersehbarkeit anstrebt, muss es zwangsläufig in unvorhersehbaren Kontexten versagen. Hier schlägt die Stunde der Führung! Führung muss im unvorhersehbaren Bereich vorangehen, muss Motivation durch Sinn vermitteln, muss die Mitarbeiter Autonomie und Kompetenz (→ *Selbstbestimmungstheorie*) erleben lassen [Sch17]. Dazu sind entsprechende Rahmenbedingungen zu setzen, Dialoge zu führen, Mitarbeiter mit Kunden zusammenzubringen. Das ist Führungsaufgabe und kann nicht delegiert werden.

Wenn Sie Vertrauen und Verantwortung der beteiligten Mitarbeiter haben wollen, müssen Sie dazu Freiheiten geben (siehe [Sch17] und Abschnitt „*Der Weg zur Wert-*

---

[16] *Vorhersehbares* betrifft im → *Cynefin-Framework* die Kategorien *klar* und *kompliziert*.
[17] *Unvorhersehbares* betrifft im → *Cynefin-Framework* die Kategorien *komplex* und *chaotisch*.

strom-Organisation" auf Seite 149). Sie können Rahmenbedingungen setzen und gewünschtes Verhalten *wahrscheinlicher machen.*

Letztendlich wird ein Wertstrom immer nur in Selbstorganisation entstehen können, da dessen komplexe Anteile – die Beziehungen zwischen den beteiligten Menschen – sich nicht planen lassen. Und da Selbstorganisation immer geschieht [Sch17], ist es für die Organisation vorteilhafter, diese zu unterstützen und zu nutzen. Und: *Niemand hat gesagt, dass dies leicht ist.*

Beachten Sie bei der Führungsarbeit die *„Die sechs Mythen der Produktentwicklung"*, die nicht nur in der Produktentwicklung gelten.

„Die sechs Mythen der Produktentwicklung" [Tho12]*

- **Mythos 1 – Hohe Ressourcenauslastung bringt bessere Ergebnisse:** In der Praxis wurde beobachtet, dass *„Tempo, Effizienz und Qualität von* Projekten *unweigerlich nach[lassen], wenn Manager ihren Produktentwicklern zu viel Arbeit aufhalsen – und zwar unabhängig davon, wie geschickt die Manager ansonsten vorgehen"* [Tho12]. Dahinter steht die → *Warteschlangentheorie.* Unvorhersehbare Ereignisse führen zu Engpässen, Engpässe verlängern die → *Durchflusszeit/Durchlaufzeit* und verringern damit die → *Flusseffizienz* und so die wirtschaftlichen Ergebnisse (siehe Abschnitt *„Wie wird ein Wertstrom wirtschaftlich?"* auf Seite 90).
- **Mythos 2 – Große Chargen machen die Entwicklung wirtschaftlicher:** Die Blockgröße zu bearbeitender Themen wirkt sich besonders auf Transaktions- und Lagerkosten aus (siehe Abschnitt *„Wie wird ein Wertstrom wirtschaftlich?"* auf Seite 90). Diese haben wesentlichen Einfluss auf die wirtschaftlichen Ergebnisse.
- **Mythos 3 – Unser Plan ist prima, wir müssen uns nur daran halten:** Produktentwicklung ist im Allgemeinen eine komplexe Angelegenheit. Planung muss im *Komplexen* versagen (→ *Cynefin-Framework* und [Sch17]). Ein Plan kann allenfalls als Hypothese verstanden werden, die permanent überprüft und entsprechend angepasst werden muss (→ *PDCA: Der Plan–Do–Check–Act-* und → *LAMDA-Zyklen*).
- **Mythos 4 – Je früher wir anfangen, desto früher sind wir fertig:** Organisationen beginnen mehr Projekte, als sie zu Ende führen können. Dies führt zu Projektabbrüchen, Verzögerungen, Doppelarbeiten und anderen Ressourcenverschwendungen. Zudem wurde festgestellt, dass Kosten- und Zeitüberschreitungen mit der vierten Potenz zur Länge dieser Projekte ansteigen [Tho12].
- **Mythos 5 – Mehr Funktionen führen zu mehr Interesse bei den Kunden:** Da der Kontakt zum Kunden und so ein Verständnis für dessen Probleme fehlt, muss geraten werden, was der Kunde wollen könnte. Dazu kommen die Auffassungen *„Mehr ist besser"* und *„Alles ist gleich wichtig".* Dies führt zu überbordend vielen – vermeintlichen Kunden- – Anforderungen bei fehlender Priorisierung. Priorisierung beinhaltet auch die Entscheidung, was *nicht* getan wird! *„Perfektion ist nicht dann erreicht, wenn es nichts mehr hinzuzufügen gibt, sondern wenn man nichts mehr weglassen kann."* (Antoine de Saint-Exupéry)
- **Mythos 6 – Wir sind erfolgreicher, wenn wir auf Anhieb richtigliegen:** Die Forderung von Managern *„Do it right the first time"* baut einen großen Erfolgsdruck auf (Entwicklungs)Teams auf. Diese sehen sich dadurch zu weniger riskanten Lösungen gedrängt – die von den Kunden dann oft nicht als Verbesserung gegenüber bereits vorhandenen Lösungen angesehen werden – oder unterlassen Innovationen ganz. Für Innovationen muss mit verschiedenen Lösungen experimentiert werden, was zwangsläufig zu Fehlschlägen führt. Diese sind kein Problem, solange man aus ihnen lernt,

denn sie liefern neue Informationen, die man nicht voraussehen konnte. Wichtiger ist daher die Auffassung, die Thomas Alva Edison vertreten haben soll: *„Das wahre Maß für Erfolg ist die Zahl der Experimente, die sich in 24 Stunden hineinquetschen lassen."* [Tho12]

Weitere Ausführungen dazu [Tho12, Smi98, Rei09].

Wertstrom-Management

> In der Produktion suchen wir jeden Cent und auf den Fluren unserer Verwaltung lassen wir die Euro-Scheine liegen.
>
> – Vorstand eines großen deutschen Automobilzulieferers

Das Konzept *Wertstrom-Management* hat die Verbesserung des Wertstromes als Ziel. Verbesserung meint, den Wertstrom so an die Belange des Kunden anzupassen, dass er die von ihm gewünschten Produkte „just in time" erhält – zu dem von ihm gewünschten Zeitpunkt, in der gewünschten Menge, in der gewünschten Qualität, zum gewünschten Preis. Dazu sind Verschwendungen zu beseitigen, Prozesse und Abläufe zu optimieren und ggf. zu verändern.

Leitende Grundgedanken sind, dass

- Verschwendungen Kosten verursachen, die der Kunde nicht bezahlt,
- der schnellstmögliche Fluss eines einzelnen Stückes dazu führt, dass *jedes* Stück schnellstmöglich durch die Prozesse fließt und damit *alle* Stücke schnellstmöglich fließen,
- der schnellstmögliche Fluss die Zeit, in der Kapital in Material gebunden ist, verkürzt und damit für den Cashflow relevant ist,
- Qualität in einem höheren als vom Kunden geforderten Maße Verschwendung ist, da der Kunde dies nicht bezahlt.

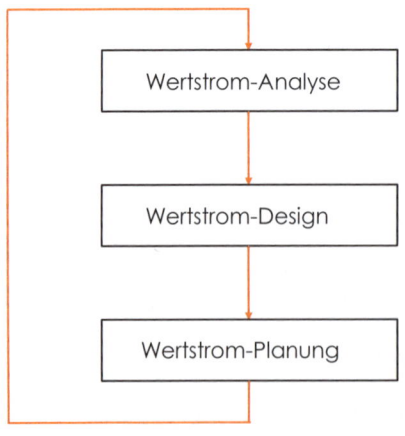

Abbildung 15: Der Ablauf von Wertstrom-Management

Wertstrom-Management umfasst [WikiWM, LAI19, Kle15, Rot18] (Abbildung 15):

- **Wertstrom-Analyse** (engl. Value Stream Mapping)**:** In der Wertstrom-Analyse wird der aktuelle Stand des Wertstromes aufgenommen. Da dieser für jedes Produkt bzw. jede Produktfamilie anders aussieht, ist eine Analyse des Wertstromes immer nur produkt(familien)spezifisch möglich! Typischerweise beginnt man mit einem Produkt, das in hoher Stückzahl produziert wird, da hier Verbesserungen am schnellsten einen sichtbaren Erfolg bringen. Der Ist-Zustand des Wertstromes wird erfasst, indem vor Ort am *Gemba* (siehe der folgende Kasten) dem Fluss der zu verarbeitenden Elemente stromaufwärts – also beginnend beim Kunden – gefolgt wird. Dieser Fluss wird mit den wichtigsten Daten visuell dargestellt. Dabei werden Schwachstellen und Möglichkeiten für Verbesserungen gekennzeichnet. Eine Zeitachse gibt die wertschöpfenden und nicht wertschöpfenden Zeiten an. (Eine genauere Darstellung erfolgt im Abschnitt: „Einen Wertstrom aufnehmen" ab Seite 100.)
- **Wertstrom-Design** (engl. Value Stream Design)**:** Im Wertstrom-Design werden die Ursachen von Verschwendung aufgedeckt und ein idealer Soll-Wertstrom entworfen. In diesem Soll-Wertstrom nähert sich jeder Prozess möglichst weit dem Ziel an, nur das zu produzieren, was der folgende Prozess benötigt, und dies erst dann, wenn dieser es benötigt. Dies ist nicht immer im ersten Schritt möglich, da unter Umständen größere Veränderungen am Produkt und dessen Erstellung notwendig werden können – dieser ideale Soll-Wertstrom wirkt dann als *Wertstrom-Vision*.
Beim Wertstrom-Design wird gleichzeitig immer auf einen optimalen Gesamtablauf geachtet.
- **Wertstrom-Planung** (engl. Value Stream Planning)**:** In der Wertstrom-Planung werden Maßnahmen geplant und umgesetzt, um der Wertstrom-Vision näher zu kommen. Dazu werden regelmäßige → *PDCA-Zyklen* mit den entsprechenden Maßnahmen durchlaufen.

Wertstrom-Management ist dauerhaft zu betreiben. In regelmäßigen Abständen – z.B. ein oder zwei Mal jährlich – werden der aktuelle Wertstrom vor Ort aufgenommen und analysiert, Verbesserungen identifiziert, ein nach aktuellem Kenntnisstand idealer Soll-Wertstrom entworfen, Maßnahmen abgeleitet und umgesetzt.

Wichtig ist, dass Sie den Wertstrom immer am Ort des Geschehens aufnehmen, nie aus Dokumentationen oder Schilderungen von Mitarbeitern. Die Wahrheit gibt es nur am Gemba!

Gemba und Genchi Genbutsu [Sch17]

Lean Management betont sehr stark die Wichtigkeit des Ortes, an dem die Leistung erstellt wird, den *Ort der Wertschöpfung*. Dieser Ort – *Gemba* oder *Genba* – ist zentral für das Verständnis von Lean Management. Es ist die wichtigste Aufgabe der Manager, an diesen zu gehen und selbst zu erkennen, wie die Situation ist und welche Probleme auftreten. Dieses „*vor Ort gehen*" wird *Genchi Genbutsu* und *Gemba Walk* genannt [Sch17].

Die folgenden Beschreibungen nutzen zur Erläuterung Produktionsabläufe, da diese einfacher als Wissensarbeit darzustellen und damit verständlicher sind. Alle Prinzipien treffen ebenso auf Büro- und Wissensarbeit zu, da das Wertstrom-Konzept eine allgemeine Struktur für Wertschöpfung darstellt.

Folgende Hinweise dazu:

- In der Büro- und Wissensarbeit werden u.U. Probleme schwerer sichtbar: Eine Maschine – z.B. ein Stanze – kann nur die für sie vorgesehenen Arbeiten erledigen. Eine Stanze kann eben nicht lackieren oder schrauben. Bei Büro- und Wissensarbeit ist dies anders: Hier kann schnell jemand einspringen oder Überlasten abnehmen, wodurch dann Probleme im Wertstrom nicht sichtbar werden.
- In der Wissensarbeit – z.B. in der Softwareentwicklung – spannen sich mitunter → *Wertstrom-Netzwerke* auf, in denen die fließenden Elemente u.a. bei Problemen im Netzwerk – z.B. bei Ausfall eines Knotens – einen anderen Weg nehmen. Daher können Probleme wie Engpässe oder der Ausfall eines Knotens leichter verdeckt bleiben als in → *linearen Wertströmen*.
- Die Wertstrom-Betrachtung ist ursprünglich auf den Fluss *eines Produktes* ausgelegt. Damit ein Produkt fließen kann, müssen auch die Elemente, die direkt oder indirekt zu diesem Produkt führen, fließen. Im Zusammenhang mit Produktionsabläufen mag dies einfacher – weil direkt sichtbar – sein als bei Büro- und Wissensarbeit. Da hier Wertströme in allen Kontexten betrachtet werden sollen, sind folgende Fälle zu unterscheiden:
  - Führt *jeweils ein einzelnes Element zu jeweils einem Produk*t, z.B. ein *Antrag auf einen Personalausweis* zu einem neuen *Personalausweis*, dann ist der Fluss des Elementes und der des Produktes identisch und nicht notwendigerweise zu unterscheiden.
  - Führen *mehrere bis viele Elemente zu jeweils einem Produkt*, z.B. verschiedene Teile zu einem Flugzeug, dann ist sowohl der Fluss der einzelnen Elemente als auch der Fluss des gesamten Produktes zu betrachten.
  - Führen *wiederkehrende Elemente mit jeweils verschiedenen Inhalten zu insgesamt nur einem Produkt*, z.B. Anforderungsbeschreibungen *wie Funktionen (Features), Fehler (Defects), Risiken (Risks)* und *Schulden (Debts)* zu einer Software, dann fließen nur Elemente, bis dieses eine Produkt fertig ist. Daher ist hierzu der Fluss der Elemente zu betrachten.

Diese verschiedenen Fälle erschweren eine einheitliche Darstellung. Im Folgenden werden nur einfache und verständliche Produktionsabläufe genutzt.

Wertstrom-Analyse – Den Wertstrom aufnehmen

Um den Wertstrom (eines Produktes) aufzunehmen, nutzen Sie die Wertstrom-Analyse. Diese wird im klassischen *Lean Management* in der Produktion durchgeführt. In *Lean Administration* – die Anwendung von *Lean Management* in Büro-Umgebungen – wird die Wertstrom-Analyse in eine umfassendere Analyse der Geschäftsprozesse eingebettet, und zwar als Teil von *3. Prozessanalyse*, die in [LAI19] sehr gut dargestellt ist [LAI19, LAII19]:

1. *Organisationsstrukturanalyse:* Diese nimmt die aktuelle Aufbau- und Ablauforganisation sowie die (geplante) Strategie und (anstehende) unternehmenspolitische Entscheidungen auf.
   Die zentrale Frage ist: Wie sieht Ihre Organisation/Ihre Abteilung aus?
   – Welche Geschäftsfelder bearbeiten Sie?
   – Wie ist Ihre Organisation aufgebaut?
   – Wo stehen Sie im Wettbewerb?
2. *Auftragsstrukturanalyse:* Diese verschafft einen Überblick über die Produkte und die hergestellten Mengen.
   Die zentrale Frage ist: Über welche Mengen sprechen wir?
   – Welche Produkte werden am häufigsten benötigt?
   – Wie verteilen sich die Aufträge saisonal?
3. *Prozessanalyse:* Diese entspricht der Wertstrom-Aufnahme in der Darstellung mit Schwimmbahnen wie im Folgenden dargestellt.
   Die zentrale Frage ist: Wie entstehen Ihre Produkte?
   – Wie laufen Ihre Geschäftsprozesse ab?
   – Woran erkennen Sie Verschwendung?
   – Wie setzen sich Ihre Hauptprozesse zusammen?
4. *Tätigkeitsstrukturanalyse:* Diese nimmt die tatsächlich verrichteten Tätigkeiten der Mitarbeiter auf. Damit werden auch organisatorische Aufgaben erfasst, die zum Tagesgeschäft, allerdings nicht zum Wertschöpfungsprozess gehören.
   Die zentrale Frage ist: Sind die Tätigkeiten optimal auf Ihre Mitarbeiter verteilt?
   – Wie sehen die Tätigkeiten der Mitarbeiter aus?
   – Welches Optimierungspotenzial gibt es bei der Aufgabenverteilung?
   – Wie sieht Ihre Kapazitätsauslastung aus?
5. *Informationsstrukturanalyse:* Diese erfasst die Informations- und Kommunikationswege in der Organisation systematisch, also wer welche Informationen bereitstellt, wer diese bekommt und wer diese eigentlich bräuchte.
   Die zentrale Frage ist: Wie transparent sind Ihre Informations- und Kommunikationswege?
   – Wer bekommt welche Informationen von wem?
   – Wo fehlen welche Informationen?
6. *Sofortmaßnahmen:* Die während der Analysen aufgedeckten Schwachstellen werden daraufhin betrachtet, bei welchen mit kleinen Maßnahmen sofort Erfolge erzielt werden können.
   Die zentrale Frage ist: Welche schnellen Erfolge können Sie realisieren?
   – Welche Schwachstellen haben Sie identifiziert?
7. *Kostenstrukturanalyse:* Diese Analyse baut auf die Daten der vorangegangenen Analysen auf, setzt diese in einen Zusammenhang und führt eine Kostenbewertung durch.
   Die zentrale Frage ist: Welche Kosten fallen an?

- Welche Sofortmaßnahmen können gleich umgesetzt werden?
- Was kostet jede einzelne Teilleistung?

Weiterführende Informationen zur ausführlichen Analyse finden sich in [LAI19 und LAII19].

Vorgehensweise zur Aufnahme des Wertstromes

Die Wertstrom-Analyse wird an dieser Stelle nur so weit dargestellt, wie sie für ein generelle Verstehen notwendig ist. Dieser Abschnitt kann und will sehr gute Darstellungen dazu nicht ersetzen. Empfehlenswert sind (in alphabetischer Reihenfolge ohne Wertung):

- DeGrandis, Dominica: Making Work Visible. Exposing time theft to optimize work & flow. IT-Revolution, Portland/OR., 2017.
- Klevers, Thomas: Agile Prozesse mit Wertstrom-Management. Ein Handbuch für Praktiker – Bestände abbauen – Durchlaufzeiten senken – Flexibler reagieren. CETPM Publishing, Herrieden, 2. überarbeitete Auflage, 2015.
- Laqua, Ingo: Lean Administration. Das Ergebnis zählt. Der Weg zu nachhaltig schlanken Prozessen auf den Teppichetagen. LOG_X, Ludwigsburg, 2012.
- Rother, Mike; Shook, John: Sehen Lernen – mit Wertstromdesign die Wertschöpfung erhöhen und Verschwendung beseitigen. Lean Management Institut, Meerbusch, Version 1.7, 2018.
- Tomanek, Dagmar Piotr; Schröder, Jürgen: Value Added Heat Map. Eine Methode zur Visualisierung von Wertschöpfung. Springer Gabler, Wiesbaden, 2018.
- Wiegand, Bodo; Franck, Philip: Lean Administration I. So werden Geschäftsprozesse transparent. Lean Management Institut, Meerbusch, Version 5.0, 2019.

Nehmen Sie den Wertstrom am besten in zwei Schritten auf:

1. *Verschaffen Sie sich einen Überblick!* Laufen Sie dazu den Fluss, den die Elemente von der Eingangsstelle – „Eingangsrampe" – bis zur Ausgangsstelle – „Ausgangsrampe" – durch die Produktion nehmen, „stromabwärts" ab. Machen Sie sich dabei eine Überblicksskizze.
2. *Nehmen Sie den Wertstrom detailliert auf!* Setzen Sie sich gedanklich auf das Produkt und laufen Sie den Wertstrom „stromaufwärts", beginnend bei der „Ausgangsrampe", ab. Beobachten Sie, ohne zu werten! Erfassen Sie genau, *was wo wie durch wen* am Produkt gemacht wird. Bewerten Sie immer noch nicht! Notieren Sie sich Ungereimtheiten, später noch zu Klärendes. In diesem Schritt geht es darum, den Fluss zu verstehen, zu zeichnen und ggf. bereits auftretende „Merk-Würdigkeiten" – also Dinge, die es würdig sind, sich zu merken – festzuhalten. Detaillierte Analysen erfolgen später.

Frage 5: Wo in Ihrer Organisation entsteht das, was zu diesem Wert führt?

Tipps zur Analyse eines Wertstromes [LAI19, Rot18]
• **Sammeln Sie stets Informationen zum Ist-Zustand, während Sie selbst die Wege von Element- und Informationsfluss zu Fuß verfolgen.** Sie müssen die Informationen am Gemba sammeln. • **Beginnen Sie mit einem Schnelldurchgang durch den vollständigen Wertstrom von Rampe zu Rampe, um einen Überblick zu bekommen.** Beginnen Sie bei der Eingangsrampe für die Elemente und enden Sie an der Ausgangsrampe zum Kunden. • **Gehen Sie anschließend den Fluss stromaufwärts,** also von der Ausgangs- zur Eingangsrampe, und nehmen Sie den Wertstrom detailliert auf. Auf diese Weise starten Sie bei den Prozessen, die den Kunden direkt betreffen und als „Schrittmacher" für flussaufwärts liegende Prozesse dienen. • **Messen Sie selbst!** Verwenden Sie eine Stoppuhr, um Zeiten zu erfassen. Verlassen Sie sich nicht auf Informationen, die Sie nicht selbst erhoben haben. Halten Sie die Zeiten fest, wie lange ein Prozessschritt dauert und wie lange Elemente unbearbeitet liegen. • **Skizzieren Sie den gesamten Wertstrom selbst!** Bei der Analyse geht es zunächst darum, den gesamten Fluss zu verstehen. Sie müssen den Wertstrom verstehen, wenn Sie ihn optimieren wollen! • **Zeichnen Sie immer von Hand mit Bleistift!** So können Sie leichter Korrekturen vornehmen und handschriftliche Notizen machen. Für Ihr Verständnis macht dies einen großen Unterschied im Vergleich zu einer Computerzeichnung. Es kommt dabei nicht auf eine perfekte und schöne Zeichnung an, sondern auf das vollständige Durchdringen der Abläufe! • **Beginnen Sie die Analyse beim Auslöser des Prozesses und verfolgen Sie diesen bis zum Ende** („flussabwärts").

Im Ergänzungsmaterial auf der Webseite zum Buch www.wertstrom-organisation.de/buch finden Sie zwei Beispiele für Wertströme und deren Aufnahme.

Symbole zur Wertstrom-Aufnahme

Prinzipiell sind Sie frei in der Wahl der Symbole, mit denen Sie den Wertstrom in der Wertstrom-Analyse zeichnen. Sie können auch auf Symbole verzichten und ausschließlich Text verwenden.

Wenn Sie Symbole verwenden, dann hat es sich als sinnvoll erwiesen, bereits vorhandene – so gesehen „standardisierte" – Symbole zu nutzen, weil andere Ihre Zeichnungen dann leichter lesen und verstehen können.

Symbole für alle möglichen Elemente finden Sie in [Kle15, Rot18, LAI19]. Eine Übersicht ist auch auf der Webseite zum Buch www.wertstrom-organisation.de/buch verfügbar.

Wertstrom-Design – Den idealen Wertstrom entwerfen

Nachdem der bestehende Wertstrom aufgenommen wurde, werden verschiedene Probleme sichtbar: Verschwendungen, unnötige Arbeitsschritte, Zwischenlagerungen und Transporte. Vielleicht stellen Sie auch fest, dass es Behinderungen im „Fluss" gibt, vor denen sich Arbeit staut, dass verschiedene Prozesse nicht synchron ablaufen und es daher zu Wartezeiten kommt. Aus diesen Erkenntnissen heraus entwerfen Sie einen idealen Wertstrom (der Soll-Zustand des zukünftigen Wertstroms), ohne sich dabei durch praktische Gegebenheiten einschränken zu lassen. Das Ziel ist ein Wertstrom, bei dem die einzelnen Prozesse mit ihren jeweiligen Kunden eng zu einem kontinuierlichen Wertschöpfungsstrom verknüpft sind. Dies kann durch einen → *kontinuierlichen Fluss* oder → *Pull-Systeme* erreicht werden. Wie die Wertstrom-Aufnahme so soll auch das Wertstrom-Design einer regelmäßigen Betrachtung unterzogen werden.

Wertstrom-Design ist schwieriger als die Wertstrom-Analyse, denn dieses erfordert:
- Erfahrung im Wertstrom-Design,
- Kenntnis und Verständnis für die eingesetzten Technologien,
- Kreativität,
- systemisches und vernetztes Denken sowie
- Mut zu Unkonventionellem.

Als Beispiel zeigt Abbildung 16 das Wertstrom-Design zu einem Wertstrom-Netzwerk aus einer Softwareentwicklung.

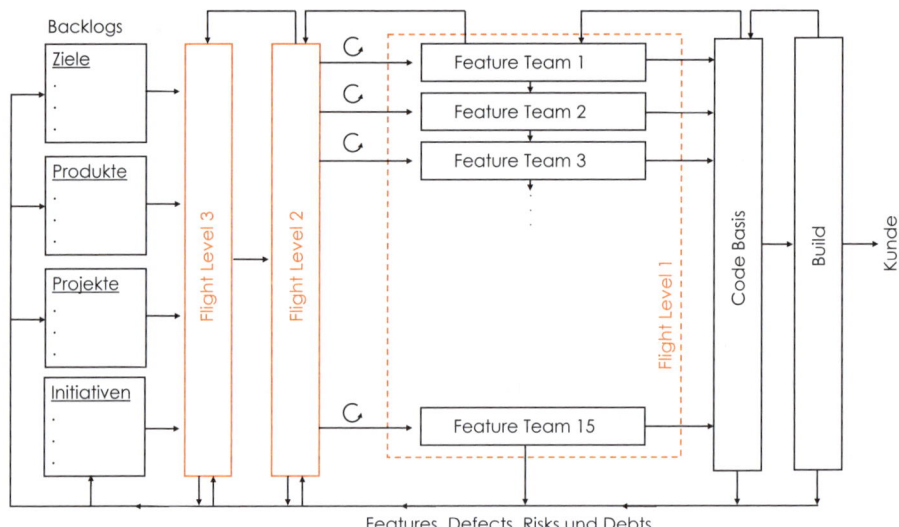

Abbildung 16: Wertstrom-Mapping aus einer Softwareentwicklung

Wichtige Begriffe und Konzepte

Im Folgenden werden einige wesentliche Begriffe für den Entwurf eines idealen Soll-Wertstromes vorgestellt. Sie müssen diese in Ihren Wertstrom einbauen, um alle Vorteile und Effekte eines Wertstromes nutzen zu können! Für detaillierte Darstellungen sei auf die entsprechende Fachliteratur verwiesen, z.B. [LAI19, LAII19, Kle15, Rot18].

Nur ein kundenorientierter Wertstrom ist gleichzeitig effektiv und effizient.

Ein effektiver Wertstrom kann nur ein kundenorientierter sein, der erst und nur auf Anforderung eines Kunden – eines externen wie internen – mit der Produktion beginnt. Sobald der Kunde das Startsignal gibt – seine Bestellung –, muss jedes Element so schnell und störungsfrei wie möglich durch den Wertstrom fließen, damit das Produkt genau dann fertig ist, wenn es der Kunde braucht.

Zu früh zu beginnen ist Verschwendung. Und wenn Sie erst mit der Bestellung zu produzieren beginnen, den Auftrag allerdings nicht in der vom Kunden gewünschten Zeit erfüllen können, dann haben Sie jede Menge Verbesserungspotenzial.

Pull-Systeme

Das grundsätzliche Problem der Taylor-Ford-Organisation war, dass sie Produkte auf Verdacht entwarf, diese anschließend in Massen produzierte und in den Markt drückte. Dieses *Pushen* in Richtung Kunde bedeutete: Er muss ein Produkt abnehmen, das er nicht angefordert hat, das nicht seinen Wünschen entspricht und das hochgradig standardisiert ist, weil dies den Anforderungen des *Herstellers* entspricht. In Märkten mit einem Nachfrageüberhang funktioniert dies. Mittlerweile haben wir jedoch einen Angebotsüberhang; der Kunde kann zwischen verschiedenen gleichartigen und qualitativ gleichen Produkten wählen. Die Marktmacht ist damit auf den Kunden übergegangen.

Weiterhin auf Verdacht zu produzieren ist gefährlich, da schon ein Produkt-Flop ein ganzes Unternehmen ruinieren kann, wie bereits mehrfach in der Praxis zu beobachten war. Marktbeobachtung, Marktforschung und Marktanalysen helfen hier nicht weiter, da auch diese nicht vorhersehen können, was der Kunde morgen erwartet. Damit steuert der Markt und nicht mehr eine (zentrale) Planungsstelle die Produktion!

Die Lösung für diese Herausforderung liegt deshalb darin, erst auf eine Kundenanforderung hin mit der Produktion zu starten. Ein effizienter und kundenorientierter Wertstrom muss ein *Pull-System* sein.

> Wenn ich die Menschen gefragt hätte, was sie wollen, hätten sie gesagt, schnellere Pferde.[18]
>
> – Henry Ford

Natürlich können Forschung und Entwicklung nicht erst dann starten, wenn der Kunde ein Produkt bestellt. Forschung und Entwicklung sind allerdings auch keine marktgetriebenen Themen, sondern müssen technologie- und strategiegetrieben sein[19] – sonst baut man schnellere Pferde! Produktentwicklung muss natürlich nah

---

[18] Zumindest glauben viele, dass Ford dies gesagt haben soll. Belege lassen sich dafür bisher nicht finden, auch hat Ford dafür zu viel Text hinterlassen. Interessanterweise scheint dieses Zitat in den späten 2000ern verstärkt aufgekommen und populär geworden zu sein.
[19] Deshalb erfolgt Forschung und Entwicklung in der Wertstrom-Organisation auch im Zentrum (Abschnitt „Das Zentrum" und Kasten „Innovation ist eine Leistung des Zentrums" auf Seite 129).

am und mit den Kunden erfolgen, sonst entwickelt man an deren Bedürfnissen vorbei [Sch17]. Geführt werden muss diese von Produktstrategen mit einer klaren Vision.

Supermärkte als Pull-Systeme

Zwei Prozesse, die nicht im Fluss arbeiten können – weil z.B. der erste Prozess Teile für verschiedene Produkte herstellt –, können über einen *Supermarkt* gekoppelt werden. Supermärkte sind ein Beispiel für → *lokale Steuerung*. Ein Supermarkt ist zwar ein Zwischenlager – und damit eigentlich zu vermeiden –, doch ist die Alternative einer zentralen Steuerung noch schlechter. Daher bietet ein Supermarkt eine Zwischenlösung, bis bessere Lösungen gefunden und umgesetzt wurden.

Der erste Prozess fertigt dazu das herzustellende Teil für Produkt A in einer festgelegten Losgröße und legt diese in ein Selbstbedienungslager. Anschließend produziert er das Teil für Produkt B – ebenso wie alle weiteren herzustellenden Teile für die Produkte C, D, … – in der jeweils festgelegten Losgröße und legt diese in das Selbstbedienungslager. Der nachfolgende Prozess bedient sich entsprechend dem herzustellenden Produkt.

In diesem Selbstbedienungslager werden also alle vom ersten Prozess herzustellenden Teile gelagert. Anhand des Bestandes der Teile für die Produkte A, B, C, D … erkennt der erste Prozess, welche Teile gefragt sind und produziert entsprechend so, dass von jedem Teil immer ein festgelegter Bestand im Supermarkt vorhanden ist. Auf diese Weise ist der Wertstrom lieferfähig für verschiedene Produkte.

Kontinuierlicher Fluss und Produktionsrhythmus

Die Elemente sollen kontinuierlich und gleichmäßig durch den Wertstrom fließen. Es darf keine Stauungen und (Zwischen)Lager geben, denn beides verzögert die Lieferung an den Kunden und verbraucht unnötige Zeit, in der Kapital in den Elementen gebunden ist und nicht „arbeitet".

Die Fließgeschwindigkeit der Elemente im Wertstrom muss genau der Geschwindigkeit entsprechen, mit der der Kunde die Produkte abnimmt:

- Fließt der Wertstrom schneller, als der Kunde die Produkte abnimmt, dann stauen sich die Produkte im Ausgangslager.
- Fließt der Wertstrom langsamer, als der Kunde die Produkte abnimmt, dann kann er nicht in der von ihm gewünschten Geschwindigkeit bedient werden und wird unzufrieden.

Daher bestimmt die Abnahmegeschwindigkeit – der sogenannte → *Kundentakt* – die Geschwindigkeit des Wertstroms! Wenn der Kunde zum Beispiel täglich ein Stück eines Produktes abnimmt, dann haben Sie jeweils einen Tag Zeit, um ein neues Stück herzustellen. Da nutzt es nichts, dem Kunden alle fünf Tage fünf Stück zu liefern – er will täglich ein Stück haben. Der Kundentakt beträgt dann einen Tag. Nimmt Ihr Kunde täglich 120 Stück ab und Sie arbeiten in einer Schicht von 8 Stunden (= 480 Minuten), dann haben Sie einen Takt von 4 Minuten pro Stück (480 Minuten/120 Stück). Sind Sie langsamer, können Sie den Auftrag nicht voll erfüllen oder Sie müssen Überstunden machen. Sind Sie schneller, haben Sie den Rest des Tages

Leerlauf, falls keine anderen Produkte oder Arbeiten anstehen. Zudem müssten Sie die Produkte lagern.

> **Kundentakt**
>
> Der Kundentakt ist der Takt, in dem der Kunde ein Produkt abnimmt. Er gibt die Zeit pro Stück an, in der ein Produkt lieferbar sein muss, um dem Kundenbedarf exakt zu entsprechen. Daher muss dieser Takt Ihre Bearbeitungsgeschwindigkeit bestimmen.

Um einen kontinuierlichen Fluss zu erreichen, müssen die Elemente an allen Stellen nicht nur gleich schnell fließen – d.h., es müssen alle Prozesse im Fluss die gleiche Zykluszeit haben –, sondern auch im gleichen Takt! Unterbrechungen müssen beispielsweise zur gleichen Zeit auftreten und die Rüstzeiten müssen an allen Prozessen gleich lang sein. Das bieten → *Prozessketten*.

Damit wird auch klar, dass Ihre Zulieferer auf Ihren Takt umstellen müssen! Ihr Takt muss der Kundentakt Ihrer Zulieferer sein! Sie können also nur so gut sein, wie das gesamte Wertstrom-Netzwerk ist, in das Ihre Organisation eingebettet ist. Aus diesem Grund unterstützt Toyota seine Lieferanten bei der Optimierung deren Wertströme.

Prozessketten

Prozessketten sind Ketten von mehreren aufeinanderfolgenden Prozessen, die z.B. über → *First-In-First-Out (FIFO) Flusssequenzen* starr miteinander verbunden sind und so Stauungen und daraus resultierende Bestände verhindern. Die Kette wirkt dann nach außen wie ein einzelner Prozess, die Prozesse arbeiten „Hand in Hand". Damit ergibt sich der Vorteil, dass eine Prozesskette nur an einem Ende gesteuert werden muss, alle weiteren Abläufe ergeben sich intern durch Selbststeuerung auf Basis von → *Regelkreisen*.

> **Nahtstellen**
>
> Die Kontaktstelle zweier aufeinanderfolgender Prozesse ist eine Nahtstelle. Ihr kommt eine besondere Bedeutung zu, denn an ihr zeigen sich nicht nur Probleme im Strom der Elemente (Materialstrom), sondern auch Probleme im Informationsfluss zum Steuern des Wertstroms. Dies wird insbesondere bei Büroarbeiten zum Problem, denn diese führen zu Rückfragen, Nacharbeit und anderen Verschwendungen. Nahtstellen müssen daher klar benannt, definiert und beschrieben sein!

Lokale Steuerung: Regelkreise vereinfachen die Steuerung

Zentrale Steuerung ist immer ein Problem, denn sie kann der Realität nur hinterherlaufen. Aus der Taylor-Ford-Organisation stammt die Idee, dass eine zentrale Intelligenz alles im Griff haben kann und muss. Im klaren Kontext (→ *Cynefin-Framework*) mag dies funktionieren, in allen anderen Kontexten nicht. Der Ausweg ist so klar wie einfach: lokale Steuerung.

Der gesamte Wertstrom ist normalerweise viel zu komplex, als dass eine zentrale Intelligenz diesen steuern kann. Nach dem → *Gesetz von Ashby* müsste diese zentrale Instanz eine höhere Komplexität als die zu steuernde Einheit haben, was schwierig wird, wenn deren Komplexität kaum bestimmbar ist.

Regelkreise reduzieren durch Selbststeuerung die Gesamtkomplexität des Wertstromes: Statt zentraler Steuerung auf Basis vorhandener Kundenaufträge und Erfahrungen steuert nun der tatsächliche Bedarf des Kunden in Echtzeit die einzelnen Prozessketten. Die zentrale Steuerung muss sich nun nur noch um den bzw. die → *Schrittmacher-Prozesse* kümmern [Kle15].

Schrittmacher-Prozess

Der Schrittmacher-Prozess ist der einzige Prozess in einer Kette, der geplant werden muss – Alle weiteren Prozesse davor oder danach werden durch die Kette direkt gesteuert.

Um den Kundenanforderungen am besten zu entsprechen, ist der Schrittmacher-Prozess möglichst nah am Kunden zu etablieren. Über das → *Pull-Prinzip* steuert sich die Kette selbst.[20]

Richtlinien für effiziente und kundenorientierte Wertströme

Auch wenn die Optimierungskriterien für Wertströme sehr unterschiedlich sein können, müssen diese in der Regel effizient sein. Es existieren einige Leitlinien, die für alle Optimierungskriterien gelten. Diese werden im Folgenden vorgestellt. Für detaillierte Darstellungen sei auf die entsprechende Fachliteratur verwiesen [Rot18, LAI19, LAII19, Kle15].

1. *Arbeiten Sie nach der Taktzeit!*

Die *Taktzeit* ist der Zeitraum, in dem Sie ein Produkt fertigstellen müssen, um dem Kundenbedarf exakt zu entsprechen. Sie arbeiten dann im → *Kundentakt*. Das Bearbeitungstempo wird mit dem Verkaufstempo synchronisiert.

Bei Handarbeit ist der Takt die Zeit, die Sie zwischen zwei Durchläufen des gleichen Prozesses für zwei aufeinanderfolgende Elemente haben. Bei Kopfarbeit ist dieser unter Umständen schwieriger zu bestimmen. Hier kann es helfen, als Bearbeitungseinheit einen Zeitabschnitt zu wählen, in dem Sie Wert an Ihren Kunden liefern. Dies könnte beispielsweise *Sprints* im agilen Framework Scrum[Sch17] entsprechen.

2. *Arbeiten Sie in einem kontinuierlichen Fluss!*

Kontinuierlicher Fluss meint, dass ein Element nach einem Bearbeitungsprozess sofort und ohne Verzögerung vom nächsten Bearbeitungsprozess bearbeitet wird. Es gibt also kein Warten, Lagern oder Zwischenspeichern bearbeiteter Elemente mehr,

---

[20] Weitere Ausführungen dazu finden Sie im Ergänzungsmaterial auf der Webseite zum Buch www.wertstrom-organisation.de/buch.

sondern eine durchgehend kontinuierliche Bearbeitung der Elemente. Durch den kontinuierlichen Fluss wirken die Prozesse nach außen hin als ein Prozess.

3. *Verwenden Sie Pull-Systeme zur Flusssteuerung, wo ein kontinuierlicher Fluss nicht möglich ist!*

Verschiedene Prozessgegebenheiten (z.B. unterschiedlich schnell laufende Prozesse direkt hintereinander, Prozesse mit unterschiedlichen Ausfallraten direkt hintereinander, Prozesse in einer Prozesskette, die von externen Lieferanten ausgeführt werden und bei denen ein Transport einzelner Elemente unwirtschaftlich wäre) können einen kontinuierlichen Fluss – zunächst – unmöglich machen. Das Ziel bleibt dieser trotzdem! Statt einer zentralen Steuerung muss hier auf lokale Steuerung gesetzt werden, denn nur diese ist nah genug am Geschehen! Abhilfe schaffen zum Beispiel → *Kanban-Systeme* oder → *FIFO-Kopplungen*. Damit wird zwar lokal wieder in Losgrößen – und damit temporären Beständen! – gearbeitet, allerdings stellt dies weniger Verschwendung dar als die Alternative einer zentralen Steuerung.

Ein Pull-System entsteht, wenn der Kunde eines Prozesses das Ergebnis des Prozesses aktiv aus diesem nimmt – „zieht" –, um es direkt und sofort weiter zu be- oder verarbeiten. Wenn er dies langsamer als sein Lieferprozess tut, dann ist er ein Engpass, der behoben werden muss.

4. *Setzen Sie externe Steuerung nur an einer Stelle im Strom an!*

Prozessketten mit → *Pull-Systemen* oder → *FIFO-Kopplungen* müssen nur an einer Stelle gesteuert werden, dem → *Schrittmacher-Prozess*. Intern steuern sich diese Ketten selbst. Versuche, Einfluss in sich selbststeuernde Systeme zu nehmen, können nur zu schlechten Lösungen führen.

Nach der → *Engpasstheorie* setzen Sie die externe Steuerung am besten am Engpass an.

5. *Gleichen Sie den Produktionsmix aus!*

Wenn Sie verschiedene Produkte herstellen, dann mag es verlockend sein, in großen Losen zu produzieren, weil das effizienter scheint. Das Problem ist, dass Kunden, die andere Produkte als die gerade hergestellten kaufen wollen, warten müssen. Außerdem folgt aus der Produktion großer Lose, dass auch die dazu notwendigen Elemente in großer Menge vorgehalten werden müssen – dies sind Bestände und damit Verschwendung.

Den Produktionsmix auszugleichen bedeutet, die Herstellung verschiedener Produkte gleichmäßig über einen bestimmten Zeitraum zu verteilen. Statt tage- oder wochenweise die Produkte zu wechseln, wird häufiger – z.B. stundenweise – das herzustellende Produkt gewechselt und in kleinen Losen hergestellt. Die Steuerung des Produktionsmixes erfolgt im → *Schrittmacher-Prozess*.

Dieser Ausgleich bezieht sich auch auf die verschiedenen fließenden Elemente. Werden z.B. in einer Softwareentwicklung nur Funktionen (Features) entwickelt und keine Fehler (Bugs) behoben oder Risiken (Risks) bzw. Schulden (Debts) abgebaut, dann rächt sich dies früher oder später. Der intelligente Mix dieser Elemente – z.B. strategiebezogen gesteuert – führt zu einer besseren Gesamtleistung der Organisation.

Bemerkung: In diesem Punkt kann es durch branchenspezifische Rahmenbedingungen – z.B. Reinigungskosten und -zeiten in der Lebensmittelindustrie – schwierig sein, stundenweise zu wechseln. Die beteiligten Teams finden vor Ort dafür passende Lösungen.

6. Gleichen Sie das Produktionsvolumen aus!

Oft wird in großen Losen – unter der Vorannahme, dass dies effizienter sei – produziert. Allerdings ist es dann oft schwierig bis unmöglich, auf Änderungen im Kundenbedarf zu reagieren. Zudem können das Gefühl für den Takt verloren gehen, Belastungsspitzen auftreten und Prozesse beginnen, lokal für sich zu optimieren. Dies alles führt dazu, dass das Gesamtsystem nicht optimal ist.

Ausgeglichene und gleichmäßige Produktionsniveaus schaffen einen vorhersehbaren Produktionstrom. Probleme können frühzeitig erkannt und beseitigt werden.

Auch hier sind wieder am Schrittmacher-Prozess kleine, gleichmäßige Planungsinkremente freizugeben.

Auch diesen Ausgleich erhalten Sie z.B. durch kurze Sprintlängen im agilen Framework Scrum.

Bei diesem Punkt müssen Sie klar unterscheiden, ob Sie alle fließenden Elemente planen können oder nicht. In einem Materialfluss ist Planung möglich, in einer Softwareentwicklung weniger. Trotzdem ist es in der Softwareentwicklung z.T. üblich, einen Sprint komplett auszuplanen. Dies führt dann dazu, dass ungeplante Aufgaben nicht ausgeführt werden oder geplante liegen bleiben, die Qualität sinkt und Schulden aufgebaut werden. Bei komplexen Themen ist entsprechend Kapazität für Nichtplanbares vorzuhalten (→ Warteschlangentheorie).

7. Werden Sie fähig, „jedes Teil jeden Tag" produzieren zu können!

Um die Richtlinien 2 bis 6 umsetzen zu können, müssen auch die Prozesse, die dem Schrittmacher-Prozess stromaufwärts vorgelagert sind, flexibler werden, denn sie müssen die entsprechenden Vorprodukte liefern. Auch wenn hier kein direkter (kontinuierlicher) Fluss möglich ist, müssen diese Prozesse als Teile des Gesamtsystems besser werden, um den Wünschen des gemeinsamen Endkunden gerecht zu werden. D.h., auch die dem Schrittmacher-Prozess vorgelagerten Prozesse müssen beispielsweise ihre Rüstzeiten verringern und durch kleinere Losgrößen schneller auf Bedarfsänderungen ihrer internen Kunden – das sind die nachgelagerten Prozesse – reagieren.

In der Büro- und Wissensarbeit bedeutet diese Richtlinie, dass jedes Team jedes fließendes Element vollständig bearbeiten können muss. Spezialisierung kann hier schnell zu Engpässen führen: Wenn ein Team nur Frontend-Entwicklung macht und alle anderen Teams auf dieses Team angewiesen sind, entstehen schnell Probleme. Daher empfehlen agile Skalierungsframeworks wie LeSS, dass jedes Team jede Aufgabe vollständig bearbeiten können muss (Feature Teams).

Wertstrom aus der Produktstrategie entwickeln – *Wardley Maps*

Ein idealer Wertstrom kann auch aus dem Produkt und dessen Komponenten abgeleitet werden. Dies ist empfehlenswert, um technologische Entwicklungen am Markt zu berücksichtigen und so Wertstrom und Produkt zukunftsfähig zu halten.

Hilfreich dazu sind die von Simon Wardley entwickelten → *Wardley-Maps* [War17]. Eine Wardley-Map (Abbildung 17 und siehe Beispiel auf Seite 221 ff.) stellt die Struktur des Produktes über der technologischen Reife der dazu notwendigen Komponenten dar. Damit vereinen Wardley-Maps den Wertstrom mit dem Stand der technologischen Entwicklung. Dies ermöglicht unter anderem strategische Entscheidungen bzgl. *„selbst entwickeln und herstellen"* oder *„kaufen"* *(„make or buy")*.

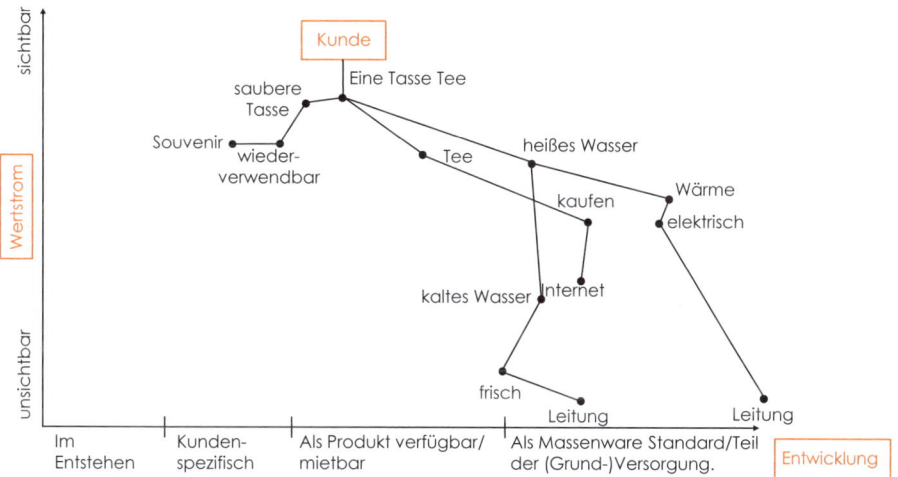

Abbildung 17: Beispiel für eine Wardley-Map aus dem Beispiel „Eine Tasse Tee" (Seite 221 ff.)

Wertstrom-Planung – Den Wertstrom verbessern

Aus der Differenz von aktuellem und Soll-Wertstrom ergibt sich die Handlungsnotwendigkeit. Dabei sind Anteile zu unterscheiden, die

- sofort mit minimalem Aufwand bei maximalem Ertrag angegangen werden können,
- erst mittelfristig (bis ein Jahr) angegangen werden können, weil hier noch Voraussetzungen wie Schulungen für die Mitarbeiter zu schaffen sind,
- einen längerfristigen Horizont (über ein Jahr) haben, weil diese eine größere Veränderung in den Prozessen, meist verbunden mit der Anschaffung neuer Maschinen und Anlagen, bedeuten.

Die Umsetzung der Aktivitäten zur Verbesserung des Wertstromes erfolgt in dem zu Frage 7 („*Wie koordiniert und führt Ihre Organisation ihre Projekte, Produkte und Initiativen?*") beschriebenen System.

In der Wertstrom-Planung wird der Soll-Zustand des Wertstromes schrittweise umgesetzt. Das Wichtigste ist, dass Sie den Wertstrom als Ganzes sehen und nicht als Aneinanderreihung von Prozessen! Sie müssen das Ganze optimieren, auch wenn das heißt, dass lokal einzelne Stellen aus ihrer lokalen Sicht nicht effizient (genug) sind!

Dazu kann es hilfreich sein, in Wertstromschleifen zu denken und zunächst diese zu verbessern [Rot18]. Dies bedeutet, den Wertstrom in Schleifen aufzuteilen, in denen ein kontinuierlicher Fluss möglich ist, also z.B. zwischen zwei → *Pull-Systemen* (Supermärkte). Damit entstehen zunächst optimale Teile – die Schleifen –, allerdings noch kein optimaler Gesamtwertstrom. Diesen können Sie erst erreichen, wenn Sie durch Veränderung der Prozesse und ggf. der Produkte die Supermärkte auflösen können.

Beginnen Sie bei der Schleife, die den → *Schrittmacher-Prozess* enthält. Damit kommen Sie direkt in die Steuerung durch den Kunden und dessen Bedarf. Arbeiten Sie sich dann von der Schrittmacher-Schleife Schleife für Schleife durch den Wertstrom!

> Kein Plan überlebt den ersten Feindkontakt.
>
> – General Moltke d.Ä.

Der Soll-Wertstrom zeigt Ihnen das Ziel, für den Weg dahin brauchen Sie einen Plan. Beachten Sie dabei, dass der Plan immer „best guess" zum Zeitpunkt der Erstellung ist! Sobald Sie diesen umsetzen, verändert sich die Situation und Sie müssen nachsteuern, also den Plan ändern. Bleiben Sie mit Plänen immer flexibel und adaptiv. Passen Sie Ihre Pläne an geänderte Realitäten an!

Die Veränderungen in Richtung Soll-Zustand werden sich bei laufendem (Produktions)-Betrieb nur schrittweise und Stück für Stück umsetzen lassen. Zerlegen Sie daher die geplanten Veränderungen in handhabbare Teile und setzen Sie diese um. Achten Sie dabei immer auf schnelles Feedback! Mit schnellem Feedback schließen Sie die Lernschleife schneller! Damit begrenzen Sie einerseits mögliche Fehlschläge, können schneller nachsteuern und Ihren Veränderungsplan anpassen. Nutzen Sie → *Lean Change* und → *OpenSpace Change*. Weitere Ausführungen zum Lernen finden Sie in [Sch17].

Trennen Sie bei der Umsetzung das *Was* vom *Wie*! Wenn Sie das falsche Was umsetzen, können Sie dies zwar so perfekt wie möglich tun, es bleibt falsch! Es geht immer zuerst um Effektivität, dann um Effizienz!

Vorgehensweisen zum Umsetzen sind der → *PDCA-Zyklus* und → *Lean Change* (siehe Seite 181).

Den Wertstrom organisieren

Der Wertstrom ist immer aktiv zu organisieren! Hierzu werden die Teams, die die verschiedenen Abschnitte des Wertstroms betreuen, miteinander aushandeln müssen, wie sie besser zusammenarbeiten, wie sie effektiver und effizienter Wert für den Kunden schaffen können. Dies ist ein permanenter Prozess, da der Wertstrom permanent verbessert werden muss.

Nach einem Wertstrom-Design haben Sie Ihren Soll-Wertstrom. Dieser umfasst normalerweise mehr Themen, als ein einzelnes Team bearbeiten kann. In Ihrem Wertstrom haben Sie normalerweise auch Anteile mit unterschiedlichen Beschaffenheiten nach dem → *Cynefin-Framework*: So kann am Anfang eine größere Unsicherheit bestehen, das Thema komplexer sein, wenn z.B. ein Produkt erst entwickelt werden muss. Produktion, Auslieferung und Service können dagegen kompliziert sein. Im Wertstrom werden Sie also Anteile mit verschiedenen Beschaffenheiten (*klar*, *kompliziert* und *komplex*) haben, die voneinander getrennt angegangen werden müssen und unterschiedliche Herangehensweisen erfordern. (Bei *chaotischen* Anteile gibt es ein echtes Problem![21])

Um dies abzubilden, brauchen Sie nicht nur verschiedene Fähigkeiten und Kompetenzen, sondern vielleicht sogar verschiedene Persönlichkeitstypen. Damit stellt sich die Frage, wie Sie diese Zuordnung zwischen Themen und Personen umsetzen. Da dies komplex ist, fahren Sie mit einem komplexen Vorgehen am besten (→ *Gesetz von Ashby*). Und integrieren Sie dies gleich in die Teambildung! → *Lean Change* und → *OpenSpace Change* können Sie dabei unterstützen. Hüten Sie sich davor, hier allzu viel Planung oder strukturierende Vorarbeiten zu leisten – Sie können damit nur scheitern, weil all dies unterkomplex ist und das Gesetz von Ashby verletzt. Vertrauen Sie auf Ihre Mitarbeiter, deren Kompetenz und Gestaltungswillen. Sie haben es mit Erwachsenen zu tun!

Frage 6: *Wie organisiert und verbessert Ihre Organisation kontinuierlich dieses {„Wo in Ihrer Organisation entsteht das, was zu diesem Wert führt?"}? – Wertstrom-Management*

> Es ist wahrscheinlich, dass wir eines Tages beginnen werden, Organigramme als eine Reihe von miteinander verknüpften Gruppen zu zeichnen – statt als hierarchische Struktur einzelner Berichts-Beziehungen.
>
> – Douglas McGregor
> Professor für Management am MIT

---

[21] Chaotische Anteile sind normalerweise nur in Krisen- und Notfällen anzutreffen. Versuchen Sie, die Anteile im Chaotischen herauszufinden, die *klar*, *kompliziert* und *komplex* sind und die Sie so schnell wie möglich angehen können.

> **Kernaussagen**
>
> - Sie müssen wissen, wo in Ihrer Organisation das entsteht, das Ihrem Kunden über Ihr Produkt Nutzen – und damit Wert – schafft!
> - Sie müssen alle Funktionen in Ihrer Organisation so integrieren, dass diese gemeinsam nur Wert für den Kunden erzeugen!
> - Wertschöpfungseinheiten müssen die Bedürfnisse und Möglichkeiten ihrer Mitglieder berücksichtigen.

> **Was Sie ab morgen anders machen können**
>
> - Ignorieren Sie Organisationsgrenzen – diese sind sowieso künstlich und willkürlich – und arbeiten Sie mit Ihren Kollegen aus anderen Teams, Gruppen oder Abteilungen so zusammen, als wäre Sie ein Team!
> - Überprüfen Sie für Ihre Tätigkeiten und die Ihrer Mitarbeiter, wie gut diese die Bedürfnisse nach Autonomie, Kompetenz, sozialer Eingebundenheit und Sinn erfüllen! Gibt es „Entlastungsventile" (wie die Selbstverwirklichung in Kompetenz) bei diesen Tätigkeiten oder Ihrer Organisation? Sprechen Sie mit Ihren Mitarbeitern und Kollegen darüber! Verändern Sie Tätigkeiten so, dass mehr Autonomie, Kompetenz, soziale Eingebundenheit und Sinn erlebt werden!
> - *Pull statt Push* – Geben Sie Arbeitspakete und -aufträge nicht weiter, lassen Sie die Bearbeiter diese holen, wenn diese Kapazitäten zum Bearbeiten haben!

Wo findet Wertschöpfung in Ihrer Organisation statt? Wenn Sie wissen, wo das entsteht, was dem Kunden Nutzen erzeugt, brauchen Sie das nur noch zu organisieren. Dazu ist die Kreativität Ihrer Kollegen und Mitarbeiter notwendig, eine Großgruppenmethode wie *Open Space* und einige Anregungen und Hinweise aus diesem Buch. Zunächst jedoch ein paar grundsätzliche Gedanken:

1. Eine zeitgemäße Organisationsform muss die beiden im ersten Teil des Buches aufgezeigten Grundprobleme der Taylor-Ford-Organisation überwinden:
   - die *funktionale Trennung* in der Organisation und
   - die *zentrale Steuerung* durch die Trennung von Entscheidung über und Ausführung von Arbeit.

   Da beide Probleme durch die Struktur der Organisationen entstehen, gelingt deren Überwindung nur durch eine grundsätzlich andere Organisationsstruktur!

2. Die Prozesse in einer Organisation müssen aus ihrem „Gefangensein in den gegebenen Strukturen" ausbrechen! Es muss deutlich werden, dass die *Strukturen den Prozessen dienen* müssen und nicht umgekehrt!

3. Mit einer wertstromorientierten Neugestaltung von Organisationen – unter Berücksichtigung von Rückkopplungsstrukturen, Transparenz, freier Kommunikation und Regelung – wird die Brücke zur *Lernenden Organisation* geschlagen. Da die Grenzen einer organisatorischen Einheit die Grenzen ihrer Wahrnehmung sowie ihrer Problemlösungs- und Optimierungsbestrebungen bestimmen, muss der Wertstrom als Ganzes eine organisatorische Einheit bilden. Durch die dabei zu berücksichtigenden Rahmenbedingungen – wie die → *Dunbar-Zahl* – können

Strukturen/Umstände entstehen, die ein besonderes Augenmerk auf „Wir sind ein Wertstrom" mit entsprechenden Aktivitäten erfordern.
4. Der Mitarbeiter, der für eine Aufgabe verantwortlich ist und sie auch tatsächlich erledigt, kann besser als jeder andere bestimmen, wie diese Aufgabe optimal durchzuführen ist und wie man die Durchführung weiter verbessern kann. Stehen Sie diesem Mitarbeiter nicht im Weg, sondern geben Sie ihm Entscheidungsfreiheit: *Das ist Bevollmächtigung* [Pin94].
5. Nur wenn es gelingt, Handlungsvorbereitung und Handlung zusammenzuführen, gelingen Lernen und Verantwortung. „Zu seiner Sache machen" beschreibt dies treffend [Küs99].
6. Weil neue Wettbewerbsfelder nicht lange neu bleiben, sind flexible und schnell reagierende Organisationseinheiten herauszubilden. Es ist eine Organisationsform zu finden, die es ermöglicht, Problemlösungen schneller zu erkennen, zu entwickeln, zu produzieren und zu vermarkten, um mögliche Erste-Anbieter-Renten abschöpfen zu können [Küs99].
7. Wenn die Koordination in und zwischen dezentralisierten Organisationseinheiten nicht hinreichend organisatorisch gestaltet ist, treten Zentralisierungsbestrebungen auf. Daher muss die Ausgestaltung einer dezentralisierten Organisation umfassend erfolgen, angefangen von Interaktionen in und zwischen Teams bis zur Selbststeuerung der in jedem Organisationsteil zu erledigenden inhaltlichen und organisatorischen Aufgaben sowie die Koordination über die verschiedenen Organisationsteile hinweg.

Die folgende Darstellung ist inspiriert von der Dissertation „Organisation in der Lean-Unternehmung" von Mark Küssner aus dem Jahre 1999 [Küs99]. Einige Aspekte sind allerdings anders zu bewerten, da Lean für *komplizierte* Aufgabenstellungen funktioniert und in diesem Buch auch Lösungen für andere Aufgabenbeschaffenheiten (siehe → *Cynefin-Framework*) angeboten werden sollen.

Die Grundlagen der Wertstrom-Organisation

Für die weitere Betrachtung gehen wir davon aus, dass Ihre Organisation verschiedene Produkte an verschiedene Kunden liefert. Demnach haben Sie verschiedene Wertströme, die – zumindest in Teilbereichen – irgendwie zusammenhängen. Sollten diese nicht oder nicht sehr stark zusammenhängen, dann wäre es besser, für jeden Wertstrom eine komplett eigene Organisation aufzusetzen und die Leistungen zwischen diesen Organisationen über Marktmechanismen zu regeln, z.B. zu Marktpreisen zu verrechnen.

Die Wertstrom-Organisation baut auf verschiedenen Konzepten auf, die im Folgenden beschrieben werden.

Die Prozessorganisation

Ein erster Ansatz, das Problem der funktionalen Trennung zu lösen, besteht darin, die Organisation nach *Geschäftsprozessen* auszurichten. Dies versucht, die Abläufe – in diesen findet ja die Wertschöpfung statt – gegenüber dem Aufbau der Organisation zu stärken. Ein Mittel dazu sind interdisziplinär zusammengesetzte Teams [Sch02]:

> Bei einer konsequenten Umsetzung einer gruppenbasierten Prozessorganisation sind nicht nur wesentlich mehr Kompetenzen an die Prozessteams zu delegieren als bisher diskutiert, sondern auch die Wirkungen der Delegation radikaler als bislang vermutet.

Trotzdem bleibt in den Konzepten zur Prozessorganisation die Aufbauorganisation erhalten – und damit auch die funktionale Trennung. Es wird lediglich versucht, die Ablauforganisation zu stärken bzw. stärker in den Fokus zu rücken.

Obwohl durchaus nachhaltige Wettbewerbsvorteile als Konsequenz aus einer echten Prozessorganisation gesehen werden [Sch02], wird die zentrale Steuerung durch ein Management nicht aufgegeben. Diesen Schwachpunkt dieses Konzeptes der Prozessorganisation überwand auch nicht die Business Process Reengineering-Welle [Ham93, 94] Anfang der 1990er-Jahre. Zwar setzte sich hier ein Gesamtblick auf die Prozesse durch, die beiden Grundprobleme funktionale Trennung und zentrale Steuerung blieben allerdings erhalten.

Zudem spielt bei Prozessbetrachtungen der organisationsexterne Kunde eine zu geringe Rolle. Weiterhin werden Prozesse als statisch und Veränderungen als abschließbare Projekte betrachtet. Dem steht die Forderung nach permanenter Verbesserung entgegen.

Die segmentierte Organisation

> Die Unternehmen müssen vom sequentiellen Vorgehen mit Übergaben von einer Funktion zur nächsten (z.B. Entwicklung – Produktion – Vertrieb) loskommen und von vornherein den Trialog zwischen Entwicklung, Vertrieb und Kunden sicherstellen.
>
> – Tom Sommerlatte
> Unternehmensberater

Ein die Idee der Prozessorganisation weiterführender und von Lean Management beeinflusster Ansatz ist die Segmentierung der Organisationen nach *Objekten* [Küs99]. In dieser wird statt nach *Funktionen* nach *Objekten* – z.B. Produkte oder Produktgruppen, Märkte etc. – segmentiert. In jedem Segment sind nun alle Funktionen integriert, die es braucht, um das Objekt erfolgreich auf den Markt zu bringen. Die funktionale Trennung wird dadurch überwunden: Statt einer Vielzahl funktional getrennter Teilbereiche wird nun eine Vielzahl funktionsintegrierter objektbezogener Organisationseinheiten gebildet. Abbildung 18 zeigt den Aufbau der segmentierten Organisation.

Frage 6: Wie organisiert und verbessert Ihre Organisation kontinuierlich dieses?

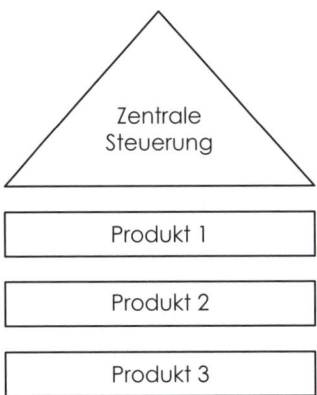

Abbildung 18: Die segmentierte Organisation

Es kommt somit zu einer *horizontalen* statt *vertikalen* Trennung in der Organisation, d.h., alle Funktionen, die mit einem bestimmten Objekt verbunden sind, werden in einer Organisationseinheit zusammengefasst.

Dabei werden ganzheitliche Aufgabengebiete unternehmerisch agierenden Segmenten übertragen. Die objektorientierte Segmentierung bringt den Kunden, den Kundenauftrag, den Leistungserstellungsprozess und dessen interne Kunden-Lieferanten-Beziehungen an die Oberfläche der Organisation. Ressortbezogene Optimierungsbestrebungen – lokale Optima durch Abteilungsegoismen – treten in den Hintergrund. Dies löst das erste Problem der funktionalen Trennung.

Die Segmente werden als weitgehend selbstständige Geschäftseinheiten mit jeweils eigenen Zielkategorien und Wettbewerbsstrategien organisiert. Diese spezifischen Produktions-Produkt-Markt-Geschäftseinheiten sind eine Reaktion auf immer heterogener und komplexer werdende Wettbewerbsbedingungen. Die Konzentration spezifischer Wettbewerbsvorteile innerhalb einer Geschäftseinheit verbessert die Passung zwischen Markt- und Kundenanforderungen und erhöht damit die Erfolgswahrscheinlichkeit am Markt [Küs99].

In den Segmenten wird nun der Wertstrom des jeweiligen Objektes organisiert, z.B. der Fluss der Produkte durch die Organisation. Dieser Fluss bleibt nun im jeweiligen Segment, Übergaben und Kommunikationsnahtstellen sind nun ausschließlich segment-intern (siehe Abbildung 19). Dies vermindert „Reibungsverluste" an den Nahtstellen. Zudem können sich die Segmente auf ihre jeweiligen Bedürfnisse optimieren.

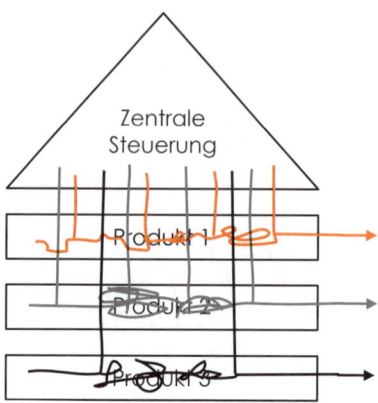

Abbildung 19: Prozessorganisation: Durchlauf dreier Produkte

Kerngedanke der Segmentierung ist die Bildung überschaubarer, organisatorisch selbstständiger sowie unternehmerisch verantwortlicher Einheiten zur [Küs99]
1. Erhöhung der Kundenorientierung,
2. Prozess- und Flussorientierung,
3. adäquaten Gestaltung der Segmentkomplexität und
4. Verbesserung der Wirtschaftlichkeit der Leistungserstellung.

Synergien und Wirtschaftlichkeitsvorteile werden hier nicht durch Funktionsspezialisierung, sondern durch die Spezialisierung auf einen eingeschränkten Objekt- oder auch Produktbereich erzielt [Küs99].

In der segmentierten Organisation spielt die Ablauforganisation eine viel stärkere Rolle als in den bisherigen Organisationsformen. Ihre Aufgabe ist es, Funktionen, die bisher über Strukturen – die Aufbauorganisation – sichergestellt wurden, nun über Prozessregeln zu gewährleisten. Dazu bedarf es eines Netzes ablauforganisatorischer Regelungen, die wesentlich durch Teamstrukturen ausgefüllt werden [Küs99].

Die Fluss- und Prozessorientierung lenkt die Aufmerksamkeit auf die zeitliche Belastung des Systems und stellt die Verbindung – die Beziehung – zwischen zwei Prozessen und nicht mehr ausschließlich den direkten Bearbeitungsprozess in den Vordergrund. Im Gegensatz dazu wird bei einer Zentralisierung gleichartiger Prozesse der direkte Bearbeitungsprozess bzw. die Auslastung knapper Ressourcen in den Vordergrund der Optimierungsperspektive gestellt und damit die Verbindung zu den vor- und nachgelagerten Prozessen als zweitrangig betrachtet [Küs99].

Ein zentraler Aspekt der Bildung tendenziell kleiner, überschaubarer und transparenter sowie dezentraler, selbstständig agierender Einheiten besteht darin, dass die Grenzen der Nah- und Arbeitswelten der Organisationsmitglieder den Systemgrenzen entsprechen, während in großen, unüberschaubaren Unternehmenssystemen nur das jeweilige Subsystem bzw. die Abteilung oder sogar nur der Arbeitsplatz als Einheit und Arbeitswelt erfasst wird. Die Systemgrenzen müssen für die Systemmitglieder wieder erkennbar werden, um eine Zugehörigkeit zu dem System erzeugen zu können.

Die Segmentierung überführt die Organisation von einem *Denken in Abteilungen und Teillösungen* zu einem *Denken in Systemen und ganzheitlichen Problemlösungen* [Küs99, Hervorhebungen T.S.].

In der funktional getrennten Taylor-Ford-Organisation werden Entscheidungen weit entfernt vom Ort des Problems getroffen. Es kommt dabei zu häufigen Rückfragen, wodurch der Informationsfluss verlängert und komplexer wird. Zudem besteht immer die Gefahr, dass die Struktur des Problems nur unzureichend erfasst wird und Entscheidungen daher nur minderer Qualität sein können. Der Mitarbeiter vor Ort hingegen ist mit Problemen und ihren Lösungen vertraut. Daher ist bei einer Dezentralisierung der Entscheidungskompetenz nicht nur eine Beschleunigung, sondern auch eine Zunahme der Qualität von Entscheidungen und Problemlösungen zu erwarten. Außerdem werden Koordinationsprozesse zur Integration von Teilprozessen vermieden [Küs99].

Mit der Bildung eigenständiger Segmente werden segmentübergreifende Kommunikationsprozesse erschwert. Die Segmente verlieren durch die Fragmentierung einen Teil der Know-how-Basis, wenn es nicht gelingt, einen segmentübergreifenden Know-how- und Wissenstransfer zu installieren [Küs99]. Aus dem Agilen bekannte Strukturen wie *Gilden* und *Communities of Practice (CoP)* [Sch17] sowie Lernveranstaltungen zu bestimmten Themen und agile Interaktionen wie → *Review*, → *Retrospektive*, → *Daily Standup* und → *Lean Coffee* können einen segmentübergreifenden Know-how- und Wissenstransfer sicherstellen.

„Skalenvorteile" – also Vorteile durch die Bearbeitung und den Einkauf großer Mengen gleicher oder gleichartiger Teile –, die es bisher durch zentralisierte Funktionen wie den Einkauf gab, können durch Netzwerkstrukturen über verschiedene Segmente hinweg trotzdem realisiert werden. (Wobei hier anzumerken ist, dass die Skalenvorteile in einer funktional getrennten Organisation – so es diese denn wirklich gab – durch die nichtfunktionierende Zusammenarbeit zwischen den vertikalen Funktionen mindestens verzehrt, wenn nicht sogar mehrfach ausgegeben wurden!)

Festzuhalten bleibt, dass in der segmentierten Organisation immer noch zentrale Funktionen in den Produktfluss eingebunden sind (siehe Abbildung 19). Eine zentrale Steuerung bleibt erhalten – und die damit verbundenen Probleme. Dies gilt es noch zu überwinden.

Zellstrukturdesign

> In Komplexität verliert das Zentrum seine Informations- und Deutungshoheit, zentrale Steuerung versagt. Der Kollaps von Organisationen lässt sich also in stark dynamischen, wettbewerblichen Märkten nur verhindern, wenn statt zentraler Steuerung auf dezentrale Entscheidung und Führung umgestellt wird. Anders gesagt: Die Peripherie muss an die Macht. Das ist keine Frage von Stil, Meinung oder Geschmack. Es ist eine systemische Notwendigkeit. Radikale Dezentralisierung ist der einzige Weg zu Agilität und zur Nutzung vorhandener Intelligenz in den Unternehmen.
>
> – Niels Pfläging

Zellstrukturdesign[22] [Pfl19, 20] ist ein radikaler Ansatz für die Gestaltung von Organisationen, der die Unterscheidung von Zentrum und Peripherie fortführt[23] (siehe der folgende Kasten). Abbildung 20 zeigt im Überblick eine Organisation im Zellstrukturdesign. Statt einer Unterscheidung in *oben – unten*, erfolgt eine Unterscheidung in *innen – außen*: in *Zentrum* und *Peripherie*[24] (Abbildung 21). Im Zentrum befinden sich alle Zellen *ohne Marktkontakt*, in der Peripherie *mit Marktkontakt*.

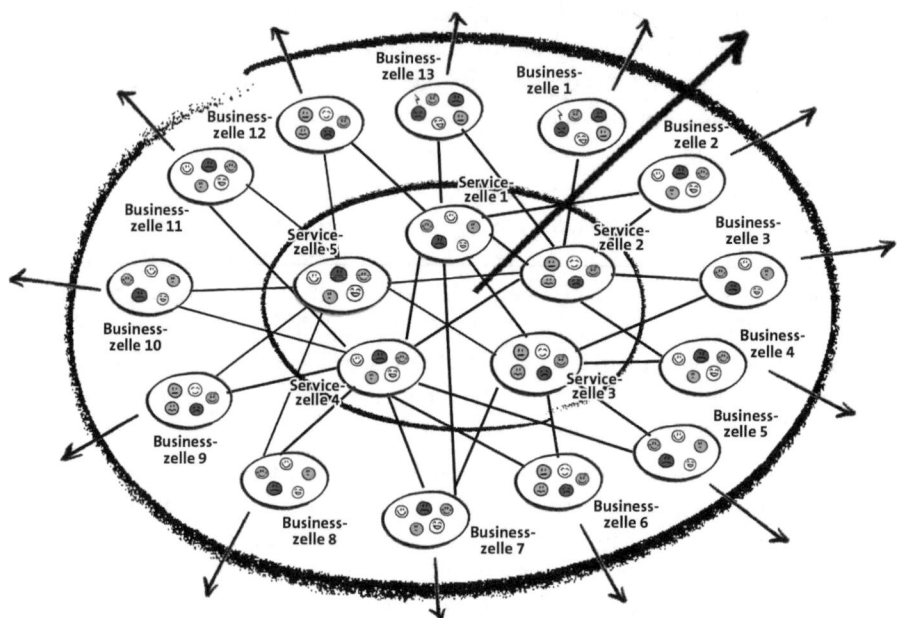

Abbildung 20: Überblick über eine Organisation im Zellstrukturdesign [Pfl19, 20]

---

[22] Zellstrukturdesign wurde von Niels Pflaeging and Silke Hermann von der Red42 GmbH entwickelt und als frei nutzbare Open-Source-Sozialtechnologie unter der Creative Commons Lizenz CC-BY-SA-4.0 veröffentlicht. Die Nutzungsbedingungen können unter https://www.redforty2.com/cellstructuredesign/ nachgelesen werden.

[23] Dieses Modell ist auch als „Pfirsich-Modell der Organisation" bekannt: Hier stellt das Zentrum den Kern und die Peripherie das Fruchtfleisch eines Pfirsichs dar.

[24] Zentrum und Peripherie sind Rollen für Mitarbeiter und keine organisatorischen Einheiten. Insbesondere ist Zentrum kein „Headquarter", sondern interner Dienstleister für die am Markt agierende Peripherie.

Frage 6: Wie organisiert und verbessert Ihre Organisation kontinuierlich dieses?

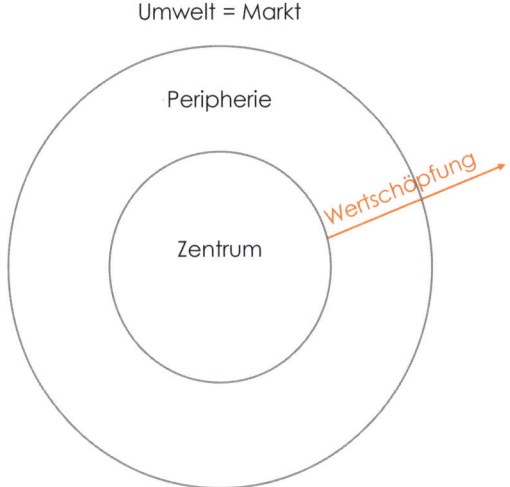

Abbildung 21: Zellstrukturdesign: innen das Zentrum, außen die Peripherie mit Marktkontakt

Als *Zellen* werden die kleinsten Einheiten organisationaler Wertschöpfung bezeichnet [Pfl19, 20] – Teams.

Es geht im Zellstrukturdesign also nicht mehr um das Organisieren von Macht und Verteilen von Ressourcen, sondern konsequent um Leistungsbeziehungen! Jeder hat (s)einen Kunden und ist selbst Kunde von jemand anderem! Durch diese lokalen Regelungen wird eine zentrale Steuerung überflüssig. Zudem ergibt sich eine konsequente Ausrichtung auf Wertschöpfung.

> **Dynamikrobustheit durch Unterscheidung zwischen Zentrum und Peripherie**
>
> In Zeiten geringer Dynamik und träger Märkte konnte die Zentrale alles planen und steuern – zentrale Steuerung funktionierte. In heutigen Zeiten mit hoher Dynamik reicht die Zeit nicht mehr aus, zu planen, Lösungen zu finden und diese dann auszurollen – zentrale Steuerung versagt. Dazu müssen die Probleme dort gelöst werden, wo sie auftreten. Probleme der Wertschöpfung können nicht mehr in einer Zentrale gelöst werden – dies dauert schlicht zu lang! Zudem fehlt dort die dafür notwendige Kompetenz.
>
> Gerhard Wohland empfiehlt für *Dynamikrobustheit* von Organisationen die Unterscheidung zwischen Zentrum und Peripherie [Woh12]:
>
> - *Zentrum* umfasst alle Funktionen, die dem Druck der Kapitalinteressen ausgesetzt sind.
> - *Peripherie* umfasst alle Funktionen, die dem Druck des Marktes ausgesetzt sind.
>
> Wichtig ist dabei, dass es um Tätigkeiten und nicht um Personen oder Orte geht: Zentrale ist nicht gleich Zentrum, Mitarbeiter in den Niederlassungen sind nicht gleich Peripherie.
>
> Dynamikrobustheit entsteht durch [Woh12]:
>
> - Nähe der Wertschöpfung zum Markt und damit zu den Kunden,
> - das Lösen der Probleme am auftretenden Ort,
> - Führen statt Steuern.

Zellstrukturdesign nimmt eine systemische und systemtheoretische Sichtweise ein: Organisationen sind aus lebenden Systemen bestehende lebende Systeme innerhalb größerer Systeme – der Märkte. Und damit gibt es eine fortgesetzte Innen-außen-Unterscheidung: Jedes System agiert innerhalb eines äußeren Systems und muss daher auf die Anforderungen seiner Umwelt – des äußeren Systems – reagieren. Im Zellstrukturdesign ergeben sich damit zwei Rollen [Pfl19, 20]:

- Rollen, die *wertschöpfend mit den Anforderungen des Marktes umgehen: Peripherie.* Dies ist der Teil der Organisation, der Marktkontakt hat. Durch Interaktionen mit dem Markt kann dieser Teil lernen, was der Markt braucht/fordert. Gleichzeitig trennt – isoliert – die Peripherie das Zentrum vom Markt.
- Rollen, die *wertschöpfend mit den Anforderungen der Peripherie umgehen: Zentrum.* Da das Zentrum durch die Peripherie vom Markt getrennt – isoliert – ist, kann es nur von der Peripherie lernen und auf deren Anforderungen reagieren.

Damit wird klar: Bei dieser Organisationsstruktur geht es einzig und allein um *die Leistung für einen organisationsexternen Kunden.* Strukturen zur Organisation von Macht und Ressourcenverteilung – wie eine klassische Aufbauorganisation – sind aus dieser Sicht Verschwendung!

Die Zellstruktur erfordert als dezentralisierte, marktlich-selbstorganisierte Netzwerkorganisation permanente Zellteilung und Dezentralisierung. Dazu sind die Größen der Teams streng zu begrenzen und Entscheidungen nachhaltig und konsequent in die Peripherie zu verlagern [Pfl16].

Basis des Zellstrukturdesigns ist die *Organisationsphysik*.

Frage 6: Wie organisiert und verbessert Ihre Organisation kontinuierlich dieses?

Organisationsphysik

> Das ist sozusagen das erste Naturgesetz der Organisationsphysik: Jede Organisation, egal wo, egal welcher Größe, hat diese drei Strukturen: *Formelle Struktur*, *Informelle Struktur* und *Wertschöpfungsstruktur*. Leistung und Erfolg können nur in der letzten dieser drei Strukturen entstehen.
>
> – Niels Pfläging

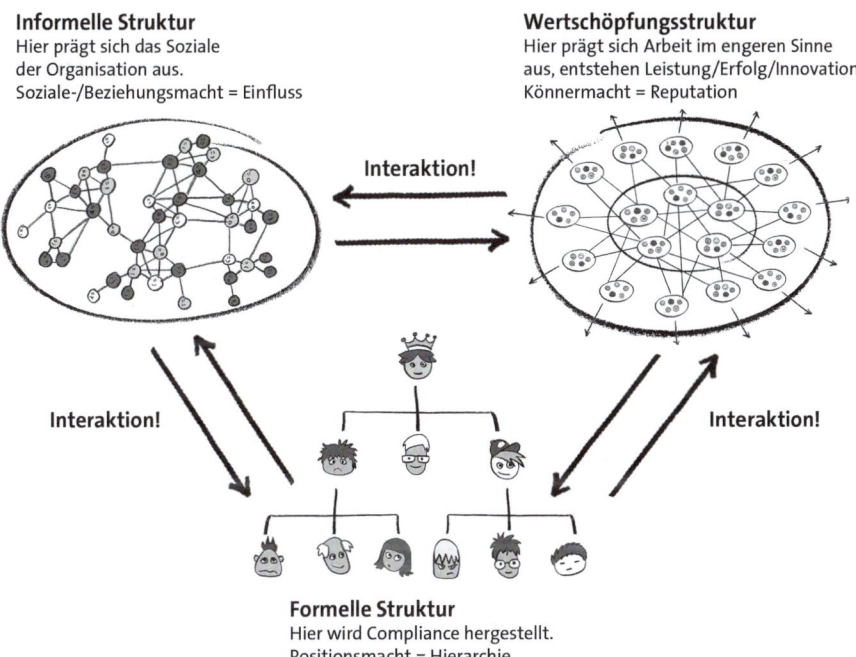

Abbildung 22: Die Bestandteile einer Organisation: formelle Struktur, informelle Struktur *und* Wertschöpfungsstruktur *[Pfl19, 20]*

Nach der Organisationsphysik besteht jede Organisation aus drei Strukturen [Pfl19, 20]:

- der *formellen Struktur*: Diese sollte ausschließlich auf die Herstellung von Compliance oder „Gesetzmäßigkeit" beschränkt bleiben. Versuche, mit dieser die Wertschöpfung zu steuern, erzeugt nicht nur organisationales Leiden, sondern müssen aus strukturellen Gründen teuer scheitern!
- der *informellen Struktur*: In dieser manifestiert sich das Soziale der Organisation: kurzer Dienstweg, Flurfunk, Gerüchteküche etc. Aus ihr erwächst Macht von Akteuren, die als „Einfluss" bezeichnet wird.
- der *Wertschöpfungsstruktur*: In dieser Struktur wird im engeren Sinne gearbeitet. Hier wird „Wert geschöpft", entstehen Leistung, Erfolg und Innovation. Sie wird häufig ignoriert, kaum präzise genug verstanden, zu selten bewusst gestaltet.

Daraus leitet sich der notwendige Umgang mit diesen Strukturen ab:

- Die *formelle Struktur* muss minimal bleiben und sich auf das Notwendigste – das ist meist das gesetzlich Vorgeschriebene – beschränken.

- Die *informelle Struktur* kann durch die räumliche Gestaltung, soziale Events oder Firmenfeiern unterstützt werden. Egal, was Sie tun: Diese Struktur findet immer statt!
- Die *Wertschöpfungsstruktur* muss wirksam bearbeitet, freigelegt, unterstützt und gestärkt werden. Hierzu tragen moderne Ansätze wie Zelldesign und das vorliegende Buch bei.

Konsequente Ausrichtung auf Wertschöpfung

Die Zellen des Zentrums und der Peripherie sind über Leistungs- und Wertschöpfungsbeziehungen verbunden. Der Kunde der Leistung – die Zellen der Peripherie – bezahlt für Leistungen des Zentrums. Die sogenannte Wertschöpfungsrechnung macht diese Kopplungen transparent [Pfl19, 20]. In diesen Kopplungen geht es allein um Leistungsbeziehungen, nicht um Weisungsbefugnisse. Es erfolgt demnach keine Steuerung, sondern eine *Regelung auf lokaler Basis*!

Die Zellen der Peripherie und der Umwelt – des Marktes – sind ebenfalls gekoppelt. Hier bezahlt der organisationsexterne Kunde die Leistungen der Peripherie-Zellen. Abbildung 23 zeigt beide Kopplungen.

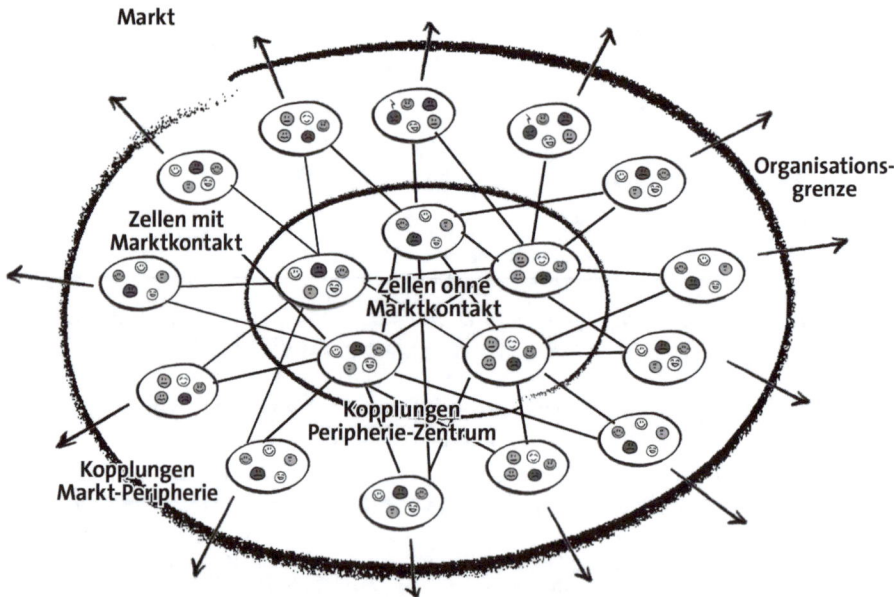

Abbildung 23: Kopplungen zwischen Zentrum und Peripherie sowie zwischen Peripherie und Markt im Zellstrukturdesign [Pfl19, 20]

Im Zellstrukturdesign fließt damit die Wertschöpfung von innen nach außen (Abbildung 24), es ist konsequent auf Wertschöpfung ausgerichtet und unterscheidet dazu zwei Arten:

- *Wertschöpfung im engeren Sinne:* Diese ist auf den organisationsexternen Kunden ausgerichtet (vgl. Frage 1, primärer Zweck);
- *Wertschöpfung im weiteren Sinne:* Sie bezieht sich auf Nutzenaspekte für andere Anspruchsgruppen als Kunden. So bekommen Mitarbeiter ein Gehalt, zahlt das Unternehmen Steuern und Abgaben, erhalten die Eigentümer Gewinne etc. (vgl. Frage 1, sekundärer Zweck).

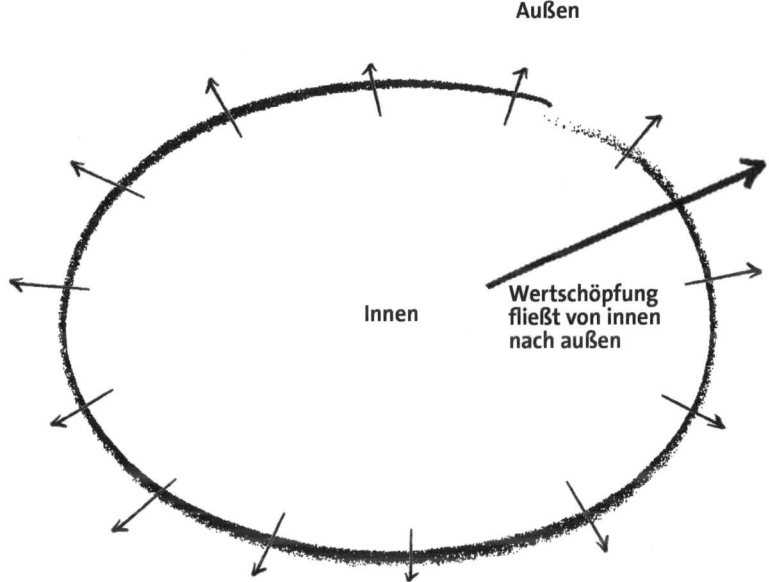

Abbildung 24: Strom der Wertschöpfung: Von innen nach außen [Pfl19, 20]

Zellstrukturdesign zielt darauf ab: „*Überlegene, auf alle Anspruchsgruppen abzielende Wertschöpfung zu ermöglichen … Diese Wertschöpfung dient allen – Mitarbeitern, Kunden, Gesellschaft, Eigentümern*" [Pfl19, 20].

Die Koordination der Zellen funktioniert über Marktmechanismen und *Zug ("Pull") durch den Leistungsempfänger* [Pfl19, 20] (Abbildung 25). Es gelten hier wieder die gleichen Regelungsmechanismen wie innerhalb eines Wertstroms (siehe „Wertstrom-Design – Den idealen Wertstrom entwerfen", Seite 103). Der Vorteil ist klar: *Wenn die Peripherie über Entscheidungs- und Ressourcenhoheit verfügt und am Zentrum zieht, dann wird Verschwendung konsequent verhindert!* [Pfl19, 20]

Das Zellstrukturdesign überwindet die Trennung von *Entscheiden über* und *Ausführen von Arbeit*, indem es *beides* in die Zellen integriert, die es betrifft. Diejenigen, die eine Arbeit ausführen, entscheiden nun auch, wie diese auszuführen ist (das *Wie*). Gleiches ist bereits aus echten agilen Teams bekannt.

Was zu tun ist, ergibt sich aus dem Marktbezug – der Umwelt der Organisation – und ggf. Impulsen aus dem Zentrum, wie Strategie, Forschung und Vorentwicklung.

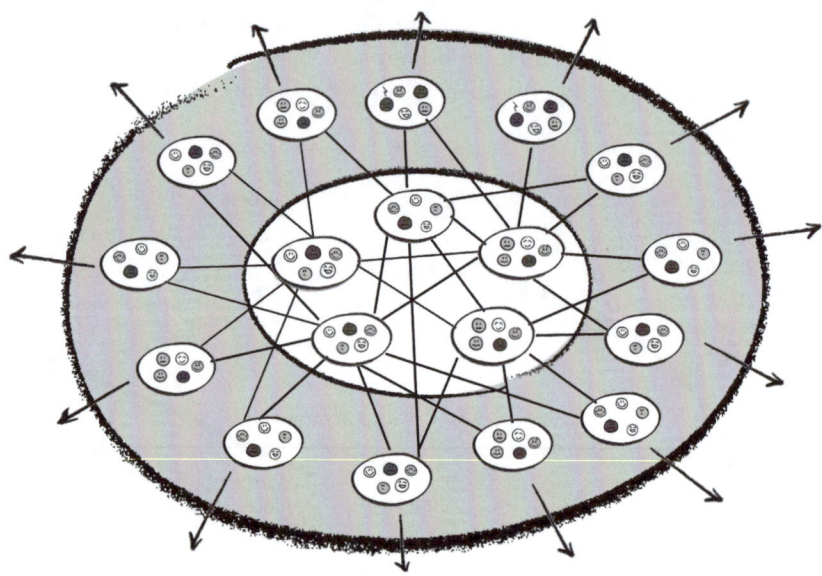

Abbildung 25: Steuerung der Zellen im Zentrum durch Zug („Pull") durch die Zellen in der Peripherie [Pfl19, 20]

Die „Steuerung" der Zellen – eigentlich die *Reglung des Innenlebens* – erfolgt über Marktmechanismen und sorgt so für Ausgleich zwischen den Beteiligten. Lokale Optimierungen, wie sie in der Taylor-Ford-Organisation üblich sind, werden so vermieden. Sollten diese doch ansatzweise auftreten, reguliert der Markt dies schnell.

Was es im Zellstrukturdesign nicht gibt
Zellstrukturdesign erfordert ein radikales Umdenken und Loslassen von Vertrautem. So sind Linienorganisation, Funktionsbereiche, Abteilungen, Stabsstellen, „dotted lines", Profit Center, Shared Services oder Servicepartner sowie „steuernde" Positionen wie Produktmanager, Key Account Manager, Projektmanager, COOs oder Bereichsleiter nicht nur nicht erforderlich, sondern sogar unvereinbar mit diesem Design! [Pfl20]

Das Zentrum

Das Zentrum dient der Unterstützung der Peripherie, nicht zu deren Steuerung! Das an der Spitze der Taylor-Ford-Organisation stehende Management „wandert" also nicht in das Zentrum – dies würde strukturell nichts ändern! Das Zentrum hat eine komplett andere Qualität: *Es liefert der Peripherie die Leistungen, die diese braucht, um funktionieren zu können.* Dabei handelt es sich um Leistungen *ohne* Marktbezug.

Das Zentrum versorgt die Peripherie mit Dienstleistungen folgender Kategorien [Pfl19, 20]:

- *Compliance-relevante Leistungen* wie Geschäftsführung, Buchhaltung und Rechnungslegung,
- *administrative Leistungen* wie Empfang, Gebäudedienstleistungen, Personalverwaltung, juristische Dienste,
- *Informationsversorgung* wie Controlling und Berichtswesen, Systemadministration und IT,
- *„seltene" Experten-Leistungen*, bei denen es sich nicht lohnt, diese dezentral in der Peripherie vorzuhalten.

Für diese Dienstleistungen bedarf es nicht unbedingt einer extra Zelle. Auch die Zellen des Zentrums müssen unbedingt funktional integriert sein [Pfl19, 20]!

Es kann z.B. eine gute Idee sein, die internen Leistungen in kleinen „Shops" oder Supermärkten zu organisieren. Ein „Info Shop" kann beispielsweise alle Leistungen rund um die unternehmerische Informationsversorgung und ein „Org Shop" alle zentralen Organisationsleistungen für die Peripherie erbringen [Pfl19, 20].

Noch einmal zu Klarstellung: *Zentrum* ist eine Rolle! Diese kann somit auch von Mitarbeitern der Peripherie übernommen werden. Allerdings ist dann sehr sorgfältig auf Rollenkonflikte zu achten!

Innovation ist eine Leistung des Zentrums

Das heißt, für die Entwicklung prinzipieller Innovationen ist der Abstand und die Entlastung vom gegenwärtigen Marktdruck unerlässlich. Denn die Entkopplung von der Gegenwart gibt der Organisation und den Mitarbeitern den Mut, sich den Dingen anders als bisher zu nähern ... [Küs99]

Innovation ist (noch) keine unmittelbare Wertschöpfung für den Kunden und damit Aufgabe des Zentrums! Denn es bezahlt noch kein Kunde dafür eine Rechnung. Sollte doch ein Kunde bezahlen, ist es „Dienstleistung" der Peripherie und keine Innovation [Pfl19, 20].

Das Zentrum leistet also durchaus fachliche Arbeit – nur eben nicht in direktem Bezug zum Markt.

Die Peripherie

Zellstrukturdesign kann nur von außen nach innen entwickelt werden. Um zu überleben, muss jedes System die Anforderungen seiner Umwelt – das es umgebende System – erfüllen. Damit steht die Leistung für den organisationsexternen Kunden im Mittelpunkt!

Mit folgender Frage nimmt das Zellstrukurdesign Gestalt an: *„Welche Funktionen, die bisher auf verschiedene Funktionen verteilt und voneinander getrennt waren, müssen in einer oder mehreren Zellen der Peripherie integriert sein, damit dort ein Business weitgehend vollständig bearbeitet werden kann?"* [Pfl19, 20]

Um dies dann umsetzen zu können, müssen Peripheriezellen folgende Eigenschaften haben [Pfl19, 20]:

- Die Zelle muss so entscheidungsautonom wie möglich sein. Die Zelle muss als „Unternehmen im Unternehmen" handeln und für ihr jeweiliges Geschäft ganzheitlich verantwortlich sein.
- Die Zelle muss mindesten vier Personen umfassen, optimale Teamgrößen umfassen fünf bis acht Personen.
- Die Zelle muss ihre Ergebnisse und Leistung selbst messen.

Natürlich müssen die Peripheriezellen die Eigenschaften guter Teams aufweisen (siehe Exkurs zu Teams auf Seite 138 und [Sch17]).

> Dezentralisierung in einer Organisation bedeutet, Peripherie an die Macht zu bringen! Daher erhalten im Zellstrukturdesign Peripherie-Zellen die Autorität, Businessentscheidungen innerhalb der Sphäre der Geschäftstätigkeit autonom zu treffen. Die Peripherie hat Ressourcenhoheit. [Pfl19, 20]

Zur Größe einer Organisation im Zellstrukturdesign

Die Entwickler des Zellstrukturdesigns treffen keine Aussage darüber, wie groß eine Organisation im Zellstrukturdesign maximal sein kann bzw. darf. Lediglich Aussagen zur Teamgröße werden getroffen.

Damit scheint es prinzipiell möglich, Organisationen beliebiger Größe mit Zellstrukturdesign aufzubauen. Allerdings ist die Frage spannend, was passiert, wenn die Anzahl der Mitglieder einer solchen Organisation die → *Dunbar-Zahl* überschreitet. In diesem Zusammenhang mögliche Szenarien werden im Abschnitt „Aspekt Struktur" ab Seite 130 beschrieben.

Die Wertstrom-Organisation

> *Die wirkliche Struktur des Betriebes ist die eines Stromes.*
>
> – Fritz Nordsieck
> Wirtschaftswissenschaftler

Die Wertstrom-Organisation beschreibt die Wertschöpfungsstruktur der Organisation, also die Struktur, in der der Wert für den Kunden geschaffen wird. Hier entstehen Leistung und Erfolg. Dazu kombiniert sie *Zellstrukturdesign* mit der *segmentierten Organisation*: Das Zentrum dient der Peripherie mit Leistungen. Die Peripherie untergliedert sich in Segmente – jedes Segment stellt einen auf den organisationsexternen Kunden ausgerichteten Wertstrom dar.

Die Wertstrom-Organisation verfolgt das Anliegen, Informationen und Entscheidungen an den Ort zu verlagern, an dem das Problem auftritt und die größte Problemlösungskompetenz vorhanden ist. Es ist der Mitarbeiter vor Ort, der die Abläufe und Strukturen der Leistungserstellung und seine Tätigkeiten am besten kennt!

> Wir müssen eine Umgebung schaffen, in der sich die Leute bei ihrer Arbeit wohlfühlen. Statt der Maschinen werden die Menschen selbst in den Mittelpunkt des Shop Floors gerückt.
>
> – Hiromi Kawashima
> Komatsu Ltd.

Der Wertstrom als Organisationseinheit gleicht einem Netzwerk aus unterschiedlichen selbstständigen Teams. Diese agieren parallel und/oder überlappend an einer oder auch mehreren Problemstellungen für den Kunden. Sie koordinieren sich selbstorganisiert ausgerichtet auf die Leistung für ihren organisationsexternen Kunden.

Für diese Regelung sind Transparenz und Offenheit bzgl. aller relevanter Daten notwendig. Dies umfasst Visualisierungen von Leistungen und Nicht-Leistungen des gesamten Wertstroms wie der einzelnen Teams – jedoch nie einzelner Mitarbeiter! Ziele, Ist-Leistungen, Leistungsabweichungen und Abweichungsursachen sowie Maßnahmen sind zu erfassen, zu visualisieren und zu beheben. Anregungen hierzu gibt es im Agilen [Sch17] und im Shop-Floor-Controlling im Lean Management. Ermittelt wird die Leistung eines Systems immer an dessen Engpass, da jeweils die schwächste Stelle die Leistungsfähigkeit des Gesamtsystems bestimmt. Erst in einer Systembetrachtung wird eine Effizienzbeurteilung in Form des Outputs sinnvoll [Küs99].

Organisation von Menschen ist komplex – damit sind Organisationen komplex. Im Komplexen kann es keine vollständig vorab definierbaren – und damit beschreibbaren – Lösungen geben. Dies trifft auch auf die Wertstrom-Organisation zu. Daher kann in diesem Buch lediglich das Konzept vorgestellt und Anregungen gegeben werden – ausgestalten müssen es die Menschen vor Ort. Und weil Menschen und die sie umgebenden Bedingungen überall unterschiedlich sind, wird die Umsetzung der Wertstrom-Organisation ebenfalls überall unterschiedlich sein. Es kann also nicht nur keine Baupläne geben, sondern auch das Nachmachen ist sinnlos! Jede Implementierung ist individuell – und damit nicht kopierbar! Die Wertstrom-Organisation wird damit – ebenso wie wir es bereits bei echten agilen Organisationen sehen – zu einem nicht kopierbaren Wettbewerbsvorteil.

Shop-Floor-Controlling*

Shop-Floor-Controlling – ein Teil von *Shop-Floor-Management*, das die Produktion und den Produktionsbereich steuert und verbessert – dient der dynamischen, flexiblen und Ressourcen schonenden Feinsteuerung der Produktion. Dies bedeutet beispielsweise minutengenaue Terminierung der Produktionsprozesse zur optimalen Auslastung der Kapazitäten und permanente Transparenz in der Produktion [WikiSFM]. Dabei geht es unter anderem um Themen wie *Visual Management*, *Cashflow/Umsatz je Wertstrom*, *Lagerbestände*, *Durchlaufzeiten* und die *Anzahl an Störungskarten* [Blu17].

Sowohl *Shop-Floor-Controlling* als auch *Shop-Floor-Management* sind nicht aus dem Büro machbar, sondern müssen vor Ort – am *Gemba* – erfolgen. Hinweise dazu gibt z.B. [Blu16].

* *Shop Floor* bezeichnet den Produktionsbereich.

Aspekt Struktur

Durch die Kombination von *Zellstrukturdesign* mit der *segmentierten Organisation* ergibt sich eine Struktur mit einem Zentrum und einer segmentierten Peripherie (Abbildung 26).

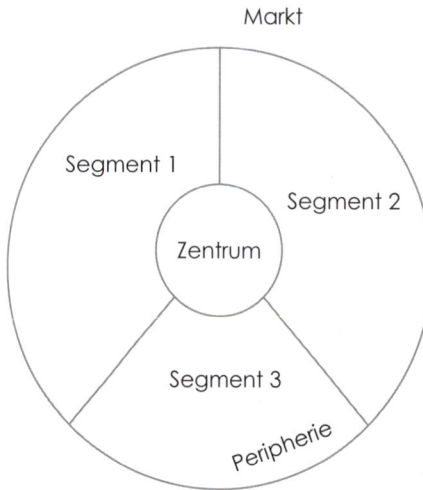

Abbildung 26: Die Wertstrom-Organisation kombiniert Zelldesign mit der segmentierten Organisation

Ein Segment der Peripherie wird typischerweise einen Wertstrom organisieren – und damit alle Teams, die in diesem Wertstrom arbeiten. Damit ist ein Segment für sich allein – mit den Dienstleistungen aus dem Zentrum – lebensfähig; es könnte also auch vor allem dann eine eigene Organisation bilden, wenn zwischen Segmenten keine Abhängigkeiten oder Verbindungen bestünden.

Ausgangspunkt für den Aufbau eines Segmentes ist der in ihm enthaltene Wertstrom. Dieser wird Aufgaben und Tätigkeiten mit unterschiedlicher Beschaffenheit – *klar*, *kompliziert* und *komplex* (→ *Cynefin-Framework*) – besitzen, was unterschiedliche Anforderungen an die Mitarbeiter bedeutet.

Mit einer geeigneten Großgruppenmethode organisieren die Teams sich – und damit den Wertstrom. Regelmäßige → *agile Interaktionen* und Reflexionsprozesse sorgen für eine permanente Verbesserung bzgl. Produkt und Vorgehensweise im Wertstrom.

Über die Segmente

Eine Wertstrom-Organisation wird typischerweise aus verschiedenen Wertströmen – und damit verschiedenen Segmenten der Peripherie – bestehen. Für die Struktur zwischen diesen Segmenten lassen sich folgende Fälle unterscheiden:

1. *Die Segmente sind voneinander unabhängig* (Abbildung 26). Diese könnten dann auch jeweils eine eigene Wertstrom-Organisation aufbauen und werden dies auch tun, sollte die Gesamtorganisation an die bestimmte Grenzen stoßen (siehe Abschnitt „Die Dunbar-Zahl und die Frage nach der Größe", Seite 133).

2. *Segmente nutzen gemeinsame Ressourcen* (in Abbildung 27 nutzen die *Segmente 2* und *3* die Stufe *A* gemeinsam). Dies kann z.B. der Fall sein, wenn verschiedene Segmente dieselbe Ressource (Anlagen, Technologien) benötigen, jedes Segment diese für sich allein allerdings nicht auslasten kann und es daher nicht wirtschaftlich ist, diese allein zu besitzen.

Wird die Ressource sehr früh/am Anfang im Wertstrom benötigt, wäre zu überlegen, ob diese vom Zentrum betrieben werden sollte. Spätestens wenn *Segment 1* in Abbildung 27 die Wertstrom-Organisation verlässt, um eine eigene zu gründen, sollte *A* vom Zentrum übernommen werden.

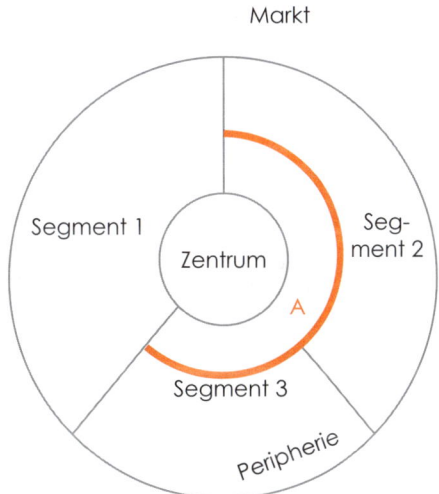

Abbildung 27: Die Wertstrom-Organisation: Zwei Segmente nutzen die Stufe A im Wertstrom gemeinsam

3. Abbildung 28 zeigt eine später im Wertstrom gemeinsam von den *Segmenten 2* und *3* gemeinsam genutzte Stufe *C*. Hier gibt es folgende Möglichkeiten:
   a) Ein Segment betreibt die Ressource und berechnet dem anderen Segment die Leistungen zu Marktpreisen.
   b) *C* wird ein eigenes Mikro-Unternehmen und verrechnet beiden Segmenten die Leistungen zu Marktpreisen. Für die Segmente macht es dann keinen Unterschied, ob sie diese Leistung intern oder extern zukaufen.
   c) *C* wird als Service des Zentrums betrieben.

   Sollten Segmente am Markt – also außerhalb der Gesamtorganisation – Leistungen günstiger zukaufen können, werden sie dies tun – der Markt reguliert die Leistungen auch hier.
4. *Segmente nutzen viele Stufen des Wertstroms gemeinsam*. Vermutlich haben die Segmente keine eigenständigen Produkte, sondern Variationen eines Produktes. Hier hilft ein anderer Produktschnitt in *Vorleistungen* und *kundenbezogene Leistungen*.

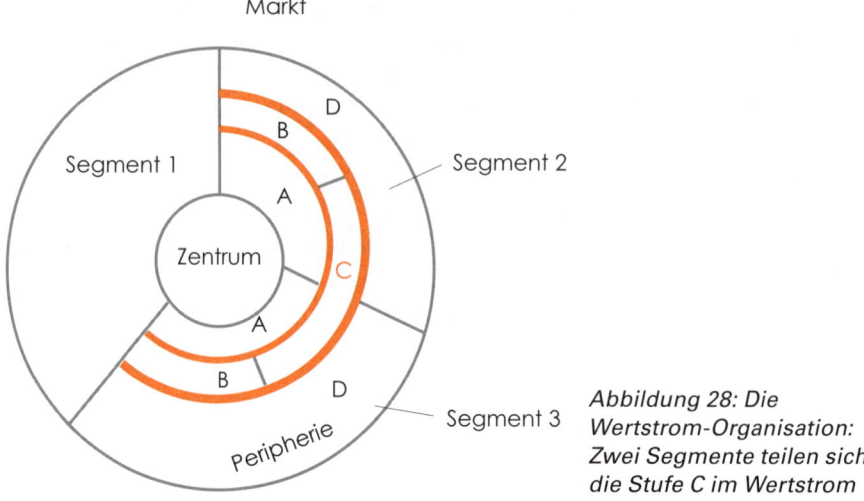

Abbildung 28: Die Wertstrom-Organisation: Zwei Segmente teilen sich die Stufe C im Wertstrom

Das *Gesetz von Conway* und die Frage nach der Struktur

Das Gesetz von Conway und das Inverse Conway-Manöver

Der US-amerikanische Informatiker Melvin E. Conway formulierte 1968 die Beobachtung – die als *Gesetz von Conway* in die Literatur einging –, dass die Strukturen von Produkten durch die Kommunikationsstrukturen der sie umsetzenden Organisationen vorbestimmt sind ([Con68], zitiert nach [WikiGC]):

> Organisationen, die Systeme entwerfen, [...] sind gezwungen, Entwürfe zu erstellen, die Kopien der Kommunikationsstrukturen dieser Organisationen sind.

Vereinfacht ausgedrückt meint dies: „*Ein Unternehmen, das ein Produkt entwickelt, strukturiert dieses nach seiner eigenen Kommunikationsstruktur.*" Dabei geht es um die gelebte, um die *Ist*-Kommunikationsstruktur – informelle Struktur (siehe Kasten „Organisationsphysik" auf Seite 123) –, nicht die geplante, die *Soll*-Kommunikationsstruktur – die formelle Struktur, das Organigramm. Ein Unternehmen baut also ein Produkt nach *seiner Kommunikationsstruktur*! Dies erklärt, warum es manche Unternehmen nie schaffen, strukturelle Probleme in ihren Produkten zu beseitigen. In jeder neuen Produktgeneration sind dieselben Fehler vorhanden. An dieser Stelle gibt es ein *Kommunikationsproblem in der Organisation* und solange dieses nicht beseitigt ist, wird das Problem auch in zukünftigen Produkt immer wieder auftreten. Hier würde niemand auf die Idee kommen, den Fehler in der *Organisationsstruktur* zu suchen.

Das Gesetz von Conway macht deutlich, dass *die Organisation des Unternehmens über den Erfolg der Produkte am Markt bestimmt* – und damit über den Erfolg des Unternehmens!

Als *Inverses Conway-Manöver* wird nun der Ansatz bezeichnet, bei dem die Struktur der Organisation aus kleinen, gut aufeinander abgestimmten und nur lose gekoppelten Teams besteht. Die Erwartung ist dann, dass die Struktur der Organisation so flexibel ist, dass sich diese an die Struktur des Produktes anpasst [Lew15, ThW14, Hum15, 17].

Das *Gesetz von Conway* weist auf den wichtigen Zusammenhang zwischen der *Struktur der Organisation* und der *Struktur des Produktes* hin. Das koppelnde Element zwischen beiden ist der Wertstrom: Die Organisation strukturiert und formt den Wertstrom und dieser das Produkt. Stellen wir nun den Wertstrom in den Fokus, passen diesen den Notwendigkeiten des Produktes an und bauen auf diesem unsere Organisation auf, umgehen wir die negativen Auswirkungen des Gesetzes von Conway. Dies als *Inverses Conway-Manöver* bekannte Vorgehen basiert auf flexibel einsetzbaren, lose gekoppelten Teams, die – in bestimmten Grenzen – flexibel im Wertstrom einsetzbar sind. Eine lose Kopplung der Module im Produkt unterstützt dies zusätzlich.

Die *Dunbar-Zahl* und die Frage nach der Größe

Um dem menschlichen Gehirn gerecht zu werden, sollten entsprechend der → *Dunbar-Zahl* maximal 150 Personen zusammen in einer Organisationseinheit arbeiten. Einige Unternehmen reduzieren diese Zahl noch – *Spotify* auf 100, *W. L. Gore & Associates* auf 80, *FAVI* auf 20 bis 35. Hintergrund ist die Erfahrung, dass die durch mehr Mitarbeiter verursachten Mehrkosten für Koordination, Kommunikation und Interaktion deren Mehrleistung übersteigen – es sich also schlicht nicht lohnt, mehr Mitarbeiter in einer Einheit zu haben.

Für die Wertstrom-Organisation stellt sich damit die Frage, ob die Dunbar-Zahl für die Gesamtorganisation oder für ein Segment gelten soll. Wenn wir davon ausgehen, dass die *Dunbar-Zahl* eine empirisch festgestellte – und damit erprobte – Größe ist, dann ist sie von Belang. Es ist zu erwarten – auch dies ist eine Erfahrung aus der Praxis –, dass Organisationen mit einer Mitarbeiteranzahl in Höhe der Dunbar-Zahl in Sub-Organisationen zerfallen. Dies führt zu folgenden Überlegungen:

- *Die Gesamtorganisation umfasst maximal 100 bis 150 Personen* (*Dunbar-Zahl*): Hier ist es unkritisch, ob die *Gesamtorganisation eine* Wertstrom-Organisation oder ob *jedes Segment* eine eigene Wertstrom-Organisation wird, die dann vernetzt sind. Hier entscheidet das zu erwartende Wachstum der Organisation, ihre Geschichte und die bisherige Zusammenarbeit in der Organisation. Bei mehreren Wertstrom-Organisationen muss der Aufwand für die jeweiligen Zentren nicht all zu groß sein, da die Rolle *Zentrum* auch von Mitarbeitern der Peripherie übernommen werden kann. Allerdings ist dann sehr sorgfältig auf Rollenkonflikte zu achten!
- *Die Gesamtorganisation umfasst mehr als 150 Personen*: Hier kommt es auf die Segmentierung an. Werden bisher schon sehr unterschiedliche Märkte, Produkte und Technologien bearbeitet und haben diese schon bisher wenig gemeinsam, dann ist jeweils eine eigene Wertstrom-Organisation pro Markt/Produkt/Technologie sinnvoll. Sind enge Beziehungen/Verflechtungen vorhanden, kann es sinnvoll sein, diejenigen, die eng zusammenarbeiten, auch in einer Organisation zusammenzulassen. Darüber müssen die Betroffenen selbst entscheiden! Führen Sie dazu einen Dialog.

- *In einem Segment pro Markt/Produkt/Technologie werden über 150 Personen arbeiten*: Hier ist es sinnvoller, jedes Segment in einer eigenen Wertstrom-Organisation zu organisieren und die Segmente jeweils zu segmentieren nach Markt/Produkt/Technologie. Wenn die Gesamtorganisation flexibel und adaptiv sein soll, dann darf sie in der Gesamtsumme ihrer Mitarbeiter in Zentrum und Peripherie die Dunbar-Zahl nicht überschreiten.

Wie Entscheidungen in der Wertstrom-Organisation getroffen werden

Es gibt keine expliziten Entscheidungsstrukturen. Das, was notwendig ist, wird von den Menschen im Wertstrom entschieden. Von niemand anderem.

Ein Kennzeichen von Hierarchie – auch moderner Formen wie der *Holakratie* – ist ja, dass Menschen mitentscheiden, die an der Ausführung selbst nicht beteiligt sind, allerdings aufgrund von Position im Stellendiagramm – Aufbauorganisation! – mitreden oder sich durch Eigentumsrecht dazu ermächtigt sehen. Das gibt es in der Wertstrom-Organisation nicht. Probleme werden dort gelöst, wo sie auftreten. Entscheidungen werden von denjenigen getroffen, die diese auch umsetzen (müssen).

Ist das utopisch? Nein! Utopisch ist, zu glauben, dass jemand, nur weil er in einem Kästchen höher in der Hierarchie sitzt und mehr Gehalt bekommt, deshalb auch bessere Entscheidungen trifft. Oder weil er in die Eigentümerfamilie hineingeboren wurde. Das sind alles keine Qualifikationsmerkmale, die jemanden darin ausweisen, dass er gute – oder gar bessere – Entscheidungen trifft.

Aspekt Menschen

> Roboter verbessern Prozesse nicht.
> Nur Menschen können Prozesse verbessern.
> Darum sollten sie immer im Mittelpunkt stehen.
>
> – Mitsuru Kawai
> Fertigungschef und Executive Vice President von Toyota

> Wir reden hier nicht über Streicheleinheiten. Es geht um ernst gemeinten Respekt vor jedem Individuum und um den Willen, Menschen weiterzubilden, vernünftige, klare Erwartungen an sie zu stellen und ihnen praktische Autonomie zu gewähren, damit sie hinaustreten und einen direkten Beitrag leisten können.
>
> – Thomas J. Peters und Robert H. Waterman
> US-amerikanische Unternehmensberater

Kernidee der Wertstrom-Organisation ist, sämtliche Routine- und Nicht-Routine-Prozesse von Teams bewältigen zu lassen. Mit dieser Idee soll das Dilemma zwischen der notwendigen Stabilität der Routineprozesse und der notwendigen Flexibilität der Nicht-Routine- bzw. (Er)Neuerungsprozesse gelöst werden [vgl. Küs99]. Die zur Lösung einer Aufgabe notwendigen Funktionen werden in einer „Problemlösungsarena" [Küs99] zusammengefasst und ermöglichen so eine Parallelisierung von Arbeit und ein Ablösen der bisherigen sequenziellen Verarbeitung in der Organisation. Damit wird die Sicht auf *Einzelressourcen* von einer Sicht auf das *System* abgelöst. Teams stellen diese organisatorische Arena dar, in der Informationen nicht nur vielfältiger, sondern auch qualitativ höherwertig verarbeitet werden [Küs99].

Im Folgenden sind nur für den unmittelbaren Kontext dieses Buches wichtigen Themen zu Teams aufgeführt. Weiteres zu Teams finden Sie z.B. in [Sch17].

Arbeit zu den Menschen bringen

Wenn wir unsere Organisationen wertstromorientiert aufbauen, werden diese gleichzeitig menschlicher. Denn statt wie bisher die Menschen aus ihren sozialen Arbeitskontexten zu reißen und in neue Projekte zu stecken, bringen wir die neuen Themen zu ihnen (Abbildung 29). Durch das Beibehalten bestehender Teams bleiben nicht nur die sozialen Beziehungen stabil, sondern auch deren Leistungsfähigkeit erhalten. Durch stabile Teams beginnt ein neues Projekt in einem leistungsfähigen Team. Den Teamprozess mit jedem Projekt von Neuem starten zu lassen, ist vermeidbare Verschwendung!

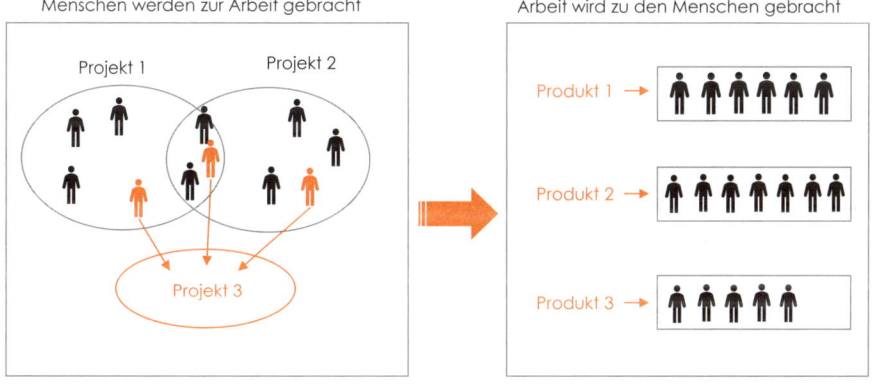

Abbildung 29: Menschen zur Arbeit bringen *vs.* Arbeit zu den Menschen bringen [Ker18]

Teams sind das Grundelement

> Die Kleingruppe ist die kleinste untrennbare Einheit. Kleingruppen sind, ganz einfach gesagt, die organisatorischen Grundsteine von Spitzenunternehmen.
>
> – Thomas J. Peters und Robert H. Waterman
> US-amerikanische Unternehmensberater

Wenn die Beziehung zwischen Menschen immer komplex ist, dann bringen Vorgehensweisen aus dem Bereich *kompliziert* nichts; sie passen einfach nicht zum Kontext! Nach dem → *Gesetz von Ashby* brauchen wir Organisationsformen, die eine *höhere* Komplexität als die der zu lösenden Aufgaben haben. Genau dies ist der Grund, weshalb im Agilen auf selbstorganisierte Teams gesetzt wird. Nur diese haben die entsprechende Komplexität und sind in der Lage, komplexe Herausforderungen adäquat zu meistern. Teams werden gebraucht, um die notwendige organisationsinterne Komplexität aufzubauen (siehe den folgenden Kasten).

In der Wertstrom-Organisation werden Mitarbeiter sich in selbstorganisierten Teams [Sch17] organisieren, um Aufgaben gemeinsam zu bearbeiten. In einem selbstorganisierten Großgruppenprozess (→ *OpenSpace* und → *OpenSpace Change*) werden sich diese Teams so um den Wertstrom organisieren und vernetzen, dass sie gemeinsam die aktuell am besten passende Möglichkeit eines Organisierens des Wertstromes erreichen (Abbildung 30). Über Lern- und Reflexionsprozesse (→ *agile Interaktion*) wird diese Struktur permanent angepasst und verbessert.

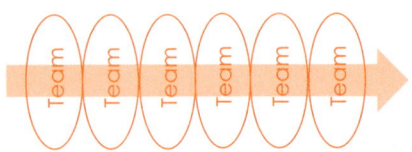

Abbildung 30: Selbstorganisierte Teams organisieren sich um den Wertstrom

> Teamarbeit ermöglicht mithin eine bessere Integrationsleistung, weil Teams im Gegensatz zur funktionalen-hierarchischen Organisation gewissermaßen über einen eingebauten Mechanismus zur Koordination der Arbeitsschritte verfügen. Sie besetzen auch die Indifferenzzonen an den niemals klar definierbaren Schnittstellen organisationaler Einheiten, weil sie am (guten) Ergebnis der gemeinsamen Aufgabe interessiert sind.
>
> – Enno Weiß
> Deutscher Wirtschaftswissenschaftler

Zudem werden Teams gebraucht, um die notwendige organisationsinterne Komplexität aufzubauen.

Selbstorganisierte Teams erzeugen Komplexität

> Das Team gilt als der Ort schlechthin, an dem genau die Turbulenzen produziert und bewältigt werden können, die die Unternehmensorganisation ebenso lebendig wie steuerbar hält.
>
> – Dirk Baecker
> Soziologe

Nach dem → *Gesetz von Ashby* braucht zur erfolgreichen Bearbeitung eines komplexen Themas das „bearbeitende System" eine *höhere* Komplexität als das zu bearbeitende Thema. Soziale Systeme erreichen Komplexität über selbststeuernde Prozesse wie Selbstorganisation. Von selbstorganisierten Teams ist z.B. das Verhalten bei komplexen Problemlösungen nicht vorhersagbar. Multidisziplinäre – auch als crossfunktional bezeichnet – Teams erreichen durch ihre Vielfalt eine noch höhere Komplexität. Daher sollen z.B. agile Teams crossfunktional sein, damit sie eine Aufgabe von der Idee bis zum Produkteinsatz beim Kunden vollständig selbstständig erledigen können.

Klassische Führung mit „Comand & Control" zerstört Selbstorganisation – und verhindert damit Komplexität. Schon der Anspruch von „modernen" Führungskräften „ *… wir müssen die Selbstorganisation steuern*" zerstört Komplexität nachhaltig.

Die Arbeit erfolgt in interdisziplinären, multifunktionalen Teams. Dadurch werden die negativen Folgen der funktionalen Spezialisierung und der Arbeitsteilung überwunden. Der große Vorteil dieser Teams ist die Integration aller Funktionen mit ihren jeweiligen Sichtweisen, die damit alle zur Lösungsfindung beitragen. Durch die Integration vormals getrennter Funktionen und Stellen in eine Organisation aus Teams wird der Informationsfluss wesentlich verbessert. Dies führt zu deutlich schnelleren Problemlösungen, was sich monetär bemerkbar macht. Wurden in der funktional getrennten Organisation spezialisierte Koordinationsstellen benötigt, verfügt die Teamorganisation über eingebaute Mechanismen zur Selbstkoordination. Flexible, teamorientierte Strukturen ermöglichen zudem bei verringerter Arbeitsteilung permanentes Lernen der Organisation [Küs99].

> **Flexibles Netzwerk statt starrer Hierarchie**
>
> Organisationen nach Zellstrukturdesign sind als flexible, dynamische Netzwerke aus Teams zu verstehen. Um diese Netzwerke flexibel zu halten, dürfen sowohl die Teams als auch die Organisation eine gewisse Größe nicht überschreiten. Für Teams gibt die schon genannte Anzahl von mindestens vier und maximal acht Personen.
>
> Für die Organisation ist die → *Dunbar-Zahl* eine gute Richtlinie. Größere Organisationen bestehen dann aus Netzwerken dieser Netzwerke.

Diese Teamstrukturen ermöglichen, den Schritt vom *lernenden Individuum* zum *lernenden System* zu machen. Sowohl Organisationsmitglieder als auch die Organisation selbst lernen schneller bzw. effizienter und effektiver. Die entstehende „Lernkultur" trägt ein Verbesserungsbewusstsein in die Organisation hinein, was zur permanenten Verbesserung von Prozessen und Organisation führt. *Veränderung wird damit zur Routine* – die Überwindung von Veränderungsbarrieren wird zum Alltag [Küs99].

Natürlich findet im Wertstrom weiterhin Arbeitsteilung – innerhalb und zwischen Teams – statt! Jedoch arbeiten die unterschiedlichen Funktionen in einer neuen Form zusammen. Zudem wird die Zusammenarbeit sachlich, räumlich und zeitlich komprimiert. Statt wie in der Taylor-Ford-Organisation auf *einzelne* Ressourcen zu schauen – was Egoismen fördert –, wird nun auf den *gesamten* Wertstrom geschaut!

Bei der Organisation eines Wertstromes geht darum, ein funktionsfähiges Produkt für den Kunden zu erstellen – statt wie bisher um optimale Ressourcenauslastung. Statt einer organisationsegoistischen Sichtweise rücken nun die Bedürfnisse des Kunden wirklich in den Mittelpunkt!

> **Universell einsetzbare Teams**
>
> Spezialisierung ist eine lokale Optimierung und führt zu Engpässen. Daher setzen z.B. agile Vorgehensweisen wie *Scrum* [Sch17] und agile Skalierungsframeworks wie *LeSS* auf universell einsetzbare Teams – *Feature Teams* – statt auf spezialisierte Teams. Teams müssen universell einsetzbar sein, um flexibel Aufgaben aus einem weiten Bereich – idealerweise *alle* Aufgaben – übernehmen zu können. Dies gilt auch für Teams in Wertstrom-Segmenten. Teams müssen sich gegenseitig ersetzen können. Daher: *Keine Spezialisierung, denn diese wäre eine lokale Optimierung.*

Die traditionelle Steuerungsphilosophie betrachtet jede einzelne Maschine. Die Teamorganisation hingegen betrachtet jedes Team als eine Einheit und dessen Arbeitsinhalte als Black Box. Die Teamorganisation dezentralisiert nicht nur Steuerungsaufgaben, sondern wandelt diese in Regelungsprozesse um! Die Mitarbeiter müssen nun Entscheidungen zum Arbeitsablauf gemeinsam als Team selbstständig treffen. Das Know-how der Teammitglieder entfaltet sich und zentrale Steuerung entfällt. Die Frage nach der Gestaltung der Regelung führt direkt zur siebten Kernfrage der Wertstrom-Organisation („*Wie koordiniert und führt Ihre Organisation ihre Projekte, Produkte und Initiativen?*", siehe Seite 158 ff.).

Exkurs: Betrachtungen zu Teams

Diversität in Teams

> Teams leben von den Unterschieden ihrer Mitarbeiter.
>
> – Ruth Seliger
> Systemische Organisationsberaterin, Trainerin und Coach

Teams brauchen die Verschiedenartigkeit – die Einzigartigkeit – ihrer Mitglieder. Dies betrifft nicht nur verschiedenes Wissen (siehe Kasten „*Crossfunktionale Teams*"), sondern auch Eigenschaften wie Alter, Geschlecht oder Herkunft. Verschiedene Studien [Sur07] haben nachgewiesen, dass die Leistungsfähigkeit in Qualität und Quantität mit der Diversität in Teams steigt und dass Homogenität der Mitglieder ein Leistungskiller ist.

Teamgröße

In der Literatur wird die optimale Teamgröße mit 7±2 angegeben. In der Praxis sind „Teams" mit bis zu 20 Personen zu finden – diese können nicht funktionieren, weil sie viel zu groß sind und in Untergruppen zerfallen.

Innerhalb eines Teams wächst die Anzahl möglicher Verbindungen für Kommunikation und Interaktion nach der Formel

$$\frac{n \times (n-1)}{2}$$

deutlich schneller als die Anzahl der Teilnehmer (siehe Abbildung 31).

Anzahl	
der Teilnehmer	der Verbindungen
1	0
2	1
3	3
4	6
5	10
6	15
7	21
8	28
9	36
10	45
11	55
12	66
13	78
14	91
15	105
16	120
17	136
18	153
19	171
20	190

Abbildung 31: Anzahl der Teammitglieder vs. maximale Anzahl der Verbindungen in einem Team dieser Größe

Mit der Anzahl der Verbindungen steigt die Komplexität! Sehr große Gruppen verwenden also einen zu großen Anteil ihrer Energie auf das Zusammenhalten der Gruppe und das Aufrechterhalten von Kommunikation und Interaktion.

Motivationale Aspekte von Teamarbeit

Die intrinsische Motivation wird durch partizipative Teamstrukturen gefördert, weil [Sch02]

1. alle Teammitglieder auf das Ergebnis und die Arbeitsgestaltung Einfluss nehmen können,
2. die Koordination innerhalb der Gruppe durch Selbstabstimmung und nicht durch Befehl erfolgt und
3. die Partizipation die Identifikation mit dem gesamten Ergebnis fördert.

Crossfunktionale Teams

Komplexe Aufgaben brauchen unterschiedliches Wissen. Crossfunktionale Teams bieten das. Sie integrieren alle Funktionen, die sie brauchen, um ihre Aufgaben vollständig zu lösen.

Die funktionale Trennung der Arbeit wird somit – zunächst – nicht aufgegeben, sie verlagert sich in die Teams hinein. Die unterschiedlichen Funktionen werden in ein Arbeitssystem integriert. Damit ist eine Parallelisierung der Arbeit und ein Ablösen der sequenziellen Verarbeitung möglich [Küs99].

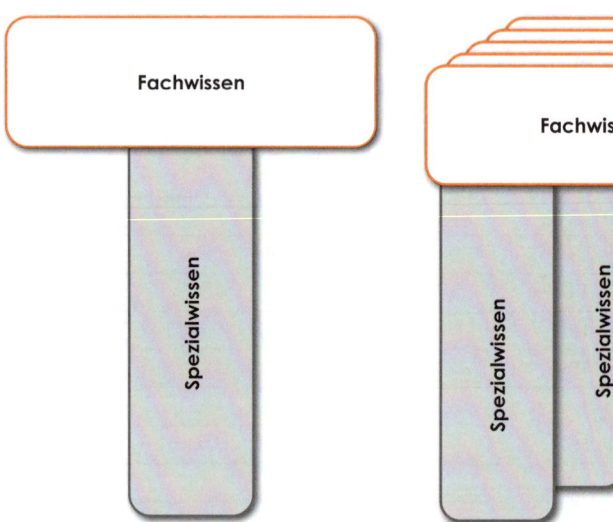

Abbildung 32: T-Shaped Professional mit breitem Fachwissen und tiefem Spezialwissen auf einem Gebiet

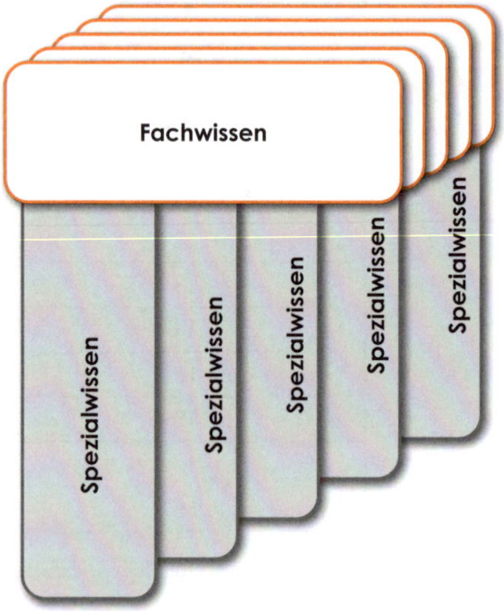

Abbildung 33: Ein crossfunktionales Team aus „T-Shaped Professionals" vereint die Vorteile von Generalisten und Spezialisten

Crossfunktionale Teams bestehen aus sogenannten „T-Shaped Professionals". Ein „T-Shaped Professional" (Abbildung 32) vereint die Stärken eines Generalisten und eines Spezialisten: breites Fachwissen – der Querbalken des *T* – und tiefes Spezialwissen auf einem Gebiet – der Längsbalken des *T*). Ein Team aus verschiedenen „T-Shaped Professionals" (Abbildung 33) hat folgende Vorteile:

- Aufgrund des breiten Fachwissens aller Teammitglieder können sie sich über alle Themen bis zu einer gewissen Tiefe austauschen und Probleme, Fragen und Sachverhalte verstehen.
- Aufgrund des verschiedenen Spezialwissens jedes einzelnen Teammitglieds können alle Themen – jeweils von einem oder mehreren – in der Tiefe bearbeitet werden.

Crossfunktionale Teams unterstützen das Lernen

Sich anzupassen heißt, zu lernen. Dies gilt für Individuen wie für Organisationen. Lernen muss in der Struktur, in den Abläufen der Organisation verankert werden.

Ein Vorteil crossfunktionaler Teams besteht im wechselseitigen Lernen: Die Teammitglieder arbeiten gemeinsam an der Lösung der Aufgabenstellung, lernen voneinander und entwickeln sich so weiter. Zudem werden die Experten eines speziellen Themas durch die Nichtexperten immer wieder aufgefordert, ihr Wissen darzustellen und zu überdenken – so wird das „Einspinnen" und Abkoppeln der Experten von der Realität verhindert.

In einem funktionierenden Team finden immer offene Feedback-Prozesse statt. Diese unterstützen das Lernen und permanentes Sichverbessern. Agile Vorgehensweisen wie Scrum kennen beispielsweise folgende Feedback-Mechanismen [Sch17]:

- Das Meeting → *Review* als Feedback-Schleife zum *Produkt*. Es ermöglicht das Lernen über/zum Produkt und Verbessern des Produktes.
- Das Meeting → *Retrospektive* schließt die Feedback-Schleife zur *Vorgehensweise* und ermöglicht damit das Lernen zur und Verbessern der Vorgehensweise.

Schnelles Feedback organisieren

Lernen braucht Feedback. Schnelles Lernen braucht schnelles Feedback! Unsere Organisationen kranken heute daran, dass sie kein, zu wenig und zu langsam Feedback aufnehmen und daraus lernen. *Retrospektiven* und *Reviews* ein mal pro Jahr sind deutlich zu wenig: Die Lernschleife ist viel zu groß, das Feedback praktisch wertlos! Daher sind Retrospektiven und Reviews häufig durchzuführen, mindestens alle 14 Tage.

Die Rolle von Experten in der Organisation

Im Agilen wurden sehr gute Erfahrungen damit gemacht, Experten *nicht* in Teams einzubinden. Diese teamungebundenen Experten stehen mit ihrem Spezialwissen allen Teams zur Verfügung. Allerdings beraten sie nur, die Entscheidung – und die damit verbundene Verantwortung – verbleibt bei dem jeweiligen Team. Damit findet auch hier Lernen statt – von Experten in das Team hinein.

In der Wertstrom-Organisation werden Experten im Zentrum angesiedelt sein, denn sie erbringen eine interne Dienstleistung für die Peripherie.

Weder Matrix-Organisation noch Projekt-Organisation

Um Missverständnissen vorzubeugen, muss an dieser Stelle eines klargestellt werden: Die Wertstrom-Organisation ist – wie auch das Zellstrukturdesign – weder eine Matrix-Organisation noch eine Projekt-Organisation! Weder gibt es eine Matrix aus Funktionen und Produkten noch werden die Mitarbeiter in einer Struktur organisiert und von dieser in eine andere, wie in Projekte, entsendet!

Alle Mitarbeiter sind zu 100 % in (jeweils) einem Team im Wertstrom. Darüber hinaus können diese auf individueller Basis auch Rollen in anderen Teilen der Organisation übernehmen.

Je nach Größe der Organisation wird es hier Unterschiede geben (müssen): In kleinen Unternehmen – wie Start-ups – macht jeder (fast) alles. Hier hat man seine Hauptrolle und übernimmt (temporär) weitere Rollen. Mit dem Wachstum der Organisation bauen sich die einzelnen Rollen stärker aus und erfordern immer mehr Aufmerksamkeit des Rolleninhabers. Mit der Zeit führt dies dazu, dass immer weniger Rollen gleichzeitig von Mitarbeitern übernommen werden können, bis jeder Mitarbeiter – wie in großen Organisationen üblich – nur noch eine Rolle innehat.

> **Ein arbeitsrechtlicher Blick auf die Wertstrom-Organisation**
>
> Wenn Sie nun sagen, dass dies dem deutschen Arbeitsrecht widerspräche, dann müssen Sie dazu Folgendes wissen:
>
> 1. Recht bildet das ab, was in der Gesellschaft bereits thematisiert ist. Recht hinkt also der Entwicklung in der Gesellschaft immer hinterher und kann diese nie gestalten. Daher wird es immer Phasen geben, in denen es – noch – kein aktualisiertes Recht gibt. Dies trifft aktuell z.B. auf den gesamten Bereich „Neue Formen der Arbeit" zu.
> 2. Es ist bereits heute in Deutschland gängige Praxis – z.B. in agilen Unternehmen –, dass alle Mitarbeiter arbeitsrechtlich direkt dem Geschäftsführer zugeordnet sind. Dieser hat dann formal mitunter eine Führungsspanne von über 100 Mitarbeitern – dem deutschen Arbeitsrecht ist damit Genüge getan. Die Betreuung der Mitarbeiter erfolgt über andere Strukturen als dem arbeitsrechtlichen Vorgesetztenverhältnis.
>
> Wir müssen an dieser Stelle zwischen der *formellen Struktur* und der *Wertschöpfungsstruktur* einer Organisation unterscheiden (siehe Kasten „Organisationsphysik" auf Seite 123)! Der Wertstrom ist die Wertschöpfungsstruktur. Die formelle Struktur, die für Compliance verantwortlich ist, wird von findigen Juristen so gestaltet, dass diese die Wertschöpfungsstruktur nicht beeinträchtigt und dem geltenden Arbeitsrecht entspricht.

Wechselseitige Verpflichtungen

Die Wertstrom-Organisation steht und fällt mit den wechselseitigen Verpflichtungen ihrer Mitglieder. Als Beispiel dient hier *Morning Star*, ein kalifornischer Anbieter von verarbeiteten Tomatenprodukten.

Morning Star ist ein riesiges dynamisches Netzwerk von Verpflichtungen zwischen Gleichgesinnten, von denen jeder eine gleichberechtigte Stimme in den Angelegenheiten hat, die ihn betreffen. Menschen, die gemeinsam an bestimmten Produkten arbeiten, stehen einerseits durch formale Vereinbarungen in Verbindung. Darüber hinaus sind alle durch die gemeinsame Einhaltung der „*Colleague Principles*" – einer Grundvereinbarung der Zusammenarbeit zwischen Kollegen, Kunden und Lieferanten – miteinander verbunden.

Neben den formalen – arbeitsinhaltsbezogenen – Verpflichtungen zwischen Menschen und ihren Teams muss eine Verpflichtung zum Gelingen des gesamten Wertstromes erreicht werden. Das aus der Taylor-Ford-Organisation bekannte und noch gewohnte Silodenken muss einer Verantwortung aller für alles weichen. Dies wird üblicherweise als „Nebeneffekt" bei der Bearbeitung fachlicher Themen mit Großgruppenmethoden erreicht.

Frage 6: Wie organisiert und verbessert Ihre Organisation kontinuierlich dieses?

Die Nahtstellenorganisation*

> Die Nahtstelle ist das Gegenstück zur Schnittstelle. Eine Schnittstelle kann nur durch Steuerung Dritter überbrückt werden. Eine Nahtstelle dagegen ermöglicht Selbststeuerung – mittels direkter Vereinbarung, die zwischen den beteiligten Parteien geschlossen wird [Pfl20].

Organisationsbeschreibungen kümmern sich bisher um die Inhalte von Abteilungen bis hin zu „Stellenbeschreibungen" von Einzelpersonen (→ *Aufbauorganisation*). Bei der Nahtstellenorganisation steht die Interaktionsstelle (= Nahtstelle) zwischen Leistungseinheiten – wie z.B. Teams – im Vordergrund und dokumentiert die Art und Weise der Zusammenarbeit und Interaktionen dieser Teams.

Systeme funktionieren umso besser, je besser ihre Bestandteile zusammenwirken. Oft sind diese Bestandteile selbst Systeme – Subsysteme – wie z.B. bei Organisationen, bei denen ein Team ein Subsystem einer Abteilung, diese wiederum ein Subsystem einer größeren Einheit ist. Diese Subsysteme richten sich so aus, wie es für sie und ihr Überleben am besten passt – was nicht unbedingt auch das Beste für das übergeordnete System sein muss.

Beim Zusammenwirken der Subsysteme geht es um *Bindung,* nicht um *Trennung*. Da die Benennung dieser „Kontaktstelle" zweier Subsysteme entsprechende Konzepte transportiert, ist ein achtsamer Umgang bzgl. Benennung sehr wichtig:

- Eine *Schnittstelle* ist die Trennung zweier offenbar nicht zusammengehörender Teile.
- Eine *Nahtstelle* hingegen ist immer eine Verbindung zweier zusammengehörender Teile.

Wird das Denken der Subsysteme aus ihrer Systemmitte in ihre Nahtstelle verlagert, entsteht eine neue Art von Beziehungsqualität: *Es wird nun nicht mehr in eigenen Angelegenheiten gedacht, sondern in der Gestaltung der Beziehung zum Nachbarsystem.* Statt egoistischer Selbstoptimierung der einzelnen Subsysteme geht es nun um Konsensfindung mittels dialogorientierter Kommunikation. Die Kontaktstelle wird zur *Nahtstelle* – zum Ort der Interaktion statt zum Ort der Abgrenzung. Statt Steuerung durch Dritte erfolgt in der Nahtstellenorganisation die Steuerung durch Vereinbarungen der beteiligten Teams. In echten agilen Setups ist die Zusammenarbeit mit organisationsexternen Kunden eine solche beschriebene Nahtstelle.

Über die Betrachtung dieser neuen Beziehungsqualität werden Organisationen statt als *Muster verschiedener Funktionen oder Systeme* als ein *Netz auf Basis von Beziehungs- und Kommunikationsflüssen* gesehen.

> Dadurch, dass die Nahtstellen stabil und verlässlich gemacht werden – dass also Inputs und Outputs und deren Qualitäten an der Nahtstelle festgelegt sind –, wird es Teams ermöglicht, all das, was dazwischen liegt, zu optimieren, wie sie wollen [Pfl20].

Quellen: [Len, Pfl20, Sec18]

* Dieses Konzept geht auf den österreichischen Berater Ernst Weichselbaum zurück [Wei20].

Aspekt Betriebsmodus permanentes Lernen

> Der moderne Grundsatz der Konkurrenz ist, dass derjenige gewinnt, der am schnellsten lernt.
>
> – Eric Ries

Lernen verschiedener Ordnungen

Bei der Wertstrom-Organisation geht es um die Lernende Organisation. Dies ist eine Organisation, die regelmäßig ihren aktuellen Stand reflektiert, daraus Maßnahmen ableitet und umsetzt.

Dabei muss Reflektieren auf drei verschiedenen Ebenen stattfinden:

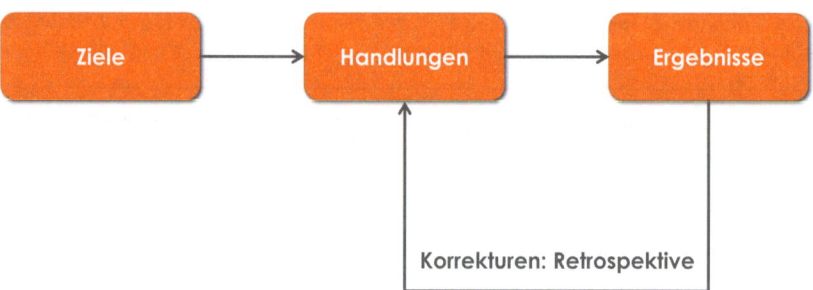

Abbildung 34: Lernen erster Ordnung – Single Loop Learning: *Die Ergebnisse führen zu Veränderungen bei den Handlungen [Pro94 nach Arg78 aus Sch17]*

1. **Reflexion bzgl. der Vorgehensweise des Tuns** (Abbildung 34, [Sch17]): Dieses auch als *Lernen erster Ordnung – Single Loop Learning* [Arg78, 96] – bezeichnete Vorgehen bezieht sich auf die *Effizienz* des Tuns: *Rechtfertigen die Ergebnisse unserer Handlungen den Aufwand?*

$$\text{Effizienz} = \frac{\text{Ergebnis}}{\text{Aufwand}}$$

Hierbei geht es darum, *die Dinge richtig zu tun*. Das Format dazu ist die → *Retrospektive*.

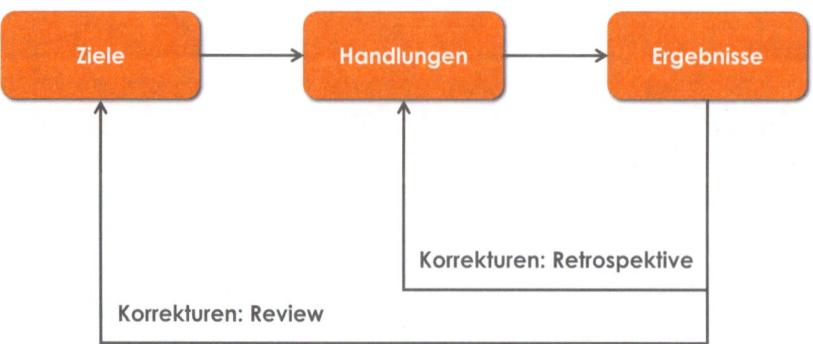

Abbildung 35: Lernen zweiter Ordnung – Double Loop Learning: *Die Ergebnisse führen zu Veränderungen bei den Zielen [Pro94 nach Arg78 aus Sch17]*

2. **Reflexion bzgl. des Inhaltes des Tuns** (Abbildung 35, [Sch17]): Dies auch als *Lernen zweiter Ordnung – Double Loop Learning* [Arg78, 96] – bezeichnete Vorgehen bezieht sich auf die *Effektivität* des Tuns: *Bringt uns das Ergebnis unseren Zielen näher?* Hierbei geht es darum, die *richtigen Dinge zu tun*. Das Format dazu ist der → *Review*.

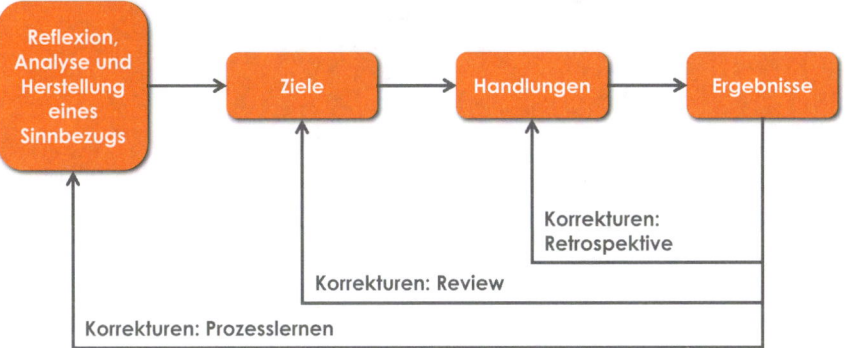

Abbildung 36: Prozesslernen*: Die Ergebnisse führen zu Veränderungen auf der Ebene des Lernprozesses [Pro94 nach Arg78 aus Sch17]*

3. **Reflexion bzgl. des Lernprozesses selbst** (Abbildung 36, [Sch17]): Dies auch als *Prozesslernen – Deutero Triple Loop Learning* [Arg78, 96] – bezeichnete Vorgehen bezieht sich auf den Lernprozess selbst: *Lernen wir gut und schnell genug?* Hierbei geht es darum, den Lernprozess zu verbessern und Bezug zum Zweck der Organisation herzustellen. Formate dazu sind Großgruppenformate wie→ *Open Space*.

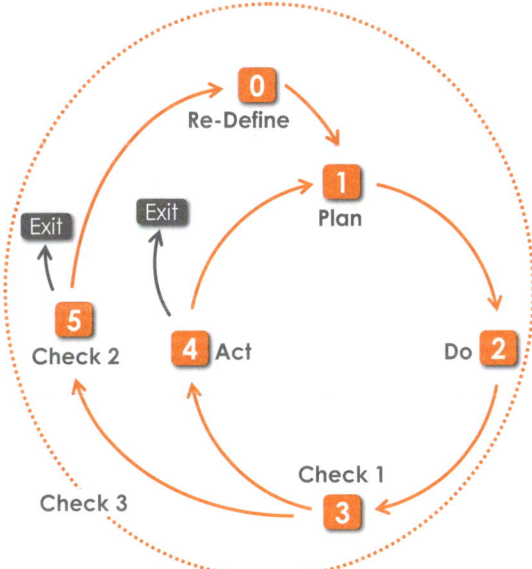

Abbildung 37: Der Plan – Do – Triple Check – Act *(PDC3A)-Zyklus: Alle drei Ebenen – Handlungen, Ziele und Lernprozess – werden überprüft und angepasst*

Der PDC3A-Zyklus (Abbildung 37, [Sch17]) erweitert den bekannten → *PDCA-Zyklus* (siehe Kasten auf Seite 188) zum PDC3A-Zyklus für Prozesslernen (Abbildung 38, [Sch17]).

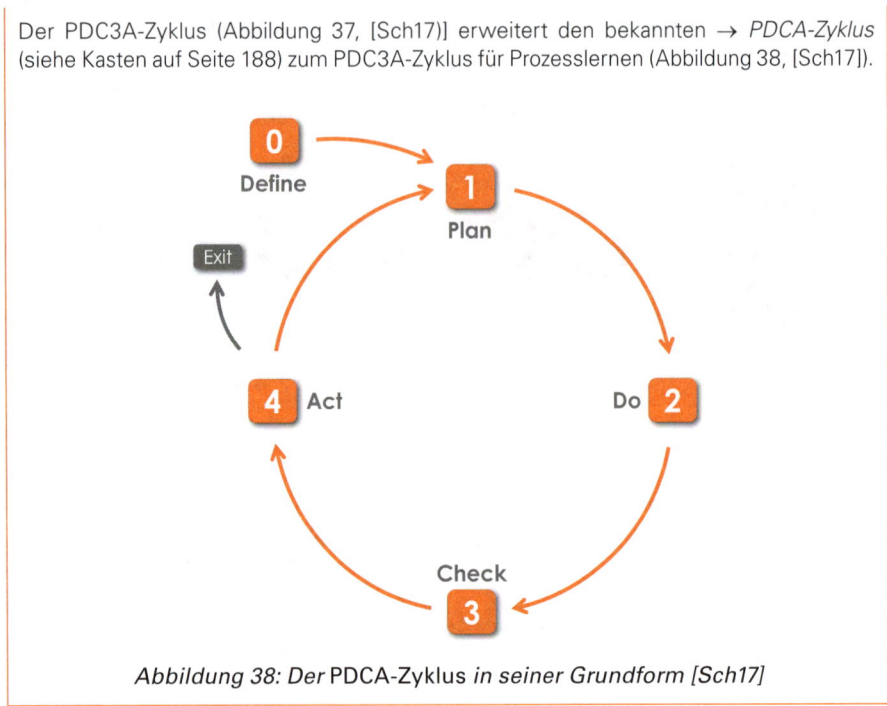

Abbildung 38: Der **PDCA-Zyklus** *in seiner Grundform [Sch17]*

Je mehr Klarheit, Transparenz und Rückkopplungen (Feedback-Schleifen) es in einem System gibt, desto weniger Eingriffe von außen sind notwendig [Fri20]. Das System lernt dann aus den Reaktionen, die es auf sein Verhalten erhält, und entwickelt sich auf deren Basis weiter – damit ist es ein lernendes System. Und die Wertstrom-Organisation muss eine Lernende Organisation sein, um sich permanent zu verbessern und weiterzuentwickeln.

Für die Wertstrom-Organisation ergibt sich Klarheit aus den Kernfragen 1 bis 4 und der → *Engpasskonzentrierten Strategie (EKS®)*.

Rückkopplungen ergeben sich aus den Kernfragen 5 bis 7 plus Zusatzfrage und

- installierten Regelungssystemen wie das → *Flight-Levels-Modell*,
- strukturierten und fest etablierten Lernmechanismen wie → *OpenSpace Change*,
- strukturierten und flexibel einsetzbaren Formaten wie → *Lean Change* und → *Lean Coffee*,
- Feedbackstrukturen wie → *Daily Standups*, → *Reviews* und → *Retrospektiven*
- sowie über die permanent in der Organisation stattfindende Kommunikation und → *agile Interaktionen*.

Die Kernfragen 1 bis 7 plus Zusatzfrage sorgen gleichzeitig für radikale Transparenz bezüglich aller relevanten Daten und Fakten. Insbesondere die Zusatzfrage macht transparent, wer wie von der Wertstrom-Organisation profitiert – für wen und wozu diese eigentlich da ist. Damit schließt sich der Kreis zur Kernfrage 1!

Durch zyklisches Durchlaufen der 7 Kernfragen plus Zusatzfrage vertiefen sich in der Wertstrom-Organisation Rückkopplungen, Klarheit und Transparenz!

Transparenz fördern

Transparenz kann durch den gezielten Einsatz von Vorgehensweisen wie → *Kanban* und Scrum[Sch17] und Tools wie Boards [Sch17], → *Canvases* (siehe auch [Sch17]) und → *Wardley Maps* gefördert werden. Dabei ist auf Aktualität und Relevanz der dargestellten Daten zu achten. Da diese Tools Instrumente zur Kommunikation darstellen, sind analoge und haptische Tools digitalen überlegen [Sch17].

Gamifizierung

Ein recht junger Ansatz ist Gamifizierung zur Anregung und Unterstützung der Kommunikation und Interaktion innerhalb von Organisationen [Fri20]. Über Wettbewerbe und spielerische Elemente werden die Mitarbeiter „zur Kommunikation verführt" und lernen „nebenbei". Anregungen dazu geben die sehr guten Darstellungen [Fri20, Sta13].

Der Weg zur Wertstrom-Organisation

Niemand hat gesagt, dass der Weg zur Wertstrom-Organisation leicht ist.

Organisationen sind komplexe Gebilde, deren Veränderung ist noch komplexer. Daher brauchen wir nach dem → *Gesetz von Ashby* eine Vorgehensweise mit mindestens der gleichen Komplexität. Eine mögliche Vorgehensweise zum Umbau einer Organisation zu einer Wertstrom-Organisation bietet → *OpenSpace Change*. Die Wertstrom-Organisation hat OpenSpace Change in ihre DNA eingebaut, um schnelles Anpassen und flexibles Agieren zu ihrem Vorteil zu nutzen. Auf OpenSpace Change werden wir im dritten Teil dieses Buches detailliert eingehen. An dieser Stelle sei schon einmal angemerkt:

Diejenigen, die die Arbeiten ausführen, sind auch die Experten für diese Aufgaben. Daher müssen sie zusammengebracht werden und auch ihre Zusammenarbeit selbst organisieren. Dazu brauchen sie klare Antworten auf die ersten fünf Kernfragen einer Wertstrom-Organisation, an deren Beantwortung sie idealerweise bereits involviert waren. Und sie benötigen die Rahmenbedingungen, innerhalb derer sie frei entscheiden können, wie sie die *richtigen Dinge richtig* tun.

> **Achten Sie sowohl bei den Findungsprozessen als auch in der Umsetzung auf die Rahmenbedingungen und Nahtstellen: Ist allen die Aufgabe klar? Ist die Kommunikation klar? Sind alle Informationen und Systeme verfügbar, die zur bestmöglichen Aufgabenbearbeitung erforderlich sind? Sind im gegebenen Arbeitsumfeld sowohl konzentrierter Arbeitsfluss als auch crossfunktionale vernetzte Zusammenarbeit möglich? [LeaOF]**

Organisationen scheitern nie an fachlichen Themen, sondern sozialen Dysfunktionalitäten. Daher müssen sowohl in als auch zwischen einzelnen Teams sowie innerhalb und zwischen den verschiedenen Ebenen der Koordination → a*gile Interaktionen*, wie → *Planning*, → *Refinement*, → *Daily Standup*, → *Review* und → *Retrospektiven*, stattfinden. In Organisationen – insbesondere wenn diese komplexe Aufgabenstellungen bearbeiten – muss die Koordination der arbeitsteiligen Bearbeitung der Aufgaben durch intensive Interaktionen selbst reguliert werden (siehe Abschnitt „Aspekt Mensch" ab Seite 134).

(Lokale) Regelung statt Steuerung

Im Zusammenhang mit selbstorganisierten Teams ist von Managern immer wieder zu hören: „ *... aber wir müssen das steuern!*" Mit diesem Satz werden Bedürfnisse ausgedrückt, die berücksichtigt werden müssen, wenn das Ganze funktionieren soll. Dazu ein paar Gedanken.

- **Vertrauen statt Kontrolle**

Zunächst kann man anschauen, welches Menschenbild [Sch17] der die o.g. Aussage Treffende hat: Hält er die Mitarbeiter für kompetent, leistungswillig und vertrauensvoll? Wenn ja, was will er mit dieser Aussage erreichen?

- **Verständnis von Führung**

Man kann sein Verständnis von Führung anschauen: Hält er Führungskräfte für überlegener und daher besser-wissend? Dies sagt etwas über das Menschenbild desjenigen aus.

- **Regelung in selbstorganisierten Teams**

Selbstorganisation entzieht sich einer direkten Einflussnahme – auch und gerade von außen. Schon der Versuch zerstört Selbstorganisation! Und ist dies erst einmal geschehen, ist es in der Regel für die nächste Zeit auszuschließen, dass Selbstorganisation wieder entsteht.

Nur über das Setzen von Rahmenbedingungen, die Vermittlung von Sinn durch Storytelling oder das Bereitstellen – und ggf. Limitieren – von Ressourcen können selbstorganisierte Teams gesteuert werden.

- **Sie müssen echte Selbstorganisation erreichen!**

Echte Selbstorganisation zu erreichen ist viel einfacher, als Sie denken: Ein Kasten Bier, Pizza und eine entspannte Feierabend-Atmosphäre genügen. Geben Sie ein Thema vor, liefern Sie einen Impuls, sprechen Sie offen von Ihren Erwartungen und Ängsten bzgl. des Themas. Bleiben Sie dabei authentisch. Und bleiben Sie entspannt: Es kann nicht viel schiefgehen, Sie sind von wundervollen, klugen, kompetenten und liebenswerten Menschen umgeben!

Frage 6: Wie organisiert und verbessert Ihre Organisation kontinuierlich dieses?

> - **Trauen Sie Teams mehr zu, als Sie denken!**
> Wenn Ihre Teams scheitern, fragen Sie sich dann, was Ihr Beitrag dazu war. Inwieweit haben Sie das Scheitern geahnt, erwartet, vorausgesehen? Ob Sie wollen oder nicht: Sie beeinflussen die Teams und deren Mitglieder mit Ihren – auch und besonders den unausgesprochenen – Gedanken, Ängsten und Vorstellungen.

Mitarbeiter-Wertstrom

> Ich suche nach vielen Mitarbeitern,
> die die unendlich große Fähigkeit besitzen,
> nicht zu wissen, was nicht machbar ist.
>
> – Henry Ford
> innovativer Autobauer

Toyota – Vorbild und Vorreiter in Sachen Lean Management und damit dem Wertstrom-Gedanken – hat zwei Klassen von Wertströmen: *für Produkte* und *für Mitarbeiter* [Lik09].

Die Idee eines Wertstromes für Mitarbeiter ist, dass immer dann Wert geschaffen wird, wenn Menschen lernen, sich weiterentwickeln und gefordert werden. Damit ist jede Zeit, in der dies nicht geschieht, Verschwendung – verschwendete Lebenszeit …

Erinnern Sie sich an die Feststellung, dass nur in 0,5 bis 5 Prozent der Zeit, die ein Auftrag in einer Organisation durchläuft, eine Wertsteigerung erfährt und die übrige Zeit mit Warten verbringt [Str93]. Dies trifft auch auf Mitarbeiter zu.

Durch dysfunktionale Strukturen verschwenden Menschen ihr Leben in Organisationen!

Für den Erfolg einer Organisation müssen der Produkt-Wertstrom und der Mitarbeiter-Wertstrom zusammengebracht werden. Dies geschieht über das Lösen von Problemen – in diesem Punkt kommt alles zusammen [Lik09]. Nur Menschen, die kompetent und motiviert sind, alle Probleme zu lösen, mit denen sie konfrontiert werden, halten unsere Organisationen „am Laufen". Zwar geschieht das heute schon, allerdings mit zu viel Verschwendung und auch zunehmend schlechter.

Wertstrom ist kein Tool oder Prozess, es ist eine Haltung. Diese fokussiert auf Wertschöpfung für einen externen Kunden. Alles, was keinen Wert erzeugt, ist Verschwendung. Dies gilt für Material und Menschen, Energie und Zeit.

Die drei Grundbedürfnisse der Menschen erfüllen

> Dieser Mangel an Motivation resultiert nicht aus Unlust an der Arbeit,
> sondern weil die Menschen nicht erfahren, was ihre Arbeit bewirkt.
>
> – Kerstin Friedrich
> Strategieberaterin

Menschen wollen selbstwirksames Handeln erleben, um motiviert zu sein. Dafür müssen die drei Grundbedürfnisse der → *Selbstbestimmungstheorie* zzgl. Sinn erfüllt sein. Für die Praxis in Unternehmen hieße das z.B.:

- *Autonomie:*
  - Einbeziehen der Mitarbeiter in Entscheidungsprozesse bzgl. der *richtigen Dinge*, die zu tun sind – dem Inhalt der Arbeitstätigkeiten (das, *was* zu tun ist).
  - Entscheidungsfreiheit der Mitarbeiter, *die Dinge richtig zu tun* – der Ausführung –, der Arbeitstätigkeiten (dem, *wie* die Dinge zu tun sind).
- Mitarbeiter nehmen *Kompetenz* dann wahr, wenn sie in Entscheidungsprozesse bzgl. der richtigen Dinge einbezogen sind und Entscheidungsfreiheit beim Ausführen – die *Dinge richtig* tun – haben. Kompetenz wird auch oft wahrgenommen als „ich kann hier etwas lernen".
- *Soziale Eingebundenheit* wird durch echte Teams und überschaubare Organisationseinheiten (→ *Dunbar-Zahl*) erlebt.
- *Sinn:*
  - Sinn wird im direkten Kontakt mit dem organisationsexternen Kunden erlebt, wenn man denjenigen, der den Nutzen aus der eigenen Arbeitsleistung hat, persönlich erlebt und sieht, wie dieser den Nutzen der eigenen Arbeitsleistung erfährt und wie ihm Wert dadurch entsteht.
  - Über Storytelling kann Sinn erlebt werden. Erinnern Sie sich an Kennedys Rede zur Mondmission. Dies ist vorrangig Aufgabe der Führungskräfte.

Selbstbestimmungstheorie – Self-Determination Theory

Nach der Selbstbestimmungstheorie (englisch *Self-Determination Theory*, SDT) gibt es – empirisch bestätigt – drei permanente und kulturübergreifende psychologische Grundbedürfnisse, deren Befriedigung für effektives Verhalten und psychische Gesundheit von Bedeutung ist [WikiSDT]:

- *Autonomie:* Dies meint das Gefühl der Freiwilligkeit im jeweiligen Verhalten. Es meint damit nicht die objektive Unabhängigkeit von anderen Personen oder sonstigen Gegebenheiten.
- *Kompetenz:* Dies meint das Gefühl, effektiv auf die jeweils als wichtig erachteten Dinge einwirken zu können und entsprechend gewünschte Resultate zu erzielen.
- *Soziale Eingebundenheit:* Dies meint nicht nur die Bedeutung, die andere für einen haben, sondern auch die Bedeutung, die man selbst für andere besitzt.

Über die soziale Eingebundenheit kommt *Sinn* ins Spiel. Etwas wird dauerhaft als sinnvoll erlebt, wenn dessen positive Auswirkungen anderen Menschen zufällt: *Sinn kann immer nur Sinn für andere sein* (Zitat Viktor Frankl [Sch17]).

Wie sich das Verletzen der Grundbedürfnisse in der Praxis zeigt

Folgendes Modell[25] zeigt die Auswirkungen der Verletzung der Grundbedürfnisse in der Praxis: Die vier Grundbedürfnisse Autonomie, Kompetenz, soziale Eingebunden-

---

[25] Der Autor dankt Paul Marshall für dieses Modell.

heit und Sinn stellen in diesem Modell kommunizierende Röhren dar (Abbildung 39). Dieses aus der Physik bekannte Gefäß besteht aus oben offenen und unten miteinander verbundenen Röhren. Unter normalen Bedingungen steht eine homogene Flüssigkeit in diesen gleich hoch [WikiKR].

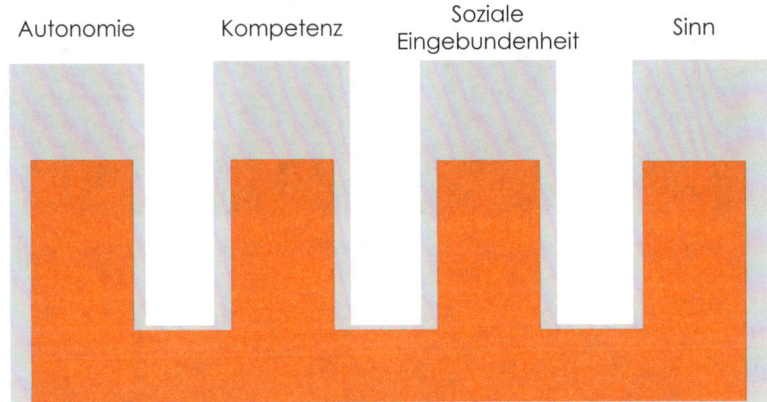

Abbildung 39: Kommunizierende Röhren aus den vier Grundbedürfnissen

Nun ist Folgendes in der Praxis zu beobachten:

- *Das Erleben von* Autonomie *wird eingeschränkt* durch zu viele und zu strenge Vorgaben.
- *Das Erleben von Sinn wird eingeschränkt*: Die Mitarbeiter erleben keinen oder zu wenig Sinn in ihrem Tun. Sie sehen ihren Beitrag zum Nutzen für den Kunden nicht. Sie kennen und sehen den Kunden nicht.
- *Soziale Eingebundenheit wird eingeschränkt*: Dies kommt z.T. in der Praxis vor, wenn keine Möglichkeiten gegeben werden, andere Teammitglieder und Kollegen aus anderen Teams außerhalb konkreter Arbeitsaufgaben kennenzulernen.
- *Das Erleben von Kompetenz wird eingeschränkt*: Hin und wieder kommt es auch vor, dass Kompetenz nicht anerkannt wird bzw. keine Gelegenheiten gegeben werden, die eigene Kompetenz zu erleben.

Meist werden in der Praxis die ersten 2 bis 3 genannten Grundbedürfnisse eingeschränkt und dem Erleben von Kompetenz freien Lauf gelassen (Abbildung 40). Dies führt dann zu „*Goldenen Henkeln*" am Produkt, also übertriebene, viel zu aufwendige, zu perfekte, zu dauerhafte und zu „schöne" – manchmal sogar nutzlose – Problemlösungen, auch als *Over-Engineering* bekannt. Für die Mitarbeiter ist das Ausleben von Kompetenz die einzige Möglichkeit, aus den o.g. kommunizierenden Röhren „Druck rauszulassen".

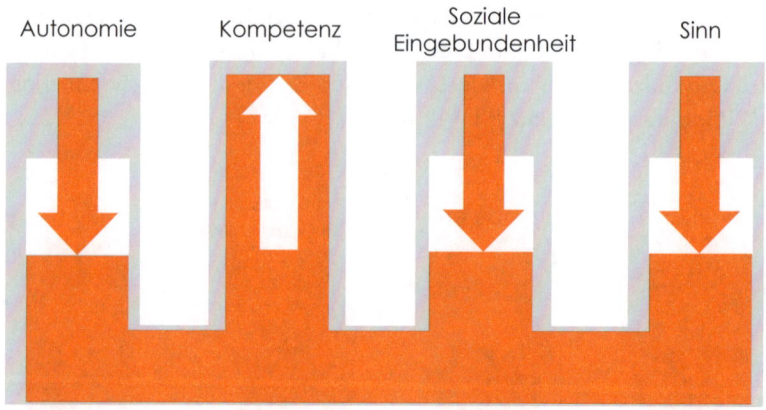

Abbildung 40: Die Konsequenz aus der Verletzung von Grundbedürfnissen

Was Sie tun können, um die *formelle*, *informelle* und *Wertschöpfungsstruktur* Ihrer Organisation zu bedienen

> Wir vertrauen bei der Weiterentwicklung unseres Unternehmens nicht auf Software oder Roboter, sondern immer nur auf unsere Mitarbeiter – auf ihre Fähigkeiten und auf ihre guten Ideen.
>
> – Mitsuru Kawai
> Fertigungschef und Executive Vice President von Toyota

Für die drei Strukturen Ihrer Organisation (siehe → *Organisationsphysik*) können Sie Folgendes tun:

- Für die *formelle Struktur* können Sie alle Mitarbeiter formal direkt der Geschäftsleitung unterstellen, wie dies bereits in einigen agilen Organisation praktiziert wird. Arbeitsrechtlich relevante Angelegenheiten, wie Gehaltsfragen oder Kündigungen, werden von dieser direkt geklärt. Da diese Angelegenheiten üblicherweise einen sehr geringen Anteil am Personalbetreuungsaufwand darstellen, sind auch größere Führungsspannen kein Problem.
- Für die *informelle Struktur* können Sie über die Gestaltung gemeinsam genutzter Bereiche, wie Kaffeeküchen, Sitzecken oder Veranstaltungen – die allerdings keinem Teilnahmezwang unterliegen –, einiges tun. Letztendlich wird diese Struktur von selbst entstehen, Sie können hierbei nur unterstützen und Anregungen geben, dass sich diese in eine positiv-produktive Richtung entwickelt.
- Für die *Wertschöpfungsstruktur* bauen Sie Ihre „Ablaufstruktur" entsprechend der in diesem Buch beschriebenen Wertstrom-Organisation (siehe Seite 130 ff.) auf. Diese wird eng mit der informellen Struktur verwoben sein, was vorteilhaft für die Selbstorganisation ist.

Wie Sie Teams zusammenstellen und mit Themen verknüpfen

Die Teams sollen bestimmte Themen bearbeiten. Daher ist es nicht sinnvoll, „Teams auf Vorrat" zu bilden und diesen dann Themen zuzuordnen – das wäre unterkomplex und muss daher scheitern.

Eine im Agilen sehr gut erprobte Vorgehensweise ist das Sich-selbst-zusammenstellen-Lassen von Teams, sogenannte *Self Selecting Teams*. In einem mehrtägigen selbstorganisierten Prozess finden sich die Mitarbeiter zu den Themen, die jeweils am besten zu ihren Fähigkeiten und Interessen passen, mit den Kollegen in Teams zusammen, mit denen sie am liebsten zusammenarbeiten wollen und auch können. Diese Teams sind von der Idee her dauerhaft stabil, es sei denn, es handelt sich wirklich um zeitbegrenzte Projekte.

Sie können beispielsweise ähnlich einem → *Open Space* vorgehen:

- Bringen Sie dazu alle Mitarbeiter, die sich zu Teams organisieren sollen, in einem ausreichend großen Raum zusammen!
- Machen Sie den Sinn des zu erarbeitenden Produktes klar!
- Stellen Sie die von den Teams zu übernehmenden Themen vor! Dies können z.B. zu entwickelnde Produktmerkmale, herzustellende Produktteile oder Prozessthemen sein.
- Überlassen Sie das Feld den Mitarbeitern!
- Führen Sie regelmäßig – z.B. alle drei bis vier Stunden – Treffen mit allen Beteiligten zur Synchronisation durch. Dabei wird der aktuelle Stand für alle sichtbar: Wer arbeitet woran und braucht welche Unterstützung etc.

Mit der Zeit verdichtet sich die selbstorganisiert entstehende Struktur und nach einigen Tagen – vermutlich nicht mehr als drei – haben Sie eine Lösung, die „gut genug" ist, um damit zu beginnen. Es hat keinen Zweck, eine perfekte Lösung finden zu wollen, ohne etwas auszuprobieren. Scheitern Sie lieber schnell im Kleinen als spät im Großen!

Pull statt *Push*!

Alle Teams „ziehen" sich – wie in Lean und im Agilen üblich – ihre Aufgaben selbst. Dadurch übernehmen sie die volle Verantwortung für ihre Arbeit. Zudem erfüllt dies das Bedürfnis der Mitarbeiter nach Autonomie entsprechend der → *Selbstbestimmungstheorie*.

Sollten Themen nie gezogen werden, dann machen Sie dies zum Thema. Erforschen Sie die Gründe dafür. Es kann sein, dass das Thema irrelevant ist oder seine Bedeutung noch nicht ausreichend von allen verstanden wurde. Einen Dialog darüber zu führen ist immer besser, als Anweisungen zu geben.

Prinzipien für Entscheidungen

> Es ist egal, wo du beginnst, wenn du schnell genug lernst.
> Daher ist auch jede Entscheidung egal, solange du schnell genug aus ihr lernst.

Bzgl. Entscheidungen gibt es folgende, aus der Soziokratie stammende Prinzipien zu bedenken [Zeu15, 16]:

- **Dynamische Regelung und Umkehrbarkeit: Jede Entscheidung ist revidierbar.**
  Die Revidierbarkeit *jeder* Entscheidung nimmt diesen den Status der Unumkehrbarkeit – und damit auch der Unfehlbarkeit. Stattdessen wird schrittweise und aufeinander aufbauend vorgegangen und basierend auf den Auswirkungen eines Schrittes der nächste geplant und umgesetzt. Dies führt zu einer dynamischen Regelung, die sich an dem tatsächlichen Geschehen orientiert und nicht an Theorien darüber, was passieren wird/könnte/sollte/müsste. Dieses Vorgehen entspricht → *Lean Change*.
- **Gangbarkeit: Vorschläge und Lösungen müssen nicht perfekt, sondern gangbar sein.**
  Gangbar ist eine Lösung, solange sie in der Praxis funktioniert und sich als nützlich erweist. Statt endlos an perfekten Lösungen zu arbeiten, soll mit einer *jetzt* funktionierenden Lösung gestartet werden. Das Streben nach Perfektion vor dem Handeln verhindert nur, überhaupt ins Handeln zu kommen. Perfektion ist ein falsches Konzept – es gibt nur ein *passend* und ein *besser passend*.
- **Primat des Arguments: Einwände gegen Vorschläge müssen begründet werden.**
  Über die Begründung von Einwänden werden „Machtworte" und emotionale Konflikte – z.B. Beziehungskonflikte – aufgedeckt und diesen die Kraft genommen. Damit bekommt das Sachargument wieder die Bedeutung, die ihm zusteht.
- **Einwände sind wertvoll: Sie werden als noch nicht wahrgenommene Argumente verstanden und begrüßt.**
  Die Haltung, dass „Einwände wertvoll sind", sorgt dafür, dass kritischem (Mit)Denken der negative Touch genommen wird. Einzelne Menschen kommen – statt Abstempelung als Querulanten – als Seismographen für etwaige gefährliche Entwicklungen zum Nutzen der Organisation zur Wirkung.

Damit wird klar, dass es eben nicht „den einen goldenen Weg", sondern „viele Wege nach Rom" gibt. Dies nimmt sehr viel (Erfolgs)Druck von den Beteiligten und setzt deren Potenzial an Schöpferkraft und Kreativität frei, erlaubt ihnen, etwas auszuprobieren.

Ein weiteres Prinzip schützt vor dem Befolgen einer Regel um ihrer selbst Willen [Zeu16]:

- **Eine Regel ersetzt nicht ihren Sinn.**
  Eine Regel, die ihren Sinn nicht mehr erfüllt, ist zu brechen. Dies bewahrt vor dem sturen Erfüllen zwischenzeitlich sinnlos gewordener Regeln. Denn es geht nie um die Regel, sondern den Zweck, den sie erfüllen soll. Erfüllt sie diesen nicht mehr oder ist der Zweck nicht mehr notwendig, ist die Regel nicht mehr passend und ggf. durch etwas Passenderes zu ersetzen. Regeln sind für Menschen da, nicht umgekehrt.

Wie Teams sich zu ihrem Wertstrom organisieren

Das Organisieren eines Wertstromes ist eine komplexe Angelegenheit, daher brauchen wir nach dem → *Gesetz von Ashby* dafür eine komplexe Vorgehensweise. → *Open Space*, → *OpenSpace Change* und → *Lean Change* bieten dafür ausreichend Komplexität.

Im Folgenden soll *eine* Möglichkeit beschrieben werden, wie sich Teams zu ihrem Wertstrom organisieren. Es gibt mit Sicherheit weitere Möglichkeiten. Finden Sie die für Ihre Organisation passende! Probieren Sie dazu verschiedene Großgruppenmethoden aus! Verbessern Sie Bewährtes!

Der grundlegende Ablauf der hier vorgestellten Möglichkeit entspricht dem eines *Open Space*. Ausgangspunkt ist ein Wertstrom Ihrer Organisation – entweder ein bereits bestehender oder ein neuer, der mittels Wertstrom-Design definiert wird. Eine Abbildung dieses Wertstroms wird vollständig und groß genug in einem Raum, der alle Teams gleichzeitig aufnehmen kann, an eine Wand gehängt.

Sind die Teams noch nicht gefunden, ist der erste Schritt ein selbstorganisierter Teamfindungsprozess (→ *Self Selecting Teams*). In diesem Fall sind alle Teilnehmer dazu aufgerufen, sich den Bereich des Wertstromes herauszusuchen, der am besten ihren Fähigkeiten, Kenntnissen und Neigungen entspricht. Wie in einem Open Space finden sich diejenigen zusammen, die an gleichen Bereichen des Wertstroms interessiert sind, und organisieren sich und ihre Zusammenarbeit, wobei die Rahmenbedingungen zu den Teams (Größe, Funktionen etc.) einzuhalten sind. Arbeiten mehrere Teams in einem Bereich, so definieren sie ihre → *Nahtstellen* und ggf. Redundanzen.

Sollten bereits Teams vorhanden sein, so belegen diese ihren Bereich im Wertstrom. Dazu überprüfen sie vorhandenes Know-how, Fähigkeiten und Kenntnisse mit den für diesen Bereich des Wertstromes erforderlichen. Differenzen sind über Weiterbildungsmaßnahmen oder Austausch von Teammitgliedern auszugleichen.

Zum Abschluss stellen sich die Teams mit ihrem Anteil am Wertstrom untereinander vor. Alle überprüfen gemeinsam, ob der Wertstrom nun „gut genug" organisiert ist, um damit zu starten.

Nach dem Start der Arbeit des Wertstromes überprüft jedes Team für sich, jeder Bereich des Wertstromes für sich sowie alle am Wertstrom Beteiligten in regelmäßigen Abständen mittels → *agiler Interaktionen* das Arbeitsergebnis und die Vorgehensweise im Wertstrom und passen beides bei Bedarf an.

Wie Teams ihre Zusammenarbeit entlang dem Wertstrom verbessern

Auch diese Aufgabenstellung ist komplex, daher bieten sich → *Open Space* und → *OpenSpace Change* an. Machen Sie die Aufgabenstellung zum Thema, machen Sie Herausforderungen und Probleme transparent – und geben Sie den Raum für selbstorganisierte Lösungsfindung.

Zur Lösung ist das Konzept der → *Nahtstellenorganisation* hilfreich. Wenn die beteiligten Teams ihre → *Nahtstellen* klar vereinbaren, ihre wechselseitigen Erwartungen transparent machen und darüber – z.B. basierend auf OpenSpace Change – in permanentem Austausch bleiben, wird sich die Zusammenarbeit weit über bisher Bekanntes hinaus entwickeln.

Frage 7: *Wie koordiniert und führt Ihre Organisation ihre Projekte, Produkte und Initiativen?* – Die Wertstrom-Organisation regelt sich und ihre Projekte, Produkte und Initiativen selbst

> Interaktionen gestalten, nicht Elemente verändern.
>
> – Dave Snowden
> walisischer Unternehmensberater und
> Forscher auf dem Gebiet des Wissensmanagements

Kernaussagen

- Selbstorganisation kann nicht gesteuert werden – sie geschieht im Rahmen der vorgefundenen Bedingungen. Diese Bedingungen können Sie gestalten und vorgeben!
- *Steuern* wird durch *Feedback* zum *Regeln*. Regeln ist notwendig, um Anpassung zu erreichen. Organisationen, die auf Selbstorganisation setzen, müssen daher Regelkreise organisieren.
- Das *Was* zu tun ist, muss geregelt werden. *Wie* dies zu tun ist, ist der Organisation zu überlassen. Dies muss auf den unterschiedlichen Ebenen der Organisation – der strategischen, der taktischen und der operativen – getrennt erfolgen.

Was Sie ab morgen anders machen können

- Geben Sie zu erreichende Ziele – denken Sie dabei an den primären Zweck Ihrer Organisation! – statt konkreter Tätigkeiten vor! Die Mitarbeiter sollen *„sich selbst einen Kopf machen"*, wie sie diese Ziel erreichen. Passen Sie das Ziel auf Basis des Ergebnisses an, statt zu erreichende Größen vorzugeben!
- Wenn der Zweck Ihrer Organisation, Ihr Kunde, Ihr Produkt und wie dieses Produkt beim Kunden funktioniert, klar ist, dann brauchen Sie hier *„nur noch"* zu priorisieren und zu entscheiden – insbesondere darüber, was *nicht* gemacht wird!

Ihre Organisation muss die verschiedenen laufenden Projekte, Produkte und Initiativen – also *was* Ihre Organisation tut, den Inhalt der zu bearbeitenden Aufgaben – geregelt bekommen.

Zunächst ist zu klären, weshalb dies zu *regeln* und nicht zu *steuern* ist (zum Unterschied zwischen Regeln und Steuern siehe den folgenden Kasten „Regeln statt Steuern"). Und es muss betrachtet werden, weshalb das *Was* zu regeln ist und nicht das *Wie*.

Dies führt zur Frage, ob Management *steuert* oder *regelt*: Reagiert Management auf das Ergebnis und passt die Vorgaben entsprechend an, liegt *Regelung* vor, andernfalls *Steuerung*. Diese Unterscheidung ist wichtig für das Verstehen von Selbstorganisation.

Frage 7: Wie koordiniert und führt Ihre Organisation ihre Projekte, Produkte und Initiativen?

Selbstorganisation bedeutet, dass ein System sein Verhalten innerhalb gesetzter Rahmenbedingungen selbstständig anpasst. Die Rahmenbedingungen ergeben sich aus der dieses System umgebenden Umwelt – bei Unternehmen sind dies Markt, Wettbewerber oder der Gesetzgeber. Das System regelt sich damit – im Rahmen der gegebenen Möglichkeiten – selbst.

Selbstorganisation ist Selbstregelung

Das *Was* regeln ...

Regeln statt steuern

Den meisten Menschen ist wahrscheinlich der Unterschied zwischen *steuern* und *regeln* nicht klar. Dabei ist er entscheidend – zumindest in unserem Zusammenhang –, denn es kommt darauf an, Regelung in Organisationen zu erreichen, statt Steuerung zu versuchen.

Steuern

Unter S*teuern* wird allgemein die zielgerichtete Beeinflussung eines Systems *von außen* verstanden: Ein System wird von außen über die Steuergröße beeinflusst (Abbildung 41). Das System selbst wirkt an dieser Steuergröße nicht mit. Eine Überprüfung des Ergebnisses der Steuerung erfolgt dabei nicht. Steuerung erfolgt allein auf Basis einer Vorgabe, z.B. eines Planes.

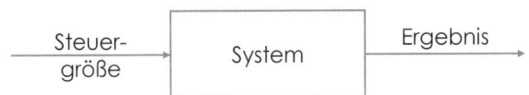

Abbildung 41: Steuern eines Systems mittels Steuergröße

Steuern wird durch Feedback zum Regeln

Wird beim Steuern das Ergebnis der Steuerung mit einbezogen, entsteht *Regeln* (Abbildung 42): Das Ergebnis wirkt auf die Steuergröße zurück und das System wird nun dynamisch durch die Differenz beider – der *Regelabweichung* – gesteuert. Durch den so entstandenen *Regelkreis* wird bei einer Regelung immer auf das *Ergebnis* des zu regelnden Systems reagiert.

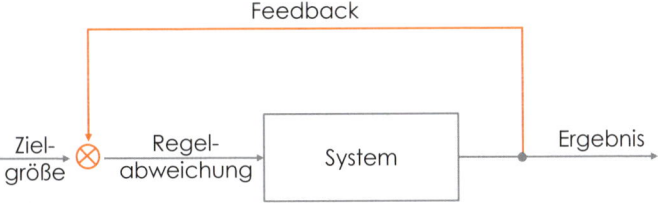

Abbildung 42: Regelung eines Systems: Durch Feedback entsteht der Regelkreis

Regelung ist ein Vorgang *in* Systemen, bei dem durch eine permanente Wechselwirkung zwischen Ergebnis und Ziel das Verhalten des Systems angepasst wird. Dadurch entsteht Anpassungsfähigkeit des Systems an sich verändernde Ziele und Umweltgrößen.

> In dynamischen Kontexten – und solche sind meist auch komplex – ist Steuerung hoffnungslos überfordert. Sie kann gar nicht alle Einflussgrößen erfassen, geschweige denn verarbeiten! Daher muss Steuerung in diesen Kontexten scheitern! Die einzige Lösung ist, Regelung in dem System zu installieren.

Organisationen bekommen – als Systeme betrachtet – ihre Rahmenbedingungen aus ihrer Umwelt. Daraus ergeben sich die verschiedenen Projekte, Produkte und Initiativen – das *Was* zu tun ist. Um zu überleben, muss die Organisation aus diesen *die richtigen Dinge* herausfiltern und umsetzen. Die Organisation muss daher dieses *Was* in der Umsetzung regeln, d.h. so lange bearbeiten, bis das Ergebnis von der Umwelt der Organisation akzeptiert wird. Dazu muss das Ergebnis mit der Zielgröße verglichen und ggf. müssen die Vorgaben angepasst werden.

In der Praxis steuern Organisationen die Umsetzung des *Was – die richtigen Dinge –* zu schlecht: Alles ist gleich wichtig, das Ergebnis muss nicht Wert für den Kunden erzeugen, sondern internen „Stakeholdern" gefallen (z.B. → *Reviews* mit internen Managern statt organisationsexternen Kunden).

Organisationen steuern dafür dann das *Wie – die Dinge richtig tun*, also die Umsetzung – in der Erwartung, dass sich daraus dann die richtigen Dinge ergeben. Doch:

Die falschen Dinge werden nicht richtig, nur weil diese perfekt getan werden.

Zudem wird über eine Steuerung des Wie auch das Verhalten kontrolliert. Dahinter steht oft die Angst vor Eigenmächtigkeiten der Untergebenen; Prozessvorschriften bis ins kleinste Detail geben vor, wie etwas zu tun ist. Doch leider funktioniert dies nicht bei komplexen Themen.

... und das *Wie* der operativen Ebene überlassen

Die Wertstrom-Organisation fokussiert auf *Wert für den Kunden*. Darauf sind alle Aktivitäten auszurichten. Diese Ausrichtung erfordert Klarheit in Bezug auf das, *Was zu tun ist*. Dazu brauchen wir ein Regelungssystem, das alle Ebenen einer Organisation – die strategische, die taktische und die operative – miteinander verbindet. Dies leistet das → *Flight-Levels-Modell*:

- Auf *Flight-Level 3* erfolgt die klare strategische Ausrichtung der Organisation über Entscheidungen bzgl. Projekten, Produkten und Initiativen der Organisation.
- Auf *Flight-Level 2* erfolgt die taktische Umsetzung der auf *Flight-Level 3* entschiedenen Projekte, Produkte und Initiativen der Organisation. Es erfolgt ein Zerlegen in Aufgabenpakete und die Koordination der Bearbeitung dieser Arbeitspakete auf *Flight-Level 1*.
- Auf *Flight-Level 1* erfolgt die operative Umsetzung der Arbeitspakete in selbstorganisierten Teams. Die Wahl der konkreten Arbeitsweise – z.B. nach Kanban, Scrum oder anderen – bleibt dabei jedem Team überlassen.

Das *Flight-Levels-Modell* regelt die Organisation über Kommunikation und Interaktion innerhalb und zwischen den verschiedenen Ebenen – verbunden mit permanentem Feedback. Dadurch kann die Organisation schnell lernen, was *die richtigen Dinge* sind und diese dann schnell *richtig tun*.

Das *Flight-Levels-Modell* ist kein hierarchisches System, keine Ebene ist besser oder schlechter als eine andere. Jede Ebene hat eine andere Sichtweise auf die zu bearbeitenden Themen und damit eine andere Funktion. Keine Ebene kann für sich allein funktionieren. Nur in der Vernetzung – was intensives Feedback einbezieht – funktioniert das System.

Dabei ist nicht wichtig, mit welchen Methoden auf den einzelnen Levels gearbeitet wird. Wichtig ist die Kommunikation und Kooperation in und zwischen den *Flight Levels*. Verbessert man die Interaktionen innerhalb einer Organisation, wird die gesamte Organisation verbessert und damit auch deren Wertschöpfung.

Die Wertstrom-Organisation regelt das *Was zu tun ist* und überlässt das *Wie es zu tun ist* der operativen Ebene. D.h. nicht, dass Wildwuchs in der operativen Ebene herrscht! Wir haben es auch dort mit Erwachsenen zu tun. Warum sollte dann dort Wildwuchs und Chaos entstehen?

Zur Regelung des *Was* braucht die Organisation ein System, das die verschiedenen Ebenen der Organisation – die strategische, die taktische und die operative – nicht nur miteinander verbindet, sondern auch Kommunikation effektiv und effizient – das schließt Feedback unbedingt mit ein – ermöglicht.

Das → *Flight-Levels-Modell* ist eine Struktur zur Regelung der Zusammenarbeit in einer Organisation. Es kann daher sowohl zur Regelung inhaltlicher Themen – z.B. der verschiedenen Projekte, Produkte und Initiativen – als auch zur Regelung der Vorgehensweise – z.B. des Zusammenarbeitsmodells oder des Veränderungsvorgehens – eingesetzt werden.

Feedback muss aus echten Daten bestehen

Damit Regelung funktioniert, muss das Feedback in Form objektiver, relevanter und belastbarer Daten – am besten echte Messdaten (siehe Abschnitt *„Was soll im Wertstrom gemessen werden?"* auf Seite 86 ff.) – zur Verfügung stehen. Die Daten beschreiben dann reale Ergebnisse und keine Interpretationen von Beobachtern.

Das Erfassen dieser Daten ist insbesondere in komplexen Wertströmen – wie in der Softwareentwicklung – eine Herausforderung, da die zu messenden Daten (oft) nicht direkt sichtbar und zugänglich sind.

Gleichzeitig müssen diese Daten innerhalb der Organisation auch transparent sein. Jeder muss wissen, „wie die aktuelle Lage ist", um seinen Beitrag dazu aktivieren zu können. Heimlichtuerei und ein Erfahren der aktuellen Unternehmenssituation aus Nachrichten und Medien dient sicherlich nicht dazu, das notwendige Vertrauen aller Mitarbeiter zu pflegen.

Zusatzfrage: *Wie verteilt Ihre Organisation die Produktivitätsverbesserungen?* – Wer wie von der Wertstrom-Organisation profitiert und wie dies organisiert wird

> Warum sollen wir uns hier noch mehr anstrengen? Damit die Eigentümer noch mehr Geld rausziehen?
>
> – Mitarbeiter eines deutschen Automobilherstellers

> Mit deinem scheiß Agil willst du doch nur die Ausbeutung erhöhen.
>
> – Mitglied eines Scrum-Teams zum Autor

Kernaussagen

- Die Erträge aus den Verbesserungen müssen allen Stakeholdern zugutekommen. Andernfalls wird früher oder später der Punkt kommen, an dem die Verbesserungen kippen und zurückrollen. Dies kann dann nicht mehr repariert werden.

Was Sie ab morgen anders machen können

- Schaffen Sie individuelle Ziele und Boni ab!
- Wenn Sie Ziele und Boni brauchen, dann führen Sie diese auf Gesamtorganisationsebene ein! Sie sitzen alle in *einem* Boot und wollen alle in *dieselbe* Richtung!
- Machen Sie bereits zu Beginn einer Veränderung klar, wer von dieser wie profitieren wird!
- Gestalten Sie Veränderungen so, dass alle Stakeholder von dieser profitieren! Nur so werden Sie stabile und faire Veränderungen erreichen.

Eine nicht zu unterschätzende Frage ist die nach der Verteilung des Produktivitätsfortschrittes. Dies mag wie eine betriebswirtschaftliche Frage klingen – und geht doch weit darüber hinaus! Über den Produktivitätsfortschritt werden die sekundären Zwecke der Organisation erfüllt. Damit schließt die Zusatzfrage den Kreis zur ersten Kernfrage.

Denn genau daran scheitern neue Ansätze wie Agilität: Die Mitarbeiter partizipieren nicht vom Produktivitätsfortschritt, Gehalt und Arbeitszeit verbleiben bei den Werten vor der Einführung von Agilität [Sch17].

Gehen wir von folgender Situation aus (Abbildung 43): Zu einem Zeitpunkt A führen Sie Agilität in Ihrer Organisation ein. Zur Verständlichkeit normieren wir die zu diesem Zeitpunkt vorliegenden Werte von Gehalt, Arbeitszeit und Produktivität auf 100 %.

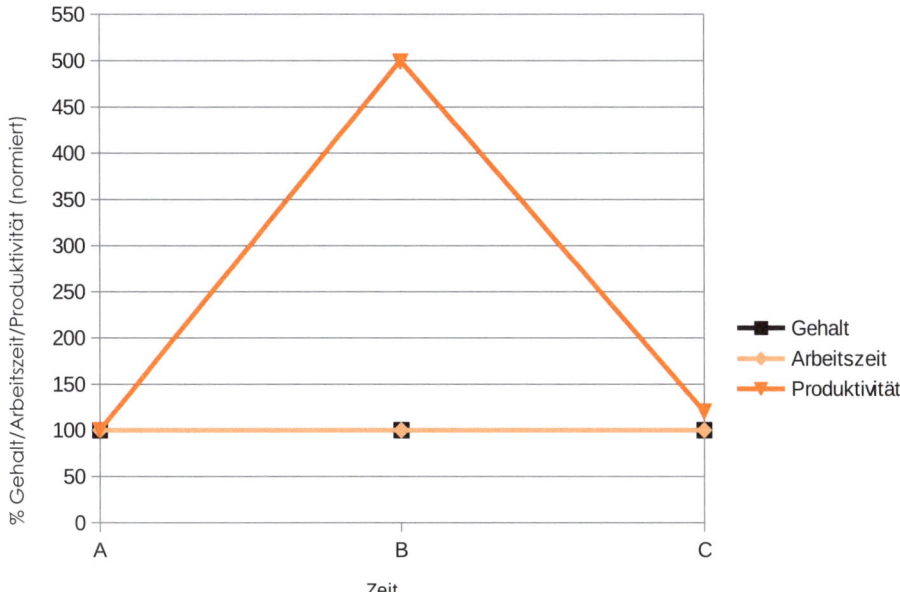

Abbildung 43: Zeitliche Entwicklung der Faktoren Gehalt, Arbeitszeit und Produktivität nach der Einführung von Agilität zum Zeitpunkt A und „Wahrnehmen der Situation" zum Zeitpunkt B (Darstellung normiert auf 100 % bzgl. der Werte zum Zeitpunkt A) [Sch17]

Da Sie bzgl. Agilität alles richtig machen, erreichen Sie eine Verbesserung der Produktivität um mindestens 400 %. Maßstab ist hier der Anspruch des Scrum-Miterfinders Jeff Sutherland [Sut14, 15] „*Doing Twice the Work in Half the Time*"[26], dass Agilität eine Verbesserung der Produktivität um mindestens den Faktor 4 darstellt (Achtung: Faktor 4 heißt NICHT 4 %, sondern das Vierfache, also „mal vier").

Zu einem Zeitpunkt B haben Sie diese Produktivitätsverbesserung erreicht. Allerdings verbleiben die Werte für Gehalt und Arbeitszeit bei den Ausgangswerten von 100 %![27] D.h., die Produktivitätsverbesserung kommt bei den Mitarbeitenden nicht an!

Und dann passiert das, was passieren muss: Die Leistung – gemessen in Produktivität – geht zurück, da es sich für die Mitarbeitenden „ja nicht lohnt, agil zu sein". Endwert ist dann ein Wert, der eine Steigerung der Produktivität um 10 bis 20 % darstellt.

Um es klarzustellen: Dies ist ein komplexes Thema, dem Sie sich stellen müssen! Dafür gibt es keine vorgefertigten Rezepte. Und da Sie mit der Wertstrom-Organisation in ganz andere Sphären der Produktivitätsverbesserung kommen – erinnern Sie sich an die Feststellung, dass nur in 0,5 bis 5 % der Zeit, die ein Produkt heute

---

[26] Daher nannte er sein Buch auch *Scrum: The Art of Doing Twice the Work in Half the Time* [Sut14], Deutsch *Die Scrum-Revolution: Management mit der bahnbrechenden Methode der erfolgreichsten Unternehmen* [Sut15].
[27] Übliche (tarifliche) Gehaltssteigerungen und den eventuellen Wegfall von Überstunden lassen wir hier der Einfachheit halber weg.

im Wertschöpfungsprozess verbringt, diesem Wert hinzugefügt wird – müssen Sie eine Lösung für dieses Problem finden!

Über die Verteilung der Produktivitätsverbesserungen müssen Sie in einen Dialog mit allen Beteiligen – Mitarbeitenden und Stakeholderinnen – kommen. Sie dürfen hierbei keine Gruppe vernachlässigen oder bevorzugen. Das gefährdet den Konsens in Ihrer Organisation und damit deren Stabilität. Organisieren können Sie diesen Dialog z.B. über → *Open Space*.

Diese Zusatzfrage gibt der Kernfrage 1 *„Wozu ist Ihre Organisation da?"* direkt Feedback. Damit schließt sich der Kreis der 7 Kernfragen plus Zusatzfrage.

Fazit aus den 7 + 1 Kernfragen

> *Wir fragen uns ernsthaft, ob ein Spitzenunternehmen denkbar ist, dem seine Werte nicht klar sind oder das auf die falschen Werte setzt.*
>
> – Thomas J. Peters und Robert H. Waterman
> US-amerikanischen Unternehmensberater

1. Definieren Sie einen klaren primären und klare sekundäre Zwecke Ihrer Organisation! Formulieren Sie daraus eine klare Identität für Ihre Organisation!
2. Kennen Sie Ihren Kunden genau – am besten persönlich! Wissen Sie, welche Probleme diesen umtreiben!
3. Ihr Produkt muss die Lösung auf die Probleme Ihres Kunden sein! Je genauer Sie Ihren Kunden und seine Probleme kennen, desto einfacher wird es, Ihr Produkt zu finden! Je innovativer Ihr Produkt ist, desto besser sind Sie vor Nachahmung geschützt!
4. Sie müssen genau wissen, wie Ihr Produkt für Ihren Kunden funktioniert – aus seiner Sicht! Sie müssen genau wissen, was an Ihrem Produkt wie Nutzen – und damit Wert – für Ihren Kunden erzeugt!
5. Sie müssen genau wissen, wo bei Ihnen das entsteht, was das Problem Ihres Kunden löst! Nur dort findet Wertschöpfung statt! Alles andere ist Verschwendung!
6. Organisieren Sie nur genau dieses {wo bei Ihnen das entsteht, was das Problem Ihres Kunden löst}!
7. Regeln Sie Ihre Organisation, deren Produkte und Selbstverbesserung auf Basis von Selbstorganisation und Selbststeuerung!
8. Lassen Sie alle Stakeholder am Produktionsgewinn teilhaben!

Ein zyklisches Durchlaufen der acht Fragen führt zu einem Überarbeiten bereits gefundener Antworten und verbessert dadurch die Organisation mit jedem Durchlauf. Eine wirklich Lernende Organisation entsteht.

Abbildung 44 zeigt eine *mögliche* Struktur der Wertstrom-Organisation. Diese basiert auf dem Fluss von Elementen durch die Organisation, die als strategische Elemente (z.B. Ziele, Produkte, Projekte, Initiativen) beginnen und in Produkten/Produktfunktionen beim Kunden Wert erzeugen.

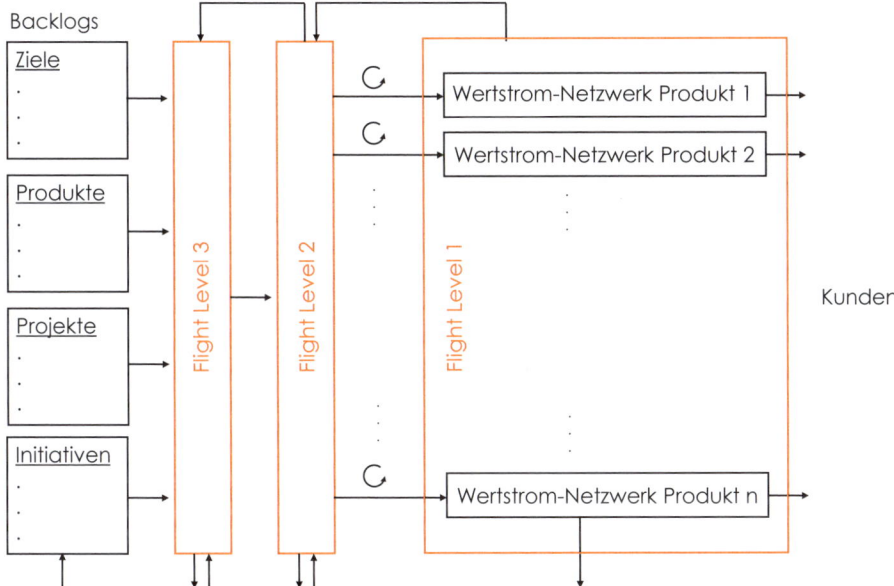

Abbildung 44: Die Struktur der Wertstrom-Organisation mit Wertstrom-Netzwerken und Regelung durch das Flight-Level-Modell

Wichtig ist dabei, festzuhalten, dass sich das *Flight Level 3* – die Top-Ebene – nicht im Zentrum, sondern in der Peripherie befindet. Dieses muss auch in der Peripherie sein, denn eine Bewertung der Elemente und deren Business-Wert muss nah am Markt, nah am Kunden getroffen werden. Da das Zentrum dafür viel zu weit weg ist vom Marktgeschehen, kann dies nur in der Peripherie geschehen. D.h., die in Abbildung 44 dargestellte Struktur der Wertschöpfung befindet sich komplett in der Peripherie. Die Wertstrom-Netzwerke sind die Segmente der Organisation.

> Die Tatsache, dass in größeren sozialen Systemen kaum irgendein Mitglied ein adäquates Modell über das tatsächliche Funktionieren des Systems besitzt, führt dazu, dass viele, in bester Absicht und mit großem Können durchgeführte Aktivitäten dyfunktionale Effekte erzeugen.
>
> – Fredmund Malik

Praktisches: Vorgehensweisen, Methoden und Tools

Inhaltsverzeichnis

Die Engpasskonzentrierte Strategie (EKS®) 169
   1. Konzentration und Spezialisierung 171
   2. Minimumprinzip 171
   3. Immaterielle vor materiellen Vorgängen 172
   4. Nutzenmaximierung 172

OpenSpace Change – Lean Change 3.0 173
   Open Space Technology 174
      Vorbereitung 175
      Ablauf 176
         Wie Open Space startet 177
         Sammeln der Anliegen der Teilnehmenden 177
         Marktphase 177
         Gruppenarbeitsphase 178
         „Morgenrunde" und „Abendnachrichten" 178
         Zusammenführen und priorisieren der Ergebnisse 179
         Der Abschluss 180
      Rollen 180
      Erfolgsfaktoren 181
   Lean Change 181
      Grundlagen 183
      Der Lean Change-Zyklus 185
   OpenSpace Change 186
      Ablauf 188
         Shu–Phase des Erlernens 189
            Plan: 60-Tage-Vorbereitungsphase 192
            Do: 80-Tage-Umsetzungsphase 193
            Check: Der dreitägige Open Space 2 193
            Act: 30-Tage-Integration 194
         Ha–Phase der Kompetenz 195
         Ri–Phase der Meisterschaft 197
      Rollen in OpenSpace Change 198

Das Flight-Levels-Modell zur Regelung der Projekte, Produkte und Initiativen einer Organisation 199
   Flight Level 1: Die operative Ebene 201
   Flight Level 2: Ende-zu-Ende-Koordination von *Flight Level 1* 201
   Flight Level 3: Strategisches Portfoliomanagement der Organisation 202
   Das Zusammenspiel der *Flight Levels* 203

Agile Interaktionen 204
   Planning 204
   Refinement 204
   Review und Retrospektive 204
   Daily Standup 205
   Lean Coffee – ein strukturiertes Format für unstrukturierte Meetings [Sch17] 205
      So funktioniert *Lean Coffee* 206

    Einladung 206
    Ablauf 207
   Modifikationen 209
   Fazit 209
Kanban 210
   Ein einfaches Kanban-Board 210
   Work-in-Progress-Limits (WiP-Limits) 211
   Die Grundprinzipien von Kanban 213
   Die Kernpraktiken von Kanban 213
   Die Werte von Kanban 215
Canvases 217
   Canvas für die Wertstrom-Organisation 218
    Lean Change Canvases 218
    OpenSpace Change Canvases 221
Wardley Maps 221

Dieser Teil des Buches enthält Tools, Methoden und Vorgehensweisen, die für den Auf- bzw. Umbau zu einer Wertstrom-Organisation nützlich sein können:

- Für die Beantwortung der Kernfragen 1 bis 4 ist die *Engpasskonzentrierte Strategie (EKS®)* hilfreich.
- *OpenSpace Change* aka *Lean Change 3.0* ist sowohl die Vorgehensweise zur Transformation zur Wertstrom-Organisation als auch deren Betriebsmodus (Kernfrage 6).
- Zur Regelung der Wertstrom-Organisation (Kernfrage 7) eignet sich das *Flight-Levels*-Modell sehr gut, da es die direkte Kommunikation und Interaktion zwischen Mitarbeitern und Teams anregt, ohne technische Tools in den Vordergrund zu stellen.
- *Agile Interaktionen* sind der Kern der Wertstrom-Organisation. Menschen und Teams arbeiten zusammen und nicht Tools.
- *Kanban in der IT* passt aufgrund seiner Sichtweise von Wertströmen sehr gut zur operativen Arbeit in Wertströmen. Kanban wird hier nicht wie üblich als Produktivitätswerkzeug, sondern als Managementmethode verstanden [Bur14, 15]. Die konkrete Ausgestaltung von Kanban ist immer spezifisch für den zu betrachtenden Bereich.[1] Daher können hier lediglich Prinzipien und Anregungen gegeben werden. Zur Vertiefung sei die Fachliteratur [And11, 16; Bur14, 15; Leo12, 17a] empfohlen.
- Das *Flight-Levels-Modell* eignet sich sehr gut zur Organisation von Selbstregelung von Organisationen [Leo17b, 18, Leo20].
- *Canvases* haben sich bewährt, z.B. als Kommunikationsmittel und zur Übersicht für und zur Regelung von Veränderungen (wie *Team Canvases* für Lean Change

---

[1] Natürlich sind Sie frei, das nachzubauen, was eine andere Organisation gemacht hat. Allerdings erhalten Sie dann eine schlechte Kopie dieser Organisation statt einer einzigartigen Organisation.

[Sch17]). Darüber hinaus können spezifische Canvases für die Fragestellungen der Wertstrom-Organisation nützlich sein.
- *Wardley Maps* sind nützlich, um ein Produkt oder eine Produktstrategie zu entwickeln und daraus den Wertstrom abzuleiten.

Weitere Hinweise:
- Zur Bearbeitung der Kernfragen 1, 2 und der Zusatzfrage kann das Konzept Sinn nach Viktor Frankl [Sch17] sehr hilfreich sein.
- Für das Thema Wertstrom und Wertstrom-Management wurden bei der Bearbeitung der Kernfrage 5 bereits auf hilfreiche Konzepte und Literatur verwiesen.

Darüber hinaus kann alles, was objektiv messbaren Fortschritt bzgl. Produkt oder Vorgehensweise ermöglicht, eingesetzt werden.

Die Engpasskonzentrierte Strategie (EKS®)

> Für ein Schiff, das seinen Hafen nicht kennt, weht kein Wind günstig.
>
> – Seneca
> Philosoph

> Erfolg ist einzig und allein eine Frage der richtigen Strategie.
>
> – Prof. h.c. Wolfgang Mewes
> Systemforscher, deutscher Betriebswirt und Autor, Erfinder der Engpasskonzentrierten Strategie

Ohne Strategie – die Konzentration aller Kräfte auf das Wesentliche an der entscheidenden Stelle [Fri94, 08, 11, EKS; Ede98] – bleibt alles beliebig. Anstrengungen oder Veränderungen verpuffen, wenn diese nicht konzentriert genug an den richtigen Stellen ansetzen. So bleiben „Agile Transformationen" ohne klares Wozu – ein Teil der Strategie – beliebig und damit wirkungslos – man rudert härter, schneller und fährt doch im Kreis.

> Schnelles Laufen ist keine Gewähr dafür, dass man das Ziel erreicht.
>
> – Afrikanisches Sprichwort

Eine wirksame Strategie im Kontext von Komplexität ist die bereits Ende der 1960er-Jahre vom Systemforscher Prof. h.c. Wolfgang Mewes entwickelte *Engpasskonzentrierte Strategie* (*EKS®*), die seither in Hunderten Beispielen ihre Wirksamkeit bewiesen hat [BVSF].

> Die Engpasskonzentrierte Strategie ist nicht nur eine Methode, sondern es ist DIE Methode, erfolgreich zu sein als Unternehmer! Es ist DIE Methode, mit der man auf dem Gebiet, auf dem sie angewendet wird, tatsächlich Wunder wirkt!
>
> – Prof. Fredmund Malik
> Wirtschaftswissenschaftler

Die *Engpasskonzentrierte Strategie* ist ein Instrument zur ganzheitlichen Steuerung von Organisationen. Sie ist als kybernetisches System zu verstehen, das auf interagierenden Wechselwirkungen basiert. Die EKS funktioniert immer dort, wo Menschen miteinander und füreinander arbeiten [Fri94, 08, 11, EKS; Ede98].

Sie zeigt, wie man die unterschiedlichen Wachstumsfaktoren im Blick behält und sich frühzeitig auf drohende Engpässe in der eigenen Organisation oder bei der Zielgruppe konzentriert [Fri94, 08, 11, EKS; Ede98]. Erfolgreich ist man dann, wenn man einem übergeordneten System – der Zielgruppe – einen möglichst zwingenden Nutzen bietet [BVSF].

Abbildung 1: Ziel der EKS: Marktführung [Fri11]

Laut Mewes liegt das Ziel unternehmerischen Strebens nicht in der Gewinnmaximierung, sondern in der *Maximierung des Nutzens für eine konkrete Zielgruppe*. Die logische Folge sind ein sich daraus ergebender entsprechender finanzieller Erfolg und die mittel- bis langfristige Marktführung im jeweiligen Segment [BVSF] (Abbildung 1).

Die EKS optimiert also zuerst immaterielle Prozesse – insbesondere Lernprozesse. In der Folge optimiert dies die materiellen Verhältnisse und letztendlich den Gewinn [Fri94, 08, 11, EKS; Ede98].

Die *Engpasskonzentrierte Strategie* besteht aus **vier Prinzipien**:
1. *Konzentration und Spezialisierung*
2. *Minimumprinzip*
3. *Immaterielle vor materiellen Vorgängen*
4. *Nutzenmaximierung*

1. Konzentration und Spezialisierung

Im Rahmen seiner Analysen hat der Begründer der EKS Wolfgang Mewes herausgefunden, dass bei erfolgreichen Unternehmen am Anfang stets die Konzentration und Spezialisierung auf ganz bestimmte Leistungen oder Produkte stand. Dieses Prinzip macht die EKS bis heute einzigartig: Sie setzt als Strategie auf die bedingungslose Konzentration der Kräfte und auf Spezialisierung [Fri94, 08, 11, EKS; Ede98].

Der EKS liegt eine marktgetriebene Sichtweise zugrunde: „Spezialist für …" richtet sich auf Lösungen für Kunden, nicht auf vergangenheitsbezogene „Kernkompetenzen". Da es um zukünftige Erfolge geht, ist es wichtiger, *wofür die Organisation in Zukunft stehen will* und was sie deshalb dazulernen oder dazukaufen muss, um überlebensfähig zu sein. Daher ist die Strategie immer wichtiger als die organisatorischen Strukturen, die sich Markt- und Kundenbedürfnissen anzupassen haben [Fri94, 08, 11, EKS; Ede98].

2. Minimumprinzip

> Ein Durchschnittsmensch, der sich auf den wirkungsvollsten Punkt konzentriert, wird erfolgreicher als ein Genie, das sich verzettelt!
>
> – Wolfgang Mewes

Bei diesem Prinzip geht es um die Frage: Wo liegt der wirkungsvollste Ansatzpunkt für den Einsatz der Kräfte? Ausschlaggebend ist nicht die Stärke der Kräfte, sondern die Art und Weise, wie man diese einsetzt. Besonders starke positive Wirkungen lassen sich erzielen, wenn zentrale Engpass- oder Kernprobleme gelöst werden [Fri94, 08, 11, EKS; Ede98].

Sowohl Organisationen als auch Märkte sind vernetzte komplexe Systeme. Je dichter die Vernetzungen werden – und genau das geschieht derzeit auf allen Märkten –, desto wichtiger ist es, genau auf den wirkungsvollsten Punkt zu zielen, statt sich immer mehr anzustrengen und immer größere Kräfte einzusetzen [Fri94, 08, 11, EKS; Ede98]. Es ist ratsamer, die vorhandenen Kräfte auf den jeweiligen „kybernetisch wirkungsvollsten Punkt", von dem aus die Entwicklung des gesamten Systems gesteuert werden kann, zu setzen. Werden in vernetzten Systemen die zentralen Problemknoten gelöst, lösen sich die mit dem Kernproblem zusammenhängenden Probleme automatisch einfacher [Fri94, 08, 11, EKS; Ede98].

3. Immaterielle vor materiellen Vorgängen

Im Mittelpunkt der klassischen Betriebswirtschaftslehre steht das Kapital. Für die Zukunft einer Organisation sind allerdings immaterielle Faktoren, wie Strategie, Innovation, Vertrauen der Kunden oder die Motivation der Mitarbeiter, viel wichtiger [Fri94, 08, 11, EKS; Ede98]. Erst wenn diese „materialisiert" werden, also über Produkte zu Nutzen für die Kunden führen, entsteht Kapital.

Es gehört zu den Verdiensten von Wolfgang Mewes, schon in den 1960er-Jahren die zentrale Bedeutung von Lernprozessen für die Weiterentwicklung von Systemen erkannt zu haben. Im Rahmen der EKS hat er darüber hinaus genau geklärt, wie man überlegenes Know-how und daraus eine machtvolle strategische Schlüsselposition gewinnt. Kernpunkt der EKS ist daher die systematische Anreicherung von Know-how durch Spezialisierung [Fri94, 08, 11, EKS; Ede98].

4. Nutzenmaximierung

Aus der Erkenntnis, dass der Gewinn umso größer ausfällt, je größer der Nutzen ist, den man bietet, setzt die EKS auf die Maximierung des Nutzen für die Zielgruppe. Denn die Fixierung eines Unternehmens auf Gewinn führt zwangsläufig dazu, dass es sich in erster Linie mit sich selbst und erst dann mit den Wünschen und Bedürfnissen seiner Kunden beschäftigt. Doch Unternehmen sind nicht dazu da, Gewinne zu erzielen, sondern die Probleme anderer zu lösen. Und je besser sie dies tun, desto größer sind die Gewinne [Fri94, 08, 11, EKS; Ede98].

Die EKS setzt daher auf indirekte statt direkte Gewinnmaximierung. Die indirekte Gewinnmaximierung hat als vorgeschaltetes primäres Ziel die Nutzenmaximierung für die Zielgruppe [Fri94, 08, 11, EKS; Ede98].

Die Engpasskonzentrierte Strategie geht **in sieben Phasen** vor [Fri94, 08, 11, EKS; Ede98]:

1. *Analyse der Ist-Situation und der speziellen Stärken*: „Standortbestimmung" mit Analyse der eigenen Stärken und den Umweltbedingungen.
2. *Das erfolgversprechendste Spezialgebiet*: Die zu den eigenen Stärken passende Bedarfslücke finden, in der man einen überragenden Nutzen bietet.
3. *Die erfolgversprechendste Zielgruppe*: Welche *eine* Zielgruppe reagiert am stärksten auf die Bedarfslücke?
4. *Engpassanalyse*: Welche Erwartungen, Probleme, Engpässe, Bedürfnisse und Wünsche hat die Zielgruppe?
5. *Innovationsstrategie*: Herausfinden, welche Innovationen die Zielgruppe honoriert, und diese umsetzen.
6. *Kooperationsstrategie*: Eigene Engpässe in der Innovation durch Kooperation mit Spezialisten in diesem Bereich überwinden.
7. *Das konstante Grundbedürfnis:* Langfristige Absicherung der eigenen Strategie.

OpenSpace Change – Lean Change 3.0

> Wer sich permanent verändert,
> muss sich nicht anpassen.
>
> – gesehen auf Twitter

Wenn Organisationen komplex sind, dann sind Veränderungen von Organisationen ebenfalls komplex. Nach dem → *Gesetz von Ashby* benötigen daher Veränderungsinitiativen eine Vorgehensweise, die die Komplexität von Organisation und deren Veränderung aufnehmen kann.

Weiterhin müssen wir alle Betroffenen einbeziehen: sowohl um ihre Akzeptanz zu erreichen als auch ihre Ideen, Initiativen, Hinweise aufzunehmen und zu integrieren. Zudem ist bekannt, dass divers zusammengesetzte Gruppen bessere Entscheidungen treffen [Sch17].

Wenn wir die Betroffenen zu Beteiligten machen wollen, muss eine Vorgehensweise gewählt werden, die nicht nur mit vielen Menschen gleichzeitig – das sind dann Großgruppen – umgehen, sondern von diesen auch selbstständig angewandt werden kann.

Open Space Technology ist das Großgruppenformat mit der höchsten Komplexität und die Basis für *Prime/OS^{TM}*, einem wirkungsvollen Rahmen für Veränderungen.

Lean Change ist ein Vorgehen für Veränderungen, bei denen die Betroffenen zu Beteiligten werden, indem diese die Veränderung selbst entwickeln und durchführen.

> **Die Kombination aus *Prime/OS^{TM}* und *Lean Change* ergibt *OpenSpace Change (OSC)*: Es handelt sich um ein offenes, inhalts- und ideologiefreies Veränderungsvorgehen für Organisationen beliebiger Größe, um Veränderungen aus eigener Kraft zu ermöglichen und dabei die Betroffenen zu Beteiligten zu machen. Langfristig führt OSC zur Lernenden Organisation.**

OpenSpace Change ist ein extrem wirksames und nachhaltiges Vorgehen für Veränderungen. Es setzt auf dem auf, was die Organisation derzeit macht, und kann somit zu jedem Zeitpunkt eingesetzt werden. OSC ist iterativ und inkrementell. Es startet mit einem Open Space, gefolgt von einem definierten Mittelteil voller Experimente für gemeinsames Lernen und einem klaren Ende für jeden Veränderungsschritt – durchgeführt wiederum mit einem Open Space. Um eine Organisation bei ihren Veränderungen zu unterstützen, vereint OSC die Kraft von Einladungen, Spielemechanik, Übergangsriten, Storytelling und mehr. Die Organisation behält die Veränderung und den Veränderungsprozess selbst in der Hand und wird so unabhängig wie möglich von externen Beratern.

Im Folgenden werden *Open Space*, *Prime/OS^{TM}* und *Lean Change* kurz vorgestellt und anschließend zu *OpenSpace Change (OSC)* zusammengeführt. Ausführlich wird OSC in [Sch21] dargestellt.

Open Space Technology[2]

> Ohne Leidenschaft hat niemand Interesse.
> Ohne Verantwortung erhält man keine Ergebnisse.
>
> – Harrison Owen
> Priester der Episkopalkirche , Bürgerrechtsaktivist und Erfinder von Open Space

Harrison Owen entwickelte die Großgruppenmethode *Open Space Technology* – oft auch nur *Open Space* genannt – aus der Erfahrung heraus, dass den Teilnehmern von Konferenzen die Gespräche in den Kaffeepausen oft wichtiger waren als die Konferenz selbst. Diese spontanen Gespräche boten mehr Möglichkeit, sich einzubringen und zu vernetzen als die geplanten und strukturieren Teile der Konferenzen.

Open Space Technology ist ein systemisches Vorgehen, bei dem eine große Anzahl Menschen – üblich sind Open Spaces mit 20 bis über 2.000 Personen – innovativ und lösungsorientiert in kurzer Zeit ein Thema bearbeitet. Dabei arbeiten sie an den für sie wesentlichen Teilthemen und erzeugen oder nutzen eine Aufbruchstimmung. Je nach Zielsetzung und Durchführung kann am Ende der Veranstaltung eine durchaus sehr konkrete Handlungsplanung – z.B. Aktionspläne mit dafür verantwortlichen Arbeitsgruppen – stehen. Die Erwartungen und Intentionen der Initiatoren eines Open Space lenken das Ergebnis der Veranstaltung sehr stark.

Open Friday

Jeden zweiten Freitag können bei *sipgate* – einem deutschen Telekommunikationsanbieter mit 120 Mitarbeitern – alle Mitarbeiter das tun, was sie für die Firma für am wertvollsten halten. Zusätzlich veranstaltet *sipgate* einen unternehmensweiten Open Space – den *Open Friday*. Dies ist der bevorzugte Weg in der Organisation, Wissen zu verbreiten, Probleme zu lösen und Ideen zu sammeln. Gleichzeitig wurden damit eine Menge Meetings abgeschafft.

Alles, was den Mitarbeitern wichtig ist – ob Produktmerkmale, Fragen der Zusammenarbeit oder soziale Belange in und um das Unternehmen –, wird von ihnen in den Open Space eingebracht.

Die Eröffnungsrunde startet um 10 Uhr. Die Gruppenarbeitsphasen starten um 10:15, 11:15, 13:00, 14:00 und 15:00. Die Abschlussrunde beginnt um 16:00. Die Organisation und Dokumentation des Open Friday erfolgt über *Yammer*, ein soziales Unternehmensnetzwerk [sip, Moi16].

Open Space ist angelegt, um an einem realen Problem, einer konkreten Aufgabe zu arbeiten. Meistens als Frage formuliert, muss das Thema das Potenzial haben, genügend Menschen zur Teilnahme am Open Space zu bewegen. Es muss einerseits spezifisch genug sein, um die Richtung vorzugeben, andererseits genügend Offenheit lassen, damit die Teilnehmer ihre Ideen einbringen können. Prinzipiell eignet sich jedes Thema, das – zumindest genügend – Menschen bewegt.

---

[2] Die Darstellung zu Open Space basiert auf [Mal02, Owe08, WikiOS].

Damit das Thema geeignet ist, muss es eine oder mehrere der folgenden Eigenschaften erfüllen [WikiOS]:

- Es muss *Relevanz* für diejenigen haben, die zum Open Space kommen (sollen). Das Thema muss diese betreffen, sie berühren, sie aktivieren.
- Die Relevanz wird gestärkt durch *Dringlichkeit*: Die Lösung hätte bereits vorliegen sollen, würde bereits gebraucht werden.
- Das Thema muss *wichtig* für die Organisation oder den Teil der Organisation sein, in dem der Open Space stattfindet. Es muss für dessen Zukunft eine (zentrale) Bedeutung haben.
- Das Thema muss *komplex* sein und sich deshalb einer Analyse entziehen. Pläne und Expertenrat funktionieren nicht (siehe → *Cynefin-Framework*).
- Das Thema muss *breit angelegt* und *offen* sein, muss Raum für neue Ideen und kreative Lösungen geben.

Kurz: Das Thema muss Verantwortung und Leidenschaft der Teilnehmenden ermöglichen (siehe folgenden Abschnitt).

Führungskräfte der Organisation begleiten das Thema mit Storytelling und indem sie der Organisation ein permanentes *Wozu* liefern!

Vorbereitung

Ein Open Space ist sorgfältig vorzubereiten. Dazu ist eine Gruppe zusammenzustellen, die aus mit Open Space Erfahrenen, an Open Space und dem voraussichtlichem Thema Interessierten und Führungskräften, die die notwendigen Ressourcen zur Verfügung stellen können, besteht.

Weiterhin benötigt ein Open Space einen Sponsor – meist eine höhere Führungskraft. Nur mit dieser ist sichergestellt, dass sowohl Open Space als auch das zu bearbeitende Thema in der Organisation ernst genommen werden und es sich lohnt, sich damit zu befassen.

Zu einem Open Space ist geschickt einzuladen – nicht über klassischen Wege wie E-Mail, sondern viral, über Handzettel, Poster und innovative Ideen. So wird von Beginn an klar, dass Open Space anders ist als klassische Meetings. Allerdings darf nicht zu viel verraten werden, dies würde die Spannung abbauen – und es soll ja gerade Spannung aufgebaut und Neugierde geweckt werden.

Die Themenfindung muss sorgsam erfolgen, da das Thema die Attraktivität des Open Space festlegt und dafür sorgt, dass die Einladung von vielen angenommen wird.

Vorab müssen die Rahmenbedingungen geklärt werden, wie mit den Ergebnissen aus dem Open Space umgegangen wird. Es muss klar sein, was mit den Ergebnissen passiert, bevor diese erarbeitet werden. Es darf keinesfalls der Eindruck entstehen, dass nur „genehme" Ergebnisse umgesetzt werden. Ebenfalls dürfen auch keine Ergebnisse vorgegeben werden.

Teil III Praktisches: Vorgehensweisen, Methoden und Tools

Warum Open Space funktioniert und wirksam ist

Open Space wird von zwei grundlegenden Kräften angetrieben: *Verantwortung* und *Leidenschaft*. Denn es ist unwahrscheinlich, dass jemand Verantwortung für eine Sache übernimmt, die ihn nicht interessiert.

Verantwortung und Leidenschaft kommen nur dann voll zur Geltung, wenn diese freiwillig geschehen. Unter Zwang oder Verordnung geschieht dies nicht! Daher ist die Teilnahme an einem Open Space vollkommen freiwillig!

Freiwilligkeit führt zu Verantwortung und Leidenschaft – so wird Open Space extrem wirksam und nachhaltig. Einsatz, Selbstverpflichtung und Verantwortung der einzelnen Teilnehmer werden gestärkt und gleichzeitig Interaktion und Kommunikation in der Organisation gefördert. So wird z.B. bei Veränderungsprozessen, die mit Open Space eingeleitet und begleitet werden, eine deutlich nachhaltig wirksame Veränderung erreicht [Mal02].

Was wird mit dem Einsatz von Open Space erreicht?

Bei den Mitarbeitenden	In der Organisation
• Verantwortung für das Thema, die Ergebnisse und den Prozess • Identifikation mit dem Thema, der Situation und dem Unternehmen • Gestärktes Selbstbewusstsein • Gemeinschaftsgefühl • Mut und Vertrauen in die eigenen Fähigkeiten • Moderations- und Kommunikationsbereitschaft sowie -fähigkeit	• Vielfältige Ideen, Maßnahmen, Ziele • Bearbeitung „wirklich" wichtiger Themen • Schnelle Reaktion auf Veränderungsanlässe • Nachhaltige Wirksamkeit der Veränderung durch Akzeptanz der Ergebnisse • Gleichzeitiger Wandel in verschiedenen Bereichen in der Organisation • Gleicher Wissensstand der Teilnehmenden • Effektive Kommunikation in großen Gruppen

Abbildung 2: Was wird mit dem Einsatz von Open Space erreicht? [Mal02]

Abbildung 2 zeigt die Auswirkungen von Open Space für Einzelne und die Organisation.

Ablauf

> Sei vorbereitet, überrascht zu werden.
>
> – Harrison Owen

Open Spaces funktionieren selbstorganisierend. Dazu braucht es klare Rahmenbedingungen (Regeln) und eine wirkungsvolle Begleitung durch einen in Open Space erfahrenen Begleiter oder Facilitator. Dieser achtet ausschließlich auf den Prozess, hält den Prozess am Laufen – in Open Space *„den Raum offenhalten"* genannt. Allerdings ist der Facilitator weder für den Inhalt noch das Ergebnis verantwortlich – beides liegt in der Verantwortung aller Teilnehmer!

Open Spaces können von einem halben Tag bis fünf Tage dauern, üblich sind zwei bis drei Tage. Unabhängig von der Länge eines Open Space gibt es:

- keine festgelegten Tagesordnung,
- keine vorbestimmten Redner und
- keine definierten Aufgaben.

Zu dem vorgegebenen Thema des Open Space finden die Teilnehmenden selbstorganisiert die Teilthemen und Aufgaben, die sie bearbeiten wollen. Jeder entscheidet eigenverantwortlich, zu welchem Thema er beiträgt.

Bei all dem, was auf einem Open Space passiert, behalten Sie immer im Hinterkopf: Wenn Open Space *„die Kaffeepause einer Konferenz"* ist, dann sind die Kaffeepausen eines Open Spaces noch einen Schritt wirkungsvoller.

Wie Open Space startet

Zu Beginn eines Open Space sitzen alle Teilnehmer in einem Kreis – bei vielen Teilnehmenden in mehreren Reihen hintereinander. Der Sponsor begrüßt alle Teilnehmer, führt in das Thema ein und erklärt Ziele, Grenzen und Ressourcen bei der Umsetzung.

Anschließend stellte der Begleiter oder Facilitator Open Space als Vorgehen vor und unterstützt die Gruppe in der korrekten Anwendung der Methode.

Sammeln der Anliegen der Teilnehmenden

Der Open Space findet zu einem vom Sponsor vorgegebenen und vorgestellten Thema statt. Die einzelnen Inhalte dazu ergeben sich aus den Anliegen der Teilnehmenden. Jeder kann ein oder mehrere Anliegen einbringen. Ein *Anliegen* ist ein Thema, das jemandem wichtig ist und für das er Verantwortung übernimmt. Dies bedeutet nicht, dass er dieses Thema allein bearbeiten muss, sondern, dass er es öffentlich macht und mit anderen Interessierten besprechen möchte. Verantwortung übernimmt der Vorschlagende dadurch, dass er in der Planung des Open Space sein Anliegen kurz vorstellt und die Diskussion – die *Session* – dazu einberuft, indem er Ort und Zeit festlegt.

Alle Anliegen werden auf der „Anliegenwand" – beispielsweise ein Whiteboard – gesammelt und verfügbaren Zeiten sowie Arbeitsräumen durch die Anliegeneinbringer zugeordnet. Damit sind die Sessions mit Zeit, Ort und Thema definiert.

Marktphase

Anschließend findet eine „Marktphase" statt, in der Anfangszeiten und Räume der Sessions verhandelt werden und sich jeder Teilnehmer bei den Themen einträgt, die ihn interessieren – dies können auch mehrere gleichzeitig stattfindende Themen sein (Abbildung 3).

Abbildung 3: Marktphase bei einem Open Space [ini]

Gruppenarbeitsphase

In der Bearbeitungsphase arbeiten die Gruppen selbstorganisiert parallel in verschiedenen Sessions. Dabei werden die Teilnehmenden von den vier Grundsätzen und einem Gesetz des Open Space geleitet.

Vier Prinzipien und ein Gesetz

In Open Space gibt es *vier Prinzipien* und *ein Gesetz*. Die Grundsätze lauten:

- *Wer kommt – es sind die Richtigen.*
- *Was geschieht – es ist das Einzige, was gesehen kann.*
- *Es fängt an, wenn die Zeit reif ist.*
- *Vorbei ist vorbei – nicht vorbei ist nicht vorbei.*

Das eine Gesetz ist das *Gesetz der zwei Füße* und lautet:

> Wer im Verlauf einer Session feststellt, dass er sich in einer Gruppe befindet, in der er nichts mehr lernt oder zu der er nichts mehr beitragen kann, soll seine zwei Füße benutzen und sich an einen Ort begeben, wo er produktiver sein kann.

Die Initiatoren einer Session sind für deren Dokumentation verantwortlich. Sie ist insbesondere für diejenigen wichtig, die an einer Session nicht teilnahmen, weil sie z.B. in einer anderen Session waren. Die Dokumentation ist an einer Dokumentationswand oder in einem Dokumentationsraum für alle sichtbar zu machen.

„Morgenrunde" und „Abendnachrichten"

Bei mehrtägigen Open Spaces kommen alle Teilnehmenden zu Beginn des Tages zur „Morgenrunde" und am Ende des Tages zu den „Abendnachrichten" zusammen. Diese bieten Gelegenheit für Bekanntmachungen. Am Abend gibt es zusätzlich die Möglichkeit, Eindrücke des Tages auszutauschen und über deren Bedeutung nachzudenken. Anschließend kann gemeinsam gefeiert werden.

Zusammenführen und priorisieren der Ergebnisse

Sinnvolles Handeln wird erst dann möglich, wenn alle Verantwortung dafür übernehmen, dass etwas getan wird – was auch immer *etwas* bedeutet. Mit Open Space steigt die Wahrscheinlichkeit für konkrete Maßnahmen deutlich an, weil alle Teilnehmenden von Beginn an darauf hingewiesen wurden, dass sie – und nur sie allein – die Macht haben, die Veränderungen zu bewirken, die sie sich erhoffen und wünschen. Damit ist ihnen auch klar, dass es bei ihnen liegt, die entsprechenden Maßnahmen anzustoßen. Wenn sie nicht den ersten Schritt tun, wer sonst?

Am Abend des vorletzten Tages werden alle Dokumentationen – das sind die Ergebnisse aus den Arbeitsgruppen, versehen mit den Namen der jeweiligen Teilnehmer – zu einem Dokumentationsband zusammengestellt und über Nacht für alle am Open Space Teilnehmenden kopiert.

Der letzte Tag eines Open Space verläuft anders als die vorangegangenen Tage. Zunächst werden in der Morgenrunde die Dokumentationen verteilt. Anschließend bekommen alle Zeit zum Lesen der Dokumentation. Meist reicht dafür eine Stunde, bei umfangreichen Dokumentationsbänden 1,5 Stunden.

Die Teilnehmenden sollen sich beim Lesen auf die Themen konzentrieren, die neu für sie sind. Da alle Teilnehmenden anwesend sind, können Fragen zu Sessions, bei denen jemand nicht war, schnell geklärt werden.

Parallel zum Lesen werden die Teilnehmenden gebeten, die für sie wichtigsten Ergebnisse zu bestimmen und ihr Votum dazu abzugeben. Dies kann auf verschiedene Weise geschehen, z.B. über *Dot Voting* [Sch17]; bei größeren Gruppen ist Computerunterstützung hilfreich. Noch vor der Mittagspause steht eine Liste mit den für alle wichtigsten Ergebnissen zur Verfügung. Damit liegt eine priorisierte Liste mit den nun im Nachgang anzugehenden Themen vor.

Am Nachmittag des letzten Tages werden erste Schritte zu den Top-Themen getan, allerdings nur kurz, da die Energie meist „raus" ist und die Teilnehmenden müde sind. Wichtig ist, dass jemand die Verantwortung für die nächsten Schritte übernimmt. Dazu können beispielsweise die Gruppen, die die wichtigsten Themen bearbeitet haben, mit anderen an dem jeweiligen Thema Interessierten kurz zusammenkommen und klären, welche Sofortmaßnahmen erforderlich sind und wer dafür verantwortlich ist. Wichtig ist, dass die Gruppen ihre Kommunikation festlegen (z.B. Treffen in x Tagen, E-Mail-Verteiler, Channel in einem Kollaborations-Tool), die nächsten Schritte vereinbaren und auch umzusetzen.

Bei den im Nachgang umzusetzenden Maßnahmen wurden drei Kategorien bzw. Qualitäten beobachtet [Owe08]:

- *Es ist klar, was getan werden muss, es muss nur noch getan werden.* Klare Vereinbarungen, was bis wann von wem erledigt ist, helfen dabei, dranzubleiben.
- *Es ist ziemlich klar, was getan werden muss.* Allerdings sind noch weitere Informationen oder Beratungen hierfür notwendig. Hier ist eine Frist zu setzen, bis wann dies geschieht.

- *Es ist völlig schleierhaft, was bei diesem Thema zu tun ist.* Hier empfiehlt es sich, einen Open Space speziell zu diesem Thema durchzuführen.

Der Abschluss

Das Ende muss zum gesamten Open Space passen. Das schließt erst einmal Reden von Führungskräften aus.[3] Diese sind auch gar nicht notwendig, da die Ergebnisse bereits allen in schriftlicher Form vorliegen. Wichtig hingegen ist der aufrichtige persönliche Dank des Sponsors mit dem Versprechen, sich den Ergebnissen und Empfehlungen angemessen zu widmen.

Ein Open Space endet, wie er begonnen hat: im Stuhlkreis. Die Stimmung ist nun spürbar anders als zu Beginn. Die Teilnehmenden haben den Open Space als sicheren Ort erlebt, haben Vertrauen und Kooperation er- und gelebt und ggf. mit völlig unbekannten Menschen zusammengearbeitet.

Den Abschluss eines Open Space bildet meist die „Redestab"-Zeremonie: Ein symbolischer Stab – häufig ein Stift oder ein Mikrofon – wandert ausgehend vom Facilitator im Kreis herum und jeder ist dazu eingeladen, kurz zu äußern, was die Veranstaltung für ihn bedeutet hat und was er für die Zukunft mitnimmt. Es besteht kein Redezwang, wer nichts sagen will, kann den Stab auch einfach weiterreichen.

Je nach Anzahl der Teilnehmer braucht der Abschluss seine Zeit. Bei 50 bis 100 Teilnehmern können dies durchaus drei Stunden sein. Es geht darum, ein würdiges Ende zu setzen, um die Teilnehmenden und ihre Anstrengungen oder Initiativen wertzuschätzen.

Rollen

Open Space setzt auf vier Rollen:
- Der *Sponsor* – ein hochrangiger Manager der Organisation – bewilligt den Open Space und verdeutlicht so die Wichtigkeit der Veranstaltung und ihrer Ergebnisse für die Organisation.
- Der *Begleiter* – auch Facilitator genannt – wird vom Sponsor autorisiert, den Open Space von Anfang bis Ende anzuleiten und zu unterstützen.
- Die *Teilnehmer* organisieren sich selbst, indem sie selbst entscheiden, zu welchen Sessions sie gehen, welchen Beitrag sie dort leisten und wie sie die Ergebnisse und Erkenntnisse mit ihren Kollegen in der gesamten Organisation teilen.
- *Sessionanbieter* sind Teilnehmer, die Themen für die Gruppenarbeitsphasen anbieten.

---

[3] Sollten jedoch aus politischen, kulturellen oder sozialen Gründen Abschlussreden notwendig sein, sollten diese natürlich gehalten werden. Meist ist es allerdings passender, dies nicht zu tun – auch um den Unterschied zu normalen Meetings und Konferenzen deutlich zu machen.

> **Arten von Teilnehmern**
>
> Das → *Gesetz der zwei Füße* führt zu folgenden beobachtbaren Verhaltensweisen:
>
> 1. *Teilnehmer:* Diese verhalten sich wie „normale" Teilnehmer auf einer Konferenz. Sie gehen zu einer Session und bleiben dort bis zum Ende.
> 2. *Hummeln:* Dies sind Teilnehmende, die ausgiebig Gebrauch vom *Gesetz der zwei Füße* machen und zwischen Sessions wechseln, sobald sie nichts mehr lernen oder beitragen können. Sie sorgen so für eine wechselseitige Befruchtung der Sessions und bereichern diese durch eine Vielzahl neuer Ideen und Impulse.
> 3. *Schmetterlinge:* Dies sind Teilnehmende, die häufig an gar keiner Session teilnehmen oder eine Session „mal sausen lassen", um Kaffeepausen-Gespräche zu führen. Sie schaffen damit nicht nur Oasen der Ruhe, sondern auch spontane Sessions, die sich aus dem ergeben, was gerade wichtig ist.
>
> Alle drei Verhaltensweisen sind wichtig für den Erfolg eines Open Space, weil sie verschiedene Funktionen erfüllen.

Erfolgsfaktoren

Damit die (Veränderungs-)Energie der Teilnehmenden nach dem Open Space nicht verpufft, müssen bereits *vor* der Veranstaltung einige Rahmenbedingungen gesetzt werden [Mal02]:

- Es sind Maßnahmen und Strukturen festzulegen, um die Ergebnisse effektiv, effizient und dauerhaft in der Organisation umzusetzen.
- Die Gruppen dürfen ihre Ergebnisse selbst umsetzen. Dazu bekommen sie die Unterstützung der Organisation, die sie brauchen. Keinesfalls nimmt ihnen das Management die Initiative aus der Hand!
- Der regelmäßige Kontakt innerhalb einer Umsetzungsgruppe, zwischen Umsetzungsgruppen und zwischen Umsetzungsgruppen und Management muss sichergestellt sein, um Informationen auszutauschen sowie Hindernisse und Probleme frühzeitig zu erkennen. Hierzu eignet sich das Format → *Lean Coffee* (siehe Seite 205) sehr gut.
- Die Umsetzungsfortschritte aller Gruppen müssen in der Organisation transparent gemacht werden. Jedem Interessierten muss die Möglichkeit gegeben sein, sich schnell und einfach über laufende Projekte zu informieren und zu diesen beizutragen. Dabei sind haptische Wände [Sch17] Online Boards überlegen. Zudem bieten sie die Möglichkeit, mit anderen Interessierten direkt ins Gespräch zu kommen.
- Eine Follow-up-Veranstaltung ist empfehlenswert, um Aktivitäten sauber abzuschließen und den Kommunikations- und Interaktionsprozess am Laufen zu halten. Dies kann z.B. ein weiterer Open Space sein.

Lean Change

Lean Change ist ein agiles Vorgehen zur Veränderung von Organisationen. Dabei wird eine Veränderung schrittweise und aufeinander aufbauend entworfen und umgesetzt.

So kann nach jedem Schritt auf das Ergebnis dieses Schrittes reagiert werden. Damit ergibt sich ein adaptives – ein agiles! – Vorgehen für Veränderungen. Weiterhin entwerfen und testen die Betroffenen selbst die Veränderung und setzen diese auch um. So werden Betroffene zu Beteiligten.

Lean Change gibt es in der ursprünglichen Form, wie von Jason Little gemeinsam mit dem Autor dieses Buches entworfen, und in der Version 2.0 als systemisches Lean Change 2.0 (wie vom Autor dieses Buches weiterentwickelt [Sch17]). Wenn im Weiteren von Lean Change die Rede ist, ist damit immer die Version 2.0 gemeint, die ausführlich in [Sch17] beschrieben wird.

> **Transition vs. Transformation: Wie vordefiniert ist der Zielzustand?**
>
> Bei jeder Veränderung soll – ausgehend vom gegenwärtigen Ist-Zustand – ein Zielzustand erreicht werden (Abbildung 4). Dieser Zielzustand zeichnet sich durch „bessere Werte" in bestimmten Kategorien aus: höhere Leistungsfähigkeit, höhere Anpassungsfähigkeit, besseres Klima in der Organisation etc.
>
> Für den angestrebten Zielzustand sind zwei generelle Typen möglich:
>
> 1. *Der Zielzustand ist vorab definierbar*: Dann handelt es sich um eine *Transition*, also um den Übergang in einen schon definierbaren – weil bekannten – Zielzustand.
> 2. *Der Zielzustand ist vorab nicht definierbar.* Dann handelt es sich um eine *Transformation*, also um einen Übergang in einen vorab nicht definierbaren – weil unbekannten – Zielzustand.
>
> Der Unterschied ist also folgender: Bei einer Transition ist „nur" der Weg unbekannt, bei einer Transformation sind Weg und Ziel unbekannt. Daher funktioniert „Pläne machen" in beiden Fällen nicht!

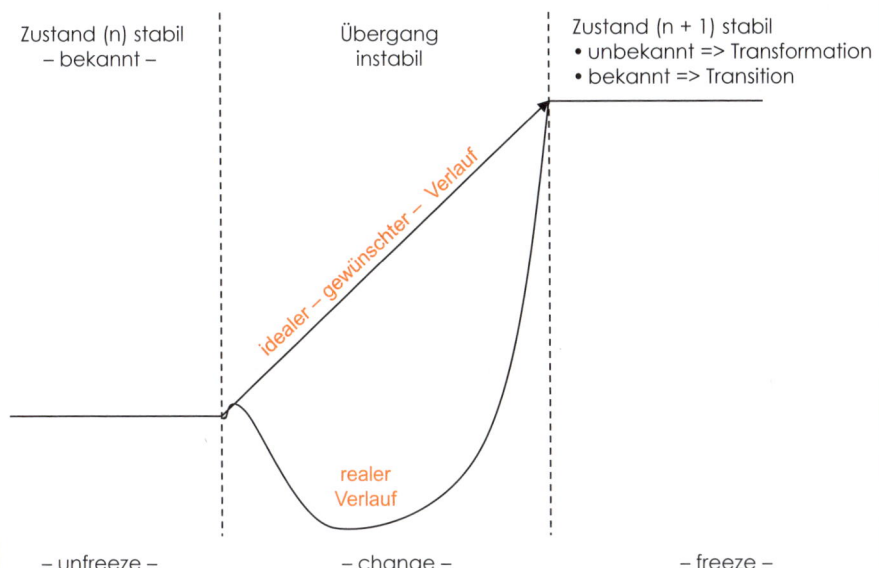

Abbildung 4: Bei Veränderungen geht es um den Übergang von einem aktuellen Zustand auf einen – mehr oder weniger vordefinierbaren – Zielzustand – die Veränderungskurve nach Virginia Satir im Vergleich zu den Phasen nach Kurt Levin [Sch17]

Bei dieser Unterscheidung bleibt die Frage, inwieweit es überhaupt möglich ist, einen Zielzustand vorab definieren zu können, wenn Organisationen – und insbesondere Veränderungen von Organisationen – *komplex* sind, d.h. sowohl in Verlauf als auch in Ergebnis weder vorhersag- noch steuerbar sind. Daher gehen wir im Weiteren davon aus, dass Verlauf und Zielzustände von Veränderungen weder vorhersagbar, planbar und ansteuerbar sind. Es bleibt dann nur die Suche nach einer Vorgehensweise, die das Risiko eines Scheiterns minimiert, indem sie ein schnelles Gegensteuern ermöglicht.

Da Organisationen anpassungsfähig bleiben müssen, um zu überleben, kann der erreichte Zielzustand immer nur der Ausgangszustand für sich in der Zukunft ergebende weitere Veränderungen sein. Organisationen müssen daher die permanente Veränderungsfähigkeit in ihre DNA einbauen.

Grundlagen

Lean Change nimmt gegenüber Veränderungen folgendes Grundverständnis ein: *Wenn Verlauf und Ergebnis einer Veränderung weder planbar noch vorhersagbar noch steuerbar sind, dann können Veränderungen nur Experimente sein.* Dabei wird den folgenden drei Grundprinzipien gefolgt:

1. *Iterative und inkrementelle Veränderung, basierend auf schnellem Feedback.*
2. *Testen der Veränderung an den Betroffenen, bevor diese durchgeführt wird.*
3. *Betroffene werden zu Beteiligten, indem sie die Veränderung selbst gestalten, testen und durchführen.*

Grundprinzip 1: *Iterative und inkrementelle Veränderung, basierend auf schnellem Feedback*

Die Veränderung erfolgt nicht in *einem* großen Schritt, sondern schrittweise über viele, vorher nicht festlegte Schritte. Der Weg entsteht sozusagen beim Gehen, denn die Veränderung entsteht durch emergente Vorgänge aus dem, was passiert.

Nach jedem Veränderungsschritt(chen) wird nun überprüft, ob man dem Ziel nähergekommen ist. Falls nicht, besteht die Möglichkeit, schnell gegenzusteuern. Dies senkt das Risiko und macht auch größere Veränderungen beherrschbar. Dieses Grundprinzip sorgt also dafür, *Verschwendung bei Veränderungen zu vermeiden*.

Wie agiles Vorgehen funktioniert

Klassische Teams leiden: *Es muss zu viel zu schnell erledigt werden und alles ist gleich wichtig.* Scheitern ist so vorprogrammiert!

Agile Vorgehensweisen sind genau deshalb erfolgreich, weil sie [Sch17]

1. alle Aufgaben priorisieren – d.h. auch, zu entscheiden, was nicht (!) gemacht wird – und diese Priorisierung permanent aktualisieren,
2. nur die Aufgaben mit der jeweils höchsten Priorität bearbeiten,
3. die Menge gleichzeitig zu erledigender Aufgaben – den *Work in Progress (WiP)* – limitieren – dies sind die *WiP-Limits* [Sch17],
4. die Bearbeitungszeit begrenzen – *Time Boxing* –,
5. basierend auf Kundenfeedback zu den Ergebnissen der aktuell bearbeiteten Aufgaben lernen, um neue Aufgaben zu generieren und wieder bei Punkt 1 zu beginnen.

Bei Agilität geht es darum, die *richtigen Dinge richtig* zu tun. Dazu muss man herausfinden,

a) was die *richtigen Dinge* sind – dies geht nur mit dem Kunden – und
b) wie die *Dinge richtig* zu tun sind – dies geht nur mit dem die Aufgaben bearbeitenden Team.

Weitere Ausführungen dazu finden Sie in [Sch17].

Grundprinzip 2: *Testen der Veränderung an den Betroffenen, bevor diese durchgeführt wird*

Lean Change wendet *Lean Startup*[4] auf Veränderungen an. Daraus ergibt sich das zweite Grundprinzip: *Testen einer Veränderung an den Betroffenen, bevor diese durchgeführt wird*. Jede Veränderung wird von und mit den Betroffenen vorab besprochen. Nur was diese unterstützen – also nicht nur akzeptieren! –, wird umgesetzt. Damit liegen die Chancen für erfolgreiche Veränderungen deutlich höher. Denn schon im Vorfeld der Veränderung kann erkannt werden, ob diese überhaupt eine Chance auf Erfolg hätte. Enttäuschungen und Aufwand werden vermieden.

---

[4] Das Grundprinzip von *Lean Startup* lautet: *Baue ein minimales Produkt, teste es an echten Kunden und lerne schnell aus deren Feedback, um ein besseres Produkt zu entwickeln.* So wird Verschwendung in der Produktentwicklung vermieden [Sch17].

Grundprinzip 3: *Betroffene werden zu Beteiligten, indem sie die Veränderung selbst gestalten, testen und durchführen*

Im klassischen Change Management entwerfen Experten die Veränderung und rollen diese dann aus – die Betroffenen bekommen die Veränderung geradezu übergestülpt. Wie verschiedene Studien zeigen, führt dies zu einer Erfolgsrate von Veränderungen um 30 % [Sch17] – 70 % der Veränderungsinitiativen scheitern!

Lean Change folgt deshalb dem Prinzip: *Indem die Betroffenen die Veränderung selbst gestalten, testen und durchführen, werden sie zu Beteiligten.* Das führt nicht nur zu einer höheren Akzeptanz von Veränderungen, sondern ist fair den Betroffenen gegenüber.

Der Lean Change-Zyklus

Die Abbildung 5 zeigt den Ablauf von Lean Change: Ausgehend von *Einsichten* werden *Optionen* entworfen, was wie verändert werden könnte. Aus diesen Optionen wird diejenige ausgewählt, die allen Beteiligten am wirkungsvollsten erscheint. Die Option wird zu einem *Experiment* ausgebaut und – je nach Größe ggf. schrittweise – umgesetzt. Aus dem Ergebnis des Experiments werden neue Einsichten gewonnen, die zu besseren Optionen führen. Der Lean Change-Zyklus wird so lange durchlaufen, bis die gewünschte Veränderung erreicht ist.

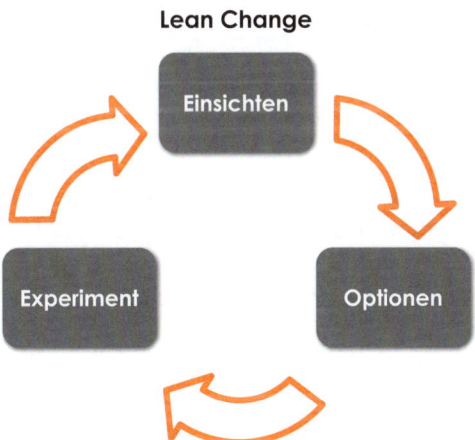

Abbildung 5: Der Lean Change-Zyklus*: Einsichten – Optionen – Experiment [Sch17]*

Um permanent anpassungsfähig zu bleiben, müssen Organisationen den Lean Change-Zyklus in ihre DNA einbauen.

OpenSpace Change

> **Prime/OS™**
>
> *Prime/OS*™ ist eine Struktur zur systemischen Veränderung von Organisationen. Es bietet Sicherheit in der Durchführung und maximale Freiheit bei den Veränderungsinhalten. Dabei werden wiederholbare Veränderungsphasen jeweils von zwei Open Space Events eingerahmt und ermöglichen so ein Maximum an Selbstregelung der Organisation (siehe Kasten „*Regeln statt steuern*" auf Seite 157).
>
> Prime/OS™ definiert sich wiederholende Veränderungsphasen, die zu einer schrittweisen und aufeinander aufbauenden Veränderung führen. Dabei verbleibt die Planung und Durchführung der Veränderung in den Händen der Betroffenen, die dadurch zu Beteiligten werden. Durch die klare Definition und Gestaltung der sich wiederholenden Veränderungsphasen entsteht Routine in der Anwendung, die Konzentration auf den Inhalt ermöglicht.
>
> Prime/OS™ kombiniert u.a. folgende bewährte Konzepte und ermöglicht so Synergien zwischen diesen:
>
> - *Open Space* als einladungsbasiertes Workshop-Format
> - *Spieltheorie* und deren Elemente wie Ziele, Regeln, Rückmeldung über Fortschritt, Freiwilligkeit
> - *Einladungen* statt Anordnungen
> - *Storytelling* durch die Führungskräfte
>
> Prime/OS™ setzt für die Veränderung auf das *Shu – Ha – Ri*-Lernmodell [Sch17] aus den asiatischen Kampfkünsten mit seinen drei Phasen:
>
> 1. *Shu – Einführung*: Beginn und Lernen des Veränderungsverfahrens. Unterstützung der Organisation durch externe Coaches.
> 2. *Ha – Kompetenz*: Phase 1 wurde erfolgreich durchlaufen. Weiterer Kompetenzaufbau erfolgt durch weiteres selbstständiges Lernen am und durch das Veränderungsverfahren.
> 3. *Ri – Meisterschaft*. Phase 2 wurde erfolgreich durchlaufen. Das Veränderungsverfahren ist in der Organisation etabliert, quasi in der DNA der Organisation eingebaut. Die Organisation geht ihren eigenen Weg.
>
> Prime/OS™ ist ausführlich in [Mez14] beschrieben.

OpenSpace Change (OSC) verbindet *Prime/OS*™ – und damit *Open Space* – und *Lean Change 2.0* zu einem extrem wirksamen und nachhaltigen Vorgehen für Veränderungen[5]. Die Kraft der Einladung trifft auf agiles Vorgehen – Einsatz, Selbstverpflichtung und Verantwortung der einzelnen Organisationsmitglieder treffen auf agile Interaktion und Kommunikation. So entsteht ein Framework für selbstorganisierte, selbstgesteuerte emergente Veränderungen von Organisationen.

- *OpenSpace Change ist ergebnisoffen, inhalts- und ideologiefrei*: Im Gegensatz zu anderen Vorgehensweisen wie *OpenSpace Agility* oder *OpenSpace Beta* (siehe der folgende Kasten „*OpenSpace Agility und OpenSpace Beta*") bringt *OpenSpace Change* keinen Inhalt mit. Da kein Inhalt übernommen werden muss, kann die Organi-

---

[5] *OpenSpace Change* ist daher auch als *OpenSpace Lean Change* und *Lean Change 3.0* bekannt.

sation selbst bestimmen, was für sie am besten passt. Und dies sogar während der Veränderung anpassen – ohne von Beratern abhängig zu sein.
- *OpenSpace Change ist schnell und nachhaltig:* Es kann jederzeit eingesetzt werden und passt mit allem zusammen, was notwendig ist, was gerade in der Organisation passiert und was sie gerade braucht. Sogar steckengebliebene oder gescheiterte agile Transformationen können erfolgreich weitergeführt werden.
- *OpenSpace Change ist Hilfe zur Selbsthilfe:* Es versetzt Organisationen in die Lage, sich selbst aus eigener Kraft heraus zu verändern und weiterzuentwickeln – ohne dauerhafte Berater oder andere Externe, deren Unterstützung über kurz oder lang zu erlernter organisationaler Hilflosigkeit führt.
- *OpenSpace Change ist radikal ehrlich:* Im Gegensatz zu bisherigen Verfahren macht es von Anfang an den Gesamtaufwand transparent – keine zusätzlichen internen und intransparenten Kosten, keine versteckten Folgekosten. Denn bei OSC – wie auch bei OSA und OSB – ist von Anfang an klar, wann die externen Unterstützer (Coaches, Facilitatoren, Berater) die Organisation wieder verlassen werden und wie viele interne Ressourcen zur Verfügung gestellt werden.
- *OpenSpace Change* ist inspiriert von [Her18, 19; Mez14, 15, 19].

OpenSpace Agility und OpenSpace Beta

OpenSpace Agility (OSA) und *OpenSpace Beta (OSB)* sind Anwendungsbeispiele von Prime/OS™ zur Transformation einer Organisation in eine agile bzw. eine *Beta**-Organisation.

Beide sind dann passend, wenn 100 % Agilität bzw. 100 % *Beta* das Ziel sind. Leider passt dies nicht immer, zumal wenn Organisationen gesetzlichen Regularien unterliegen. Außerdem kann Agilität in Organisationsteilen unpassend sein, wenn dort z.B. nicht-komplexe Aufgabenstellungen bearbeitet werden. Organisationen wissen daher selbst am besten, was sie brauchen. Deshalb bringt OSC – im Vergleich zu *Open Space Agility* und *Open Space Beta* – keinerlei inhaltliche Vorgaben oder gar eine eigene Kultur mit. So sind die Organisationen frei, den Inhalt ihrer Veränderung selbst wählen und gestalten zu können.

Wird für *OpenSpace Change* als Inhalt ausschließlich Agilität gewählt, so ergibt sich *OpenSpace Agility*, bei der ausschließlichen Wahl von Beta ergibt sich *OpenSpace Beta*.

Literaturhinweise:

- OpenSpace Agility (OSA):
  - Mez15: Mezick, Daniel; Pontes, Deborah; Shinsato, Harold; Kold-Taylor, Louise; Sheffield, Mark: The Open Space Agility Handbook. The User's Guide.New Technology Solutions, 2015. deutsche Version [Mez19].
  - Mez19: Mezick, Daniel; Pfeffer, Joachim; Pontes, Deborah; Sasse, Miriam; Sheffield, Mark; Shinsato, Harold; Kold-Taylor, Louise: Das Open Space Agility Handbuch: Organisationen erfolgreich transformieren. peppair, Wangen im Allgäu, 2019.
  - Pfe18: Pfeffer, Joachim; Sasse, Miriam: Open Space Agility kompakt. Mit Freiraum und Transparenz zur echten agilen Organisation. peppair, Wangen im Allgäu, 2018.
- OpenSpace Beta (OSB):
  - Her18: Hermann, Silke; Pflaeging, Niels: Open Space Beta. A handbook for organizational transformation in just 90 days. Beta Codex Publishing, Wiesbaden, 2018. deutsche Version [Her19].

> – Her19: Hermann, Silke; Pfläging, Niels: Open Space Beta. Das Handbuch für organisationale Transformation in nur 90 Tagen. Vahlen, München 2019.
>
> * *Beta* ist eine für komplexe Märkte und Menschen geeignete organisatorische Denk- und Handlungsweise.

Der Übergang vom aktuellen auf einen zukünftigen Zustand ist zu gestalten. OSC setzt dazu auf Lean Change mit dessen Grundverständnis und dessen Grundprinzipen und verbindet diese mit Selbstorganisation und Selbstregelung.

OpenSpace Change **ist eine bewusst gestaltete Übergangserfahrung. Statt den** *Inhalt* **einer Veränderung vorzugeben, strukturiert OSC die** *Vorgehensweise.*

Dadurch wird den Beteiligten Sicherheit in der Durchführung von Veränderungen gegeben und sie können sich voll auf die Inhalte der Veränderung konzentrieren – Stress, Sorgen und Ungewissheit der Beteiligten entfallen.

> **Sieben Leitfragen für OpenSpace Change**
>
> OpenSpace Change bringt die folgenden sieben Leitfragen mit, die die Organisation bei der inhaltlichen Bearbeitung der Veränderung unterstützen sollen:
>
> 1. *Was soll geändert werden?*
> 2. *Warum soll das geändert werden? Was sind die Gründe für die Veränderung?*
> 3. *Wozu soll das geändert werden? Was ist der Sinn der Veränderung?*
> 4. *Für wen ist die Veränderung wichtig?*
> 5. *Wem nutzt die Veränderung? Wer profitiert wie von der Veränderung?*
> 6. *Wie organisieren wir die Entwicklung der Veränderung?*
> 7. *Wie führen wir die Veränderung?*
>
> Diese Fragen werden im Verlauf von OSC immer wieder bearbeitet und die Antworten reflektiert. Zu deren Bearbeitung eignen sich Open Space Sessions, Lean Coffees oder andere agile Interaktionen sehr gut.

Ablauf

OpenSpace Change besteht aus *Lernkapiteln* (Abbildung 6). Dies sind Lernphasen, die von einem Open Space eingeleitet und abgeschlossen werden. Während die erste Lernphase – die *Einführungsphase* – in der Regel nur einmal stattfindet, können die weiteren Lernphasen beliebig oft durchgeführt werden. Um dies zu organisieren, setzt OpenSpace Change auf das *Shu–Ha–Ri*-Modell des Kompetenzaufbaus. Shu Ha Ri bezeichnet den asiatischen Weg des Lernens [Sch17]:

- *Shu:* Der Anfänger erlernt die Techniken durch Imitieren, Nachmachen und Kopieren.
- *Ha:* Der Geselle verbessert sich, baut Kompetenz auf, indem er Hintergründe der Techniken und Formen erfragt und infrage stellt.
- *Ri:* Der Meister löst sich vom Bisherigen und geht einen eigenen Weg.

Abbildung 6: OpenSpace Change besteht aus Lernkapiteln, *die von* OpenSpace Meetings *eingerahmt werden. Ein Lernkapitel dauert typischerweise 6 Monate, das beendende* Open Space Meeting *ist gleichzeitig das startende* Open Space Meeting *des folgenden Lernkapitels.*

Diese drei Phasen finden sich in der Anwendungskompetenz von OpenSpace Change durch die Organisationen wieder:

- *Shu*: In der *Einführungsphase* lernt die Organisation mit externer Unterstützung *OpenSpace Change* kennen und anwenden. Ziel ist, dass die Organisation die Methodik anschließend selbstständig anwendet.
- *Ha*: Die Organisation baut *Kompetenz* auf, sie wird in der Anwendung von *OpenSpace Change* immer besser.
- *Ri*: Die Organisation erreicht *Meisterschaft* in der Anwendung von *OpenSpace Change*, löst sich davon und geht ihren eigenen Weg.

Shu–Phase des Erlernens

Abbildung 7: Zeitlicher Ablauf der Shu*-Phase – der Einführungsphase – von OpenSpace Change*

OpenSpace Change beginnt mit einer 180-tägigen Einführungsphase (Abbildung 7). Diese ist nach dem → *PDCA-Zyklus* aufgebaut:

- *Plan*: 60-Tage-Vorbereitungsphase: In dieser Zeit wird
  - der erste Open Space vorbereitet,
  - das Regelungssystem für die Veränderungen aufgebaut und
  - der zweitägige *Open Space 1* durchgeführt.
- *Do*: 80-Tage-Umsetzungsphase: Diese besteht zunächst aus acht Iterationen (Sprints) zu je zwei Wochen.

- *Check*: Dreitägiger *Open Space 2* zur Überprüfung der Umsetzung und Planung der nächsten Schritte.
- *Act*: 30-Tage[6]-Integration: Die Umsetzungsphase und der zweite Open Space wirken nach. Die Ergebnisse des zweiten Open Space werden ausgewertet und die Aktionen umgesetzt. Externe Unterstützer und Begleiter verlassen die Organisation.

Ziel der Shu-Phase ist, OpenSpace Change, das Regelungssystem und agile Interaktionen kennen und anwenden zu lernen, um diese anschließend selbstständig ohne externe Unterstützung einzusetzen.

Damit ist OpenSpace Change in der Organisation eingeführt. Es liegt nun in den Händen der Organisationsmitglieder, OSC dauerhaft am Leben zu halten.

PDCA: Der Plan–Do–Check–Act-Zyklus [Sch17]

Der PDCA-Zyklus – auch als *Demingkreis*, *Deming-Rad* oder *Shewhart Cycle* bezeichnet – ist ein iteratives Vorgehen in vier Schritten, das seine Ursprünge in der Qualitätssicherung hat (Abbildung 8).

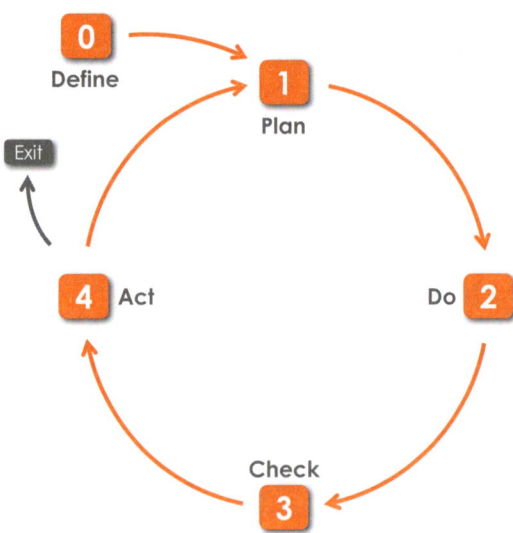

Abbildung 8: Der PDCA-Zyklus

Als Erstes wird ein Ziel definiert (Punkt 0: *Define – Definiere*). Daraus ergeben sich dann die folgenden Schritte, um sich in Richtung Ziel zu bewegen.

1. *Plan – Planen*: Plane den nächsten Schritt.
2. *Do – Tun*: Mache den nächsten Schritt.

---

[6] Doch, der Autor kann rechnen: Auch ihm ist bewusst, dass die für die Umsetzung angegebene Zeit in Summe erst 85 Tage umfasst. Dies ist kein Problem, denn die Folgetage auf die Open Spaces werden erfahrungsgemäß wenig produktiv sein – auch wegen der Party am Vorabend. Außerdem ist immer etwas – Ostern, Pfingsten, Himmelfahrt, Weihnachten, schlechtes Wetter –, da freut man sich, ein paar Tage Reserve zu haben.

3. *Check – Überprüfen*: Überprüfe das Ergebnis des Schrittes.
4. *Act – Handeln*: Handle basierend auf der Differenz zwischen Ziel und Ergebnis. Dieses „Handeln" entspricht einem Entscheiden zwischen
   - bleibe im Zyklus und gehe zur Planung des nächsten Schrittes oder
   - Exit – verlasse den Zyklus und tue etwas anderes.

Der PDCA-Zyklus ist ein Standardzyklus für iteratives Vorgehen.

Der LAMDA-Zyklus

Da der → *PDCA-Zyklus „ein bisschen abstrakt für Entwickler, insbesondere Ingenieure"* sei, entwarf Allen C. Ward den LAMDA-Zyklus speziell für Entwicklungsthemen.

LAMDA steht für ([War14, LEI, Dom09], Abbildung 9):

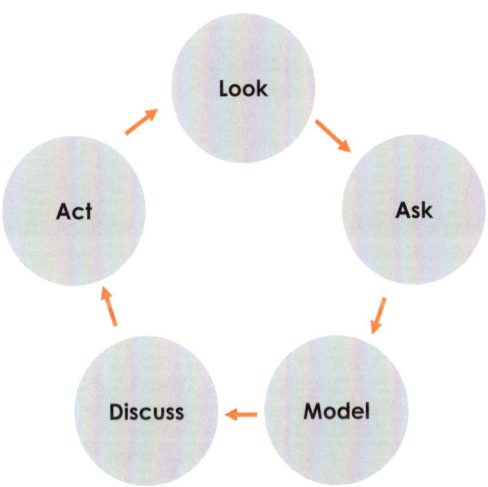

Abbildung 9: Der LAMDA-Zyklus [War14]

- **L**ook – *Schauen*: Beobachten Sie selbst! Gewinnen Sie Informationen selbst am → *Gemba*! Machen Sie direkte und praktische Erfahrungen mit dem Problem!
- **A**sk – *Fragen*: Fragen Sie! Fragen Sie nach! Stellen Sie bohrende Fragen, um den Kern des Problems zu verstehen (z.B. mittels „5-mal-Warum"-Fragen [Sch17]).
- **M**odel – *Modellieren*: Erstellen Sie technische Analysen, Simulationen oder Prototypen, um das Denken zu artikulieren!
- **D**iscuss – *Diskutieren*: Diskutieren Sie das Problem, Ihre Beobachtungen, Modelle und Hypothesen und Ihren Lösungsvorschlag mit einer Vielzahl von Personen, insbesondere den von Problem und Lösung betroffenen Personen! Diese Diskussionen tragen dazu bei, Ideen zu verfeinern und die Zustimmung zur Umsetzung zu gewinnen.
- **A**ct – *Handeln*: Testen Sie das Verständnis experimentell oder ergreifen Sie andere Maßnahmen, um die Lösung zu validieren!
- Starten Sie erneut mit Beobachten!

Der LAMDA-Zyklus dient dazu, kontinuierliches, substanzielles Lernen und tiefes Verständnis zu fördern.

In der Praxis läuft der LAMDA-Zyklus nicht immer so linear ab. Die Schritte überschneiden sich und es gibt oft direkte Schleifen zu vorangegangenen Schritten.

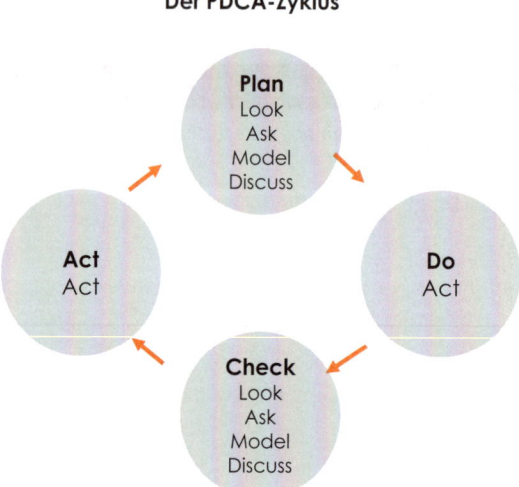

Abbildung 10: Der PDCA-Zyklus entspricht zwei LAMDA-Zyklen nacheinander [Dom09]

Der PDCA-Zyklus besteht aus zwei LAMDA-Zyklen, die nacheinander durchgeführt werden [Dom09]:

- der erste Durchlauf, um eine Hypothese zu entwickeln und zu testen,
- der zweite Durchlauf, um die Ergebnisse des Tests zu überprüfen und die Pläne bei Bedarf anzupassen und dann umzusetzen.

Weitere Ausführungen dazu in [War14].

Plan: 60-Tage-Vorbereitungsphase

In dieser Phase wird

- der erste Open Space vorbereitet (mit Themenfindung, Einladen der Teilnehmer etc.),
- ein System zur Regelung der Veränderung – das → *Flight-Levels-Modell* – in seiner Grundform entwickelt und technisch aufgebaut (z.B. mit Kanban-Boards, idealerweise offline). Dieses ist zunächst inhaltlich leer; der Inhalt ergibt sich aus den Ergebnissen des ersten Open Space.
- Der erste Open Space – Dauer zwei Tage – wird durchgeführt. Da für die meisten Organisationen dieses Format neu sein wird, muss ausreichend Zeit gegeben werden, um Open Space zu erlernen und zu erleben.

Während des Open Space fließen dessen Ergebnisse laufend in die strategische Ebene des Regelungssystems ein (*Flight Level 3*). Am Nachmittag des zweiten Tages des Open Space priorisieren alle Teilnehmer diese strategischen Themen. Entsprechend der geplanten Umsetzungskapazität fließt eine Anzahl an Themen in die Koordinationsebene des Regelungssystems (*Flight Level 2*). Auf dieser Ebene werden die Themen von den diese Themen bisher bearbeitenden Teams in Blöcke und Pakete zerlegt.

Ziel der Vorbereitungsphase ist ein optimaler Start der anschließenden Umsetzungsphase mit einem sehr gut laufenden ersten Open Space und einem einsatzbereiten Flight-Levels-System.

Do: 80-Tage-Umsetzungsphase

In dieser Phase findet die Umsetzung der Aufgaben zur Veränderung statt – iterativ und inkrementell in Lean Change-Iterationen. Dazu ziehen die Umsetzungsteams auf *Flight Level 1* ihre Aufgaben aus der taktischen Ebene des Regelungssystems (*Flight Level 2*).

Dazu werden die Aufgaben über 16 Wochen in 8 Iterationen (Sprints) zu je zwei Wochen aufgeteilt. In jedem Sprint gibt es regelmäßige → *agile Interaktionen (Plannings, Refinements, Standups, Reviews, Retrospektiven)* auf jeder und zwischen den Ebenen des Regelungssystems. Der aktuelle Stand der Veränderung ist an Boards (z.B. Kanban-Boards) für alle sichtbar.

Parallel dazu wird der zweite Open Space vorbereitet.

Check: Der dreitägige Open Space 2

Der sich an Phase 2 anschließende zweite Open Space – Dauer drei Tage – läuft in folgenden Phasen ab:

- *Review:* Überprüfen des Standes und der Ergebnisse aller Themen auf der strategischen Ebene des Regelungssystems.
- *Retrospektive:* Überprüfen der Zusammenarbeit, der Interaktionen und Kommunikation zwischen den OpenSpace Change-Beteiligten und zum Rest der Organisation: Wie gut funktioniert OSC in der Organisation? Wie gut funktionieren die Interaktion, die Zusammenarbeit, die Kommunikation in der Organisation? Was kann verbessert werden und wie?
- *Bearbeiten* der Themen, die die Teilnehmenden einbringen.
- *Planung* der nächsten umzusetzenden Themen auf der strategischen Ebene des Regelungssystems.

Die Phasen *Review*, *Retrospektive* und *Planung* nehmen dabei jeweils einen halben Tag ein. 1,5 Tage sind für die Phase *Bearbeiten* reserviert.

Ziel des Checks ist, den erreichten Stand bezüglich Inhalt und Vorgehensweise zu überprüfen sowie die nächsten Schritte zu planen.

Act: 30-Tage-Integration

Mit dem zweiten Open Space endet ein Lernkapitel und es schließt sich eine 30-tägige *Integrationsphase* an. Ziel dieser Phase ist,

- das in den beiden Open Spaces und dazwischen Erlernte zu integrieren und zu spüren, was dies mit der Organisation macht, wie dies die Organisation verändert hat,
- wahrzunehmen, was die Organisation aus eigener Kraft verändert hat und was das mit der Organisation macht,
- zu reflektieren, wo die Organisation steht und was die nächsten Schritte sein können,
- die sich aus dem letzten Open Space ergebenden Aktionen und Aufgaben vorzubereiten.

Die externen Unterstützer verlassen mit Beginn dieser Phase die Organisation. Dies verstärkt in der Organisation das Gefühl, „es selbst geschafft zu haben"; Fortschritt, eigene Verantwortung und Wirksamkeit werden erlebbar. Blieben externe Unterstützer dauerhaft in einer Organisation, führt dies zwangsläufig zum Erlernen organisationaler Hilflosigkeit.

Die Verantwortung für die Veränderung muss organisationsintern wahrgenommen werden; Führungskräfte vermitteln über Storytelling Sinn und Ziel der Veränderung.

Folgende Fragen können in der Integrationsphase helfen [Her18, 19; Mez15, 19]:

- Wie wirksam waren die mit OSC initiierten Veränderungen im Vergleich zu bisherigen Veränderungen? Woran wird dies festgemacht? Was war im Ablauf dieser Veränderungen anders?
- Sind neue (informelle) Antreiber – → *informelle Leader, Beeinflusser und Reputationsträger* – für die Transformation sichtbar geworden? Lassen sich diese namentlich benennen?
- Wie schnell hat die Organisation auf die Ergebnisse und Empfehlungen („Proceedings") aus den beiden Open Spaces reagiert? Sind alle mit dieser Geschwindigkeit zufrieden? Wenn nicht, was muss anders werden, damit es besser wird?
- Welche Aktionen kamen aus der Organisation ohne einen Anstoß externer Unterstützer? Wie erfolgreich sind diese Aktionen im Vergleich zu den von den externen Unterstützern initiierten?
- Welche Veränderungen entstanden spontan in der Umsetzungsphase? Und wie sind deren Ergebnisse im Vergleich zu den durch einen Open Space initiierten?
- Wie reagieren die Menschen in der Organisation auf OpenSpace Change? Was macht das mit ihnen? Welche Veränderungen sind im Verlauf von OSC feststellbar?
- Sind die bisher mit OSC durchgeführten Aktionen auch die „richtigen" – die wesentlichen, die bedeutenden – Aktionen? Welche Aktionen waren vielleicht nur Ablenkungsmanöver? Und wie geht die Organisation damit um?
- Haben sich neue Muster in der Organisation gezeigt? Wenn ja, welche? Und was ist der Unterschied zu „alten" Mustern? Welche Muster kommen nicht mehr vor?

Haben sich Muster so verändert, dass diese nun positiver/negativer wirken? Wenn ja, was hat sich an den Mustern wie verändert?
- Welche Veränderungen sieht die Organisation als Gewinn an? Welche als Verlust? Wo ist der Unterschied (in der Struktur) zwischen den als Gewinn und den als Verlust angesehenen?
- Gibt es Dinge, die verändert wurden, denen die Organisation nachtrauert? Wie wird damit umgegangen?
- Welche Veränderungen am Organisationsmodell gab es? Und warum? Wie wird der Unterschied wahrgenommen? Welche Veränderungen sind noch notwendig? Aus wessen Sicht?
- Gibt es Organisationsmitglieder, die sich mit OpenSpace Change nicht anfreunden können? Was fehlt ihnen, um begeisterte Anhänger von OSC zu werden? Zu welchen Konsequenzen führt es, wenn nicht alle von OpenSpace Change begeistert sind?

Kriterien für den erfolgreichen Abschluss der Shu-Phase
Um den Schritt in die nächste Stufe – die *Ha*-Phase – zu gehen, muss die Organisation sicher im Anwenden von OpenSpace Change sein. Sie muss sich zutrauen, ab jetzt alles komplett allein zu machen. Externe Unterstützung kann punktuell erfolgen. Veränderungsnotwendigkeit feststellen, Veränderungen zu initiieren und umzusetzen kann und muss die Organisation in eigener Regie tun! Die Abhängigkeit von (externen) Beratern muss beendet werden.
Sollte sich herausstellen, dass die Organisation noch nicht so weit ist, den nächsten Schritt allein zu gehen, dann müssen weitere Lernphasen zur Einführung von OpenSpace Change mit externer Unterstützung erfolgen.

Ha–Phase der Kompetenz

In der Shu-Phase hat die Organisation OpenSpace Change erfolgreich eingesetzt und ist nun von den Ergebnissen positiv überrascht. Sie hat erlebt, wie sie aus eigener Kraft Dinge in Bewegung setzt, wie viel und welches Potenzial sie birgt – was gemeinsam möglich ist.

Nach der Einführungsphase wird OpenSpace Change mit der Ha-Phase fortgesetzt. In dieser Phase gewinnt die Organisation mehr Sicherheit in der Anwendung und im Umgang mit OpenSpace Change.

Abbildung 11: Zeitlicher Ablauf eines sechsmonatigen Lernkapitels der Ha-Phase von OpenSpace Change

Die Ha-Phase besteht zunächst aus einer vorab nicht festgelegten Anzahl von sechsmonatigen[7] Lernkapiteln (Abbildung 11), die ebenfalls nach dem PDCA-Zyklus aufgebaut sind. Jedes Lernkapitel besteht aus:

- *Do:* 80 Tage Umsetzungsphase. Sie entspricht der 80-tägigen Umsetzungsphase der Einführungsphase.
- *Check&Plan:* dreitägiger Open Space. Er entspricht dem dreitägigem Open Space 2 der Einführungsphase.
- *Act&Plan:* 20 Tage Integration[8]. Diese Phase entspricht der Integrationsphase in der Einführungsphase, allerdings verkürzt auf 20 Tage.

In dieser Phase starten und enden die Lernkapitel mit dem Open Space. In diesem wird das vorangegangene Lernkapitel mit einem → *Review* und einer → *Retrospektive* beendet und das nächste Kapitel mit einem → *Planning* begonnen.

Die dreitägigen Open Spaces werden alle 6 Monate stattfinden, am besten jeweils zu festen Terminen im Jahr (z.B. jeweils in der 2. Woche im April und der 2. Woche im Oktober).

> **Kriterien für den erfolgreichen Abschluss der Ha-Phase**
>
> Die Organisation wird den Abschluss der *Ha*-Phase spüren: So werden vielleicht die Open Spaces immer weniger nachgefragt, seltener besucht. Vielleicht haben sich zwischenzeitlich andere agile Interaktionen – z.B.→ *Open Fridays* – etabliert, die Gleiches oder Besseres leisten.
>
> Da die Entwicklung einer Organisation komplex ist, lässt sich weder vorhersagen noch planen, was geschehen wird. Wichtig ist, dass *organisationales Lernen* – d.h. kontinuierliche Verbesserung bzgl. Produkt und dessen Erstellung, der Struktur der Organisation und deren Zweck – stattfindet. Dazu sind jeweils kurze Feedback-Schleifen notwendig.

---

[7] 6 Monate entsprechen 110 Arbeitstagen.
[8] Auch hier ist es wieder gut, ein paar Tage Reserve zu haben.

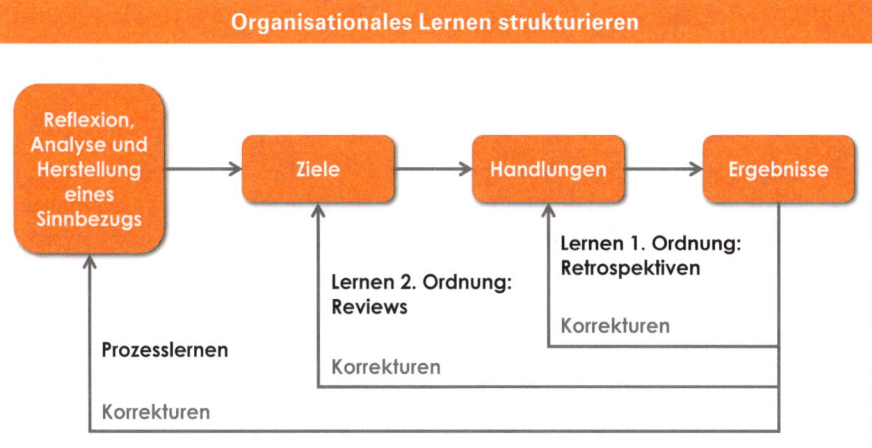

Abbildung 12: Lernen der verschiedenen Ordnungen

Es geht darum, die richtigen Dinge richtig zu tun. Dies besteht aus zwei Teilen:

1. Die *Dinge richtig tun*. Hierbei geht es um *Effizienz*: Ist unser Vorgehen effizient genug? Rechtfertigt das Ergebnis unseren Aufwand?
   Diese Überprüfung ist als *Lernen erster Ordnung* bekannt [Sch17]. Das entsprechende Format sind Retrospektiven (Abbildung 12).
2. Die *richtigen Dinge tun*. Hierbei geht es um *Effektivität*: Bauen wir das richtige Produkt? Bringt uns das Ergebnis dem Ziel näher?
   Diese Überprüfung ist als *Lernen zweiter Ordnung* bekannt [Sch17]. Das entsprechende Format sind Reviews, die – um ihre volle Wirksamkeit entfalten zu können – zwingend mit echten organisationsexternen Kunden durchgeführt werden müssen. (Abbildung 12).

Dazu kommt eine weitere Überprüfung, die normalerweise übersehen wird:

3. *Verfolgen wir den richtigen Zweck? Haben wir die richtigen Ziele?* Hierbei geht es um den *Sinn* des Ganzen: Ist unser Tun sinnvoll? Wenn ja, für wen? Wer hat einen Nutzen aus unserem Tun? Wer hat welchen Nutzen aus unserem Produkt?
   Diese Überprüfung ist als *Prozesslernen* bekannt [Sch17]. Das entsprechende Format sind Reflexions-Workshops mit allen Beteiligten (Abbildung 12).

Wichtig: **Lernen wird erst durch Feedback möglich – schnelles Lernen erfordert schnelles Feedback.** Erst durch das Rückmelden des Ergebnisses wird Lernen möglich (Vergleiche dazu die Darstellung *„Regeln statt steuern"* auf Seite 157).

Ri–Phase der Meisterschaft

Die Organisation hat nun dauerhafte Veränderungsfähigkeit in ihrer DNA installiert. Sie ist geübt im kontinuierlichen Verbessern, hat eigene agile Interaktionen entwickelt und geht nun ihren eigenen individuellen Weg.

Rollen in OpenSpace Change

OpenSpace Change erfordert – zusätzlich zu den in den bekannten Open Space-Rollen – folgende Rollen [Her18, 19; Mez15, 19]:

- Der *OpenSpace Change Facilitator* bietet Rückhalt und Orientierung in der Übergangsphase zwischen zwei Open Spaces. In dieser Phase – zwischen aktuellem und zukünftigem Zustand – herrscht nur Übergang und Veränderung. Daher brauchen alle Beteiligten jemanden, der sie aktiv begleitet, ihnen Sicherheit und Zuversicht vermittelt, der auf *methodischer* Ebene „weiß, wo es langgeht".
- *OpenSpace Change Coaches* unterstützen die Organisation in der Anwendung der Elemente von OpenSpace Change, wie Lean Change, agilen Interaktionen, dem Flight-Levels-Modell, Kanban, sowie bei der korrekten Anwendung von Tools. Meist unterstützen sie ein bis maximal drei Teams.
- *Teams* formieren sich meist in oder nach den Open Spaces, um die dort in den Gruppenarbeitsphasen aufgekommenen Themen zu bearbeiten. Sie können sich dazu die Unterstützung eines Coaches holen, z.B. um die Zusammenarbeit im Team zu verbessern, die verschiedenen Elemente von Lean Change besser zu verstehen und Methoden korrekt anzuwenden.
- *Formell autorisierte Führungskräfte* – Manager der Organisation – haben kraft der ihnen durch Organigramme, Titel und Jobbeschreibungen verliehenen Macht die Befugnis, über Geld, Menschen und Regeln zu entscheiden. Damit sind sie entscheidend für Veränderungsbemühungen. So müssen sie z.B. nach den Empfehlungen aus den Open Spaces („Proceedings") handeln, formal notwendige Entscheidungen treffen, Ressourcen bereitstellen und Hindernisse für Veränderung beseitigen. Zudem kommt ihnen eine Vorbildrolle zu, da ihr Verhalten permanent von den Menschen in der Organisation beobachtet wird. Ihr Verhalten ist Richtschnur für alle anderen. Halten sich die *Formell autorisierten Führungskräfte* nicht an Vereinbarungen oder untergraben sie die Veränderung, werden alle anderen es ihnen gleich tun und die Veränderung wird scheitern.
- Der *Sponsor* – eine hochrangige *Formell autorisierte Führungskraft* der Organisation – bewilligt OpenSpace Change als Vorgehensweise. Er unterstützt aktiv, indem er zu den Open Spaces einlädt, an agilen Interaktionen teilnimmt, die notwendigen Ressourcen zur Verfügung stellt und Hindernisse, die die Formell autorisierten Führungskräfte nicht beseitigen können, beseitigt. Er verdeutlicht damit die Wichtigkeit von OpenSpace Change und dessen Ergebnisse für die Organisation. Er ist gleichzeitig auch der Sponsor der einzelnen Open Spaces.
- *Informelle Leader, Beeinflusser & Reputationsträger* haben offiziell weder Macht noch Verantwortung. Allerdings beeinflussen sie durch ihre Beziehungen und Interaktionen zu anderen in der Organisation deren Meinung zu Themen – und können so über Erfolg oder Misserfolg von Veränderungen entscheiden bzw. mindestens beitragen. Beeinflusser sind daher aktiv einzubinden. Normalerweise werden sie von anderen benannt oder einbezogen.

- *Stakeholder* ist jeder in der Organisation, der von den durch OpenSpace Change angestoßenen Veränderungen betroffen ist. Da sich – als beabsichtigter Nebeneffekt von OpenSpace Change – auch die Organisationskultur verändert, ist jeder in der Organisation früher oder später ein Stakeholder. Daher sind auch alle Menschen in der Organisation zu allen Open Spaces eingeladen.

Die Ausbildung zu den OpenSpace Change-Rollen setzt ebenfalls auf das *Shu-Ha-Ri*-Modell:

- Der *OpenSpace Change Practitioner* kennt OpenSpace Change, seine Bestandteile und die generelle Vorgehensweise.
- Der *OpenSpace Change Master* ist aktiver Teil einer Transformation seiner Organisation.
- Der *OpenSpace Change Coach* unterstützt Organisationen in ihrer Anwendung von OpenSpace Change.
- Der *OpenSpace Change Facilitator* leitet Organisationen durch ein oder mehrere Lernkapitel von OpenSpace Change.
- Der *OpenSpace Change Trainer* trainiert alle genannten Rollen.

Das Flight-Levels-Modell zur Regelung der Projekte, Produkte und Initiativen einer Organisation

> Flight Levels ist ein Denkmodell, das Ihnen helfen kann, herauszufinden, wo in einer Organisation Sie was tun müssen, um die Ergebnisse zu erzielen, die Sie erreichen wollen.
>
> – Klaus Leopold
> Entwickler des Flight-Levels-Modells

Das von Klaus Leopold ursprünglich für die Regelung von Kanban-Projekten entworfene *Modell der Flight Levels* [Leo17a, 17b, 18, 19; Rum19] ist ein Kommunikationssystem zur Regelung der Wertströme einer Organisation. Dabei wird auf unterschiedlichen Ebenen die Wirkung von Verbesserungsschritten deutlich. Zudem wird klar, wo sinnvolle und/oder mögliche Ausgangspunkte für Verbesserungen liegen. Das *Flight-Levels-Modell* stellt damit die zentrale Frage: *Welche Ebenen der Organisation bieten welche Hebel für die Verbesserung* [Leo 17b]?

Das *Flight-Levels-Modell* ist kein Management-Modell. Es können auf allen drei Ebenen dieselben Personen agieren – jeweils in anderen Rollen. Es ist ein Modell zur Selbstregulung einer Organisation, kein Modell für Hierarchie oder Managementebenen.

Die Bezeichnung *Flight Levels* ist eine Analogie zur Flughöhe eines Flugzeuges und soll auch so verstanden werden: Je höher man fliegt, desto mehr Überblick hat man – allerdings sieht man weniger Details. Je niedriger man fliegt, desto mehr Details sind erkennbar – allerdings verringert sich der Überblick [Leo 17b].

Auch wenn das *Flight-Levels-Modell* in der Arbeit mit Kanban entstanden ist, ist es ein allgemeines Modell zur Weiterentwicklung von Organisationen [Leo 17b]:

- *Flight Level 1* – die operative Ebene – bearbeitet die Aufgaben in den jeweiligen Wertströmen.
- *Flight Level 2* – die taktische Ebene – koordiniert und verbessert über Ende-zu-Ende-Betrachtung die Wertströme auf Flight Level 1.
- *Flight Level 3* – die strategische Ebene – regelt über die strategische Ausrichtung und Priorisierung der Projekte, Produkte und Initiativen die Organisation.

Dabei ist es nicht wichtig, mit welchen Methoden auf den einzelnen Levels gearbeitet wird, sondern wie die Kommunikation und Kooperation zwischen den *Flight Levels* und zwischen den verschiedenen Einheiten eines Levels gestaltet werden. Schafft man hierbei Verbesserungen, wird die gesamte Wertschöpfung der Organisation verbessert [Leo 17b].

Das Flight-Levels-Modell etabliert Flow und Pull auf Unternehmensebene, indem auf allen drei Flight Levels folgende fünf Aktivitäten etabliert werden, die permanent zyklisch durchlaufen werden:

1. Visualisiere die Situation
2. Schaffe Fokus
3. Etabliere agile Interaktionen
4. Miss Fortschritt
5. Handle und verbessere

Das *Flight-Levels-Modell* ist kein hierarchisches System, keine Ebene ist besser oder schlechter. Jede Ebene hat eine andere Sichtweise auf die zu bearbeitenden Themen und damit eine andere Funktion. Keine Ebene kann für sich allein sinnvoll funktionieren. Nur in der Vernetzung – was intensives Feedback einbezieht – kann das System funktionieren.

Dem *Flight-Levels-Modell* kann vorgeworfen werden, dass eine Automatisierung fehlt, dass es vorrangig auf Kommunikation und Interaktion der beteiligten Menschen und Teams setzt und dass „*kein Tooling vorhanden*" sei.[9] Und genau dies ist seine Stärke: Es ist unabhängig von Tools – „tool-agnostisch". Es können bekannte On- und Offline-Boards eingesetzt werden.

Die folgende Darstellung basiert auf [Leo17a, 17b, 18, 19; Rum19].

---

[9] Vorwürfe dieser Art basieren auf einer zu technischen Sichtweise. Es gilt – wie im Agilen Manifest geschrieben steht: „*haben wir [...] zu schätzen gelernt: Individuen und Interaktionen mehr als Prozesse und Werkzeuge*" [AM01].

Flight Level 1: Die operative Ebene

> Mit welchen Methoden ein Team arbeitet, um zum Beispiel Produkte zu entwickeln – ob agil oder sonst wie –, ist völlig egal, denn das Flight-Levels-Modell ist methodenagnostisch. … Man wird in einer Organisation daher verschiedene Flight-Level-1-Systeme antreffen.
>
> – Klaus Leopold

Flight Level 1 bezieht sich auf Teams, die täglich Aufgaben erledigen. Diese können sowohl crossfunktionale Teams [Sch17] sein – wie aus der Softwareentwicklung bekannt – oder Teams aus Spezialisten.

Auf dieser Ebene geht es darum, die Dinge richtig zu tun.

Jedes Team zieht sich (→ *Pull-Prinzip*) meist größere Aufgaben, die es selbstständig in kleinere Teilaufgaben zerlegt und schrittweise umsetzt. Aufgaben werden also nicht den Teams zugeteilt, sondern es *zieht* sich diese selbst. Ebenso wird eine Spezialisierung von Teams vermieden, da diese zu einem → *Engpass* werden kann.

Methoden wie *Kanban in der IT* oder *Scrum* können einem Team dabei helfen, seinen Arbeitsprozess zu visualisieren, zu limitieren und stetig zu verbessern. Die Verbesserungen betreffen dabei allerdings nur dieses eine Team, es optimiert für sich (lokal).

Besteht die Organisation aus mehreren Teams, kann es passieren, dass die lokale Optimierung eines Teams zulasten der Gesamtorganisation geht: eine (lokale) Verbesserung in einem Team kann zu Problemen in einem oder mehreren anderen Team(s) führen.

Es besteht also der Bedarf nach Koordination zwischen Teams bzgl. des Bearbeitungsablaufes ihrer Aufgaben und der von ihnen angedachten Verbesserungen. Das leistet *Flight Level 2*.

Flight Level 2: Ende-zu-Ende-Koordination von *Flight Level 1*

> Auf Flight Level 2 steht die Koordination der wertgenerierenden Tätigkeiten möglichst von Ende zu Ende bzw. „von der Idee bis zur Wirkung" im Mittelpunkt. Auf Flight Level 2 werden die Interaktionen von Teams optimiert.
>
> – Klaus Leopold

In der Regel brauchen Organisationen heute mehrere Teams, um einen Wertstrom bilden und ihr Produkt erstellen zu können. Die Koordination mehrerer Teams zu einem Wertstrom leistet *Flight Level 2*.

Auf dieser Ebene wird die Interaktion der Teams von *Flight Level 1* optimiert: Es geht darum, dass das richtige Team zur richtigen Zeit an der richtigen Aufgabe arbeitet. *Flight Level 2* koordiniert die Aufgaben mehrerer Teams über deren Grenzen hinweg, um den gesamten Wertstrom zu optimieren – globale Optimierung statt lokaler Optimierung.

Die Leistungssteigerung durch *Flight Level 2* basiert auf:

1. Alle arbeiten zum richtigen Zeitpunkt an der richtigen Aufgabe, denn der Wertstrom wird teamübergreifend koordiniert.
2. Die Anzahl der Aufgaben ist permanent limitiert. Dadurch kann der Fluss der Aufgaben durch das gesamte System – den Wertstrom – optimiert werden.

Durch die Optimierung des Aufgabenflusses durch den gesamten Wertstrom verringern sich die Wartezeiten an Nahtstellen innerhalb des Wertstromes. Zudem werden Engpässe im Wertstrom deutlich sichtbar und können behoben werden.

Der Wertstrom wird auf einem Koordinationsboard dargestellt. Da alle Teams an *einem gemeinsamen* Produkt arbeiten, gibt es auf diesem Board *keine* teamspezifischen Zeilen oder Spalten!

In Organisationen mit mehreren Wertströmen gibt es dann mehrere Koordinationsboards auf dieser Ebene, die – je nach Beziehungen der Wertströme untereinander – auch verknüpft oder hierarchisch aufgebaut sein können.

Veränderungen sind auf dieser Ebene meist einfacher einzuführen als auf *Flight Level 1*, da Zusammenhänge und Abhängigkeit besser sichtbar sind.

Gleichzeitig müssen die Teams nicht zwingend ihre Arbeitsweise ändern: Ob ein Team Kanban oder Scrum anwendet oder „einfach nur arbeitet", ist unerheblich. Die einzige Veränderung ist, dass sich Vertreter aus den Teams – meist in eigenen Meetings wie regelmäßigen Standups – koordinieren.

Flight Level 3: Strategisches Portfoliomanagement der Organisation

> Auf Flight Level 3 wird eine der wichtigsten Fragen überhaupt geklärt: Wie viel Arbeit verträgt die Organisation, wie ist die Arbeit an der Strategie ausgerichtet?
>
> – Klaus Leopold

Organisationen arbeiten normalerweise gleichzeitig an einer Vielzahl von Projekten, Produkten und Initiativen. Diese werden auf *Flight Level 3* koordiniert – man möchte auf dieser Ebene den Überblick über das Geschehen im Unternehmen haben: Welche Projekte und strategischen Initiativen laufen? Wie beeinflussen sich diese untereinander? Welche Abhängigkeiten bestehen? Wie weit ist die Umsetzung fortgeschritten? Kann schon ein neues Projekt gestartet oder muss noch gewartet werden, bis ein laufendes abgeschlossen ist? Welche Investments müssen/sollen getätigt werden? Welche Veränderungsinitiativen laufen derzeit im Unternehmen? Wie ist deren aktueller Stand? Auf welche Art und Weise beeinflussen sich diese untereinander?

Im Kern geht es um die Frage: *Was läuft gerade wo in der Organisation und zu welchem Zweck?* Zur Visualisierung sind Strategie-Boards sehr gut geeignet. So wird klar, welche Projekte oder Initiativen sich gegenseitig behindern, ob widersprüchliche Signale ausgegeben wurden etc.

Verteilte Organisationen mit unterschiedlichen (Teil-)Strategien haben eigene Strategie-Boards, die über ein Koordinations-Board gesteuert werden.

Da es meistens mehr potenzielle Projekte und Initiativen gibt als Umsetzungsmöglichkeiten, entsteht eine Konkurrenzsituation zwischen den Optionen. Genau darum geht es auf *Flight Level 3*: um die kluge Auswahl und Kombination von Projekten, Produkten und Initiativen, das Erkennen von Abhängigkeiten zwischen diesen sowie deren Fluss durch und die Verteilung auf Wertströme zu optimieren.

Im Mittelpunkt steht auf dieser Ebene das *Gesamtergebnis* der Organisation. Daher sind Entscheidungen über Ressourcenzuteilung, den Beginn und Abschluss von Projekten, Produkten und Initiativen überlegt und bewusst zu treffen.

Das Zusammenspiel der *Flight Levels*

Abbildung 13 [Leo19, Rum19] zeigt das Zusammenspiel der verschiedenen *Flight Levels*: Auf *Flight Level 3* werden Projekte, Produkte und Initiativen gestartet und von *Flight Level 2* zur Umsetzung gezogen. Auf *Flight Level 2* werden diese in größere Aufgabenpakete zerlegt und von *Flight Level 1* zur Bearbeitung gezogen. Über Feedback zurück an die jeweilig vorgelagerte Ebene entsteht ein sich selbst regelndes System.

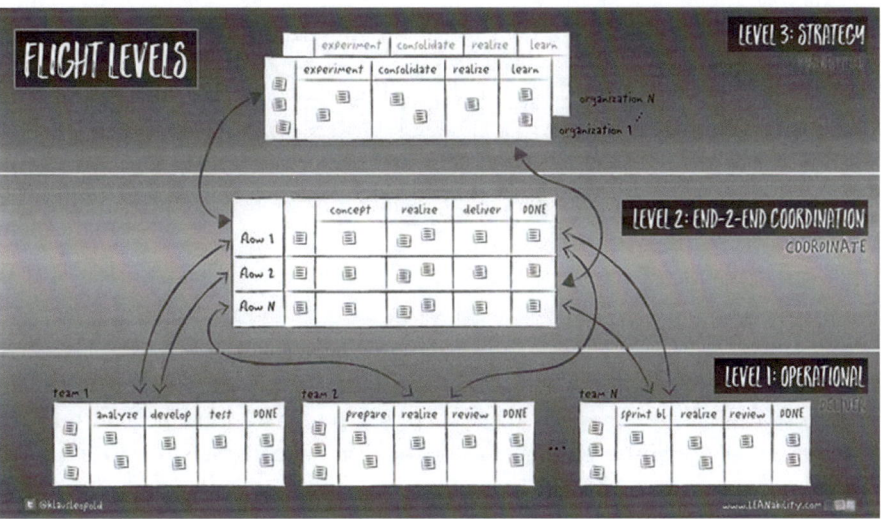

Abbildung 13: Die Flight Levels zur Regelung der Wertströme einer Organisation [Leo17b, 19; Rum19]

Zu beachten ist, dass → *Work-in-Progress-Limits (WiP-Limits)* immer auf der Ebene gesetzt werden müssen, auf welcher der Effekt erreicht werden soll. Team-WiP-Limits auf *Flight Level 1* zu setzen, ohne die Anzahl der Projekte auf *Flight Level 3* zu begrenzen, entfaltet keine Wirkung! Wenn die Organisation insgesamt schneller werden soll, muss die Anzahl der insgesamt bearbeiteten Projekte, Produkte und Initiativen limitiert werden.

Agile Interaktionen

> Ob eine Organisation agil ist, hat nichts damit zu tun, ob sie aus vielen agilen Teams besteht. Die Interaktionen zwischen den Teams müssen agil sein.
>
> – Klaus Leopold

Planning

Im *Planning* geht es um das Planen der nächsten Schritte/Aufgaben. Empfehlenswert ist dies – wie in Scrum – zweistufig durchzuführen:

- *Planning 1:* Zunächst ist zu planen, *was* zu machen ist. Dazu werden von der strategisch vorgelagerten Ebene die als Nächstes zu erledigenden Aufgaben vorgestellt und mit der bearbeitenden Ebene besprochen. Es geht dabei darum, welche Aufgaben in welcher Reihenfolge – entsprechend der Priorisierung – als nächste durchgeführt werden.
- *Planning 2:* Wenn klar ist, was zu machen ist, muss geplant werden, *wie* dies gemacht werden soll. Das erfolgt durch die umsetzenden Teams. Naturgemäß ist dieser Schritt mit einer gewissen Unsicherheit verbunden, da vieles erst beim wirklichen Tun klar werden kann. Das grobe Planen an dieser Stelle führt zu einer höheren Sicherheit bzgl. des Was – also ob das Was überhaupt in dem zu planenden Zeitraum geschafft werden kann. So wird verhindert, dass zu viel versprochen wird und in der Umsetzung dann die Qualität leidet, zu wenig getestet wird und Druck ggf. zu Überstunden führt.

Refinement

Das *Refinement Meeting* dient der Vorbereitung zukünftiger Aufgaben. Diese werden von der strategisch vorgelagerten Ebene vorgestellt und mit der bearbeitenden Ebene besprochen. Dabei wird besprochen, *was* in der Prioritätenliste als Nächstes zur Bearbeitung erwartet wird. Wichtig ist, zu überprüfen, inwieweit diese Aufgaben schon umsetzungsbereit sind. Würde Wichtiges – wie Testkriterien oder -beschreibungen – fehlen und dies erst im Planning oder gar in der Bearbeitung der Aufgaben festgestellt werden, verzögerte dies die Bearbeitung unnötig. Ziel ist, dass nur Aufgaben, die klar und vollständig beschrieben und definiert sind, in das Planning 1-Meeting kommen.

Review und Retrospektive

Review und *Retrospektive* sind die wichtigsten Meetings zur Weiterentwicklung einer Organisation. Sie schließen zwei Feedback-Schleifen [Sch17]:

- Der *Review* schließt die Feedback-Schleife zum *Inhalt*: Es wird dabei überprüft, ob *die richtigen Dinge* getan werden. D.h., es wird regelmäßig überprüft, ob das, was man tut, im Sinne des organisationsexternen Kunden auch das Richtige ist. Deshalb ist der Kunde in diesem Meeting unbedingt notwendig, denn nur er kann wissen, was für ihn die richtigen Dinge sind.
- Die *Retrospektive* schließt die Feedback-Schleife zur *Vorgehensweise*: Es wird dabei überprüft, ob *die Dinge richtig* getan werden. D.h., es wird regelmäßig überprüft, ob das, wie man arbeitet und zusammenarbeitet, gut funktioniert und was wie verbessert werden kann. Da dies teaminterne Vorgänge und Beziehungen betrifft, die sowohl intim als auch vertraulich sind, darf hierbei auch nur das Team teilnehmen.

Werden beide Meetings regelmäßig und oft – z.B. alle 14 Tage – methodisch sauber durchgeführt, kann einer Organisation nichts mehr passieren: *Sie tut die richtigen Dinge richtig und bleibt auch dran, dies weiterhin zu tun.*

Daily Standup

Das *Daily Standup Meeting* – eine Art täglicher Mini-Review und Mini-Retrospektive in einem – schließt die Feedback-Schleifen zu Inhalt und Vorgehen auf 24-Stunden-Basis. Daher ist es auch *täglich* durchzuführen und nicht seltener.

Im *Daily Standup* wird sowohl über den Stand der inhaltlichen Bearbeitung der Themen reflektiert als auch über aktuelle und akute Probleme in der Vorgehensweise.

Lean Coffee – ein strukturiertes Format für unstrukturierte Meetings [Sch17]

Kennen Sie das?
- Meetings, in denen Sie Ihre Themen nicht einbringen konnten?
- Meetings mit ausufernden Diskussionen, die nur wenige interessieren?
- Meetings mit Diskussionen, die durch eine oder zwei Personen dominiert wurden?
- Sie haben eine Idee, wollen dazu eine Initiative starten und suchen Unterstützer?
- Sie wollen sich mit anderen in der Art austauschen, wie Sie es in der Kaffeeküche tun – und diese ist zu klein für mehrere Personen?
- Sie suchen (im Unternehmen) Gleichgesinnte für den Austausch zu einem Thema und wissen nicht, wie Sie diese finden können?

Dann könnte Lean Coffee für Sie interessant sein.

Lean Coffee (http://leancoffee.org/) ist ein 2009 von den beiden Agile Coaches Jim Benson und Jeremy Lightsmith entworfenes Format für ein Treffen ohne vorab definierte Agenda, zu dem jeder einfach mit einem Aushang einladen kann und bei dem die Teilnehmer zu Beginn die Themen selbst bestimmen. Um möglichst viele Themen besprechen zu können, wird die Zeit pro Thema limitiert.

So funktioniert *Lean Coffee*

Lean Coffee ist ein strukturiertes Format für unstrukturierte Meetings:

- *Lean*, weil es den Prinzipien des Lean Thinking (u.a. Verschwendung vermeiden, Lernen verstärken, Eigenverantwortung, das Ganze sehen [Pop03]) verpflichtet ist, und
- *Coffee*, weil eine lockere, informelle Atmosphäre wie in einem Coffee-Shop erreicht werden soll. Daher werden die Teilnehmer auch eingeladen, ihren Kaffee mitzubringen.

Bei einem Lean Coffee wird immer davon ausgegangen, dass die richtigen Leute anwesend sind, da nur diejenigen kommen, denen das angekündigte Gesprächsthema wirklich wichtig ist.

Für Lean Coffee gibt es keine Zeitvorgaben oder -empfehlungen, üblich ist eine Dauer von 1 bis 1,5 Stunden.

Einladung

Wer ein Lean Coffee veranstalten möchte, hängt dazu einfach Einladungen aus. Diese geben Ort und Zeit sowie grob den zu besprechenden Themenkomplex an. Durch die Einladung wird auch deutlich, dass es keine Agenda gibt, anhand deren vorab definierte Themen besprochen werden. Damit die Einladungen von vielen gelesen werden, hängt man diese am besten an stark frequentierten Orten aus, z.B. am Schwarzen Brett, in der Kaffeeküche oder an Durchgangstüren in den Fluren (Abbildung 15). Im Gegensatz zu formellen Meetings erfolgen keine direkten (persönlichen) Einladungen per E-Mail o.Ä.

 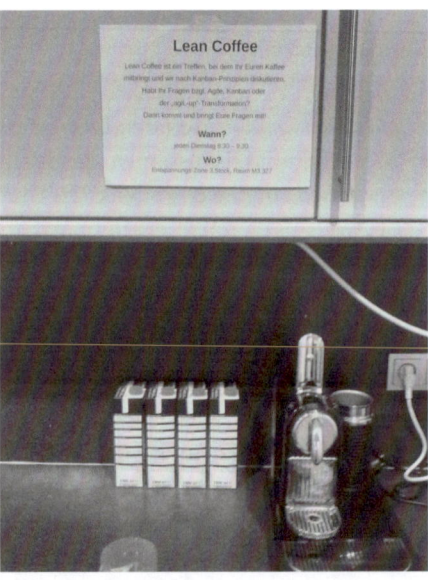

Abbildung 15: Beispiele für Einladungen zu einem Lean-Coffee-Meeting

Ablauf

Zu Beginn des Lean Coffee sammeln die Teilnehmer die zu besprechenden Themen und priorisieren diese. Anschließend wird mit dem für alle Teilnehmer wichtigsten Thema begonnen und eine vorher festgelegte Zeit (z.B. 5 oder 10 Minuten, siehe den Abschnitt *„Diskussion und Verlängerung der Diskussionszeit"* weiter unten) – diskutiert. Nach Ablauf der Zeit entscheiden die Teilnehmer per einfaches Handzeichen, ob sie dieses Thema weiter diskutieren oder mit dem nächsten starten wollen.

Koordination der Themen mit einem Themenboard

Zunächst ist unter den Teilnehmern ein Koordinator zu finden. Dieser behält die Zeit pro Thema im Blick, koordiniert das Sammeln der Themen und führt das für alle einsehbare Themen-Board.

Das Themen-Board ist ein Kanban-Board mit den drei Spalten *„zu diskutieren"*, *„in Diskussion"* und *„diskutiert"* und kann auf einem Flipchart oder Whiteboard geführt werden. Die einzelnen Spalten bedeuten:

- *„zu diskutieren"*: Hier werden alle Themen gesammelt, die besprochen werden sollen.
- *„in Diskussion"*: Hier wird das aktuell besprochene Thema angezeigt.
- *„diskutiert"*: Hier werden die Themen gesammelt, die bereits besprochen wurden.

Auf Haftnotizen werden die einzelnen Themen angezeigt und „wandern" über das Themen-Board von der Spalte *„zu diskutieren"* über die Spalte *„in Diskussion"* in die Spalte *„diskutiert"*.

Jeder bringt seine Themen ein

Jeder Teilnehmer, der ein Thema oder bestimmte Aspekte besprechen möchte, schreibt dies auf eine Haftnotiz und hängt sie an das Board in die Spalte *„zu diskutieren"*. Es muss nicht jeder Teilnehmer ein Thema vorschlagen. Das Sammeln von Themen ist abgeschlossen, sobald kein Teilnehmer mehr ein Thema anbietet. Üblicherweise dauert das Sammeln nur einige Minuten. Während der Diskussionen können neue Themen aufkommen, die – wenn nach Abschluss der Diskussion aller Themen noch Zeit ist – zum Schluss eingebracht werden.

Im Anschluss an das Sammeln bittet der Moderator jeden Themenanbieter, sein Thema mit ein bis zwei Sätzen kurz vorzustellen.

Ein Beispiel: Ein Mitarbeiter möchte Agilität ausprobieren und sucht dafür Unterstützer. Er lädt zu einem Lean Coffee ein. Von den Teilnehmern kamen u.a. als Unterthemen dazu: „Was wird dann anders sein?", „Wie bekommen wir Management-Unterstützung?", „Welche agile Methode sollen wir anwenden?".

Priorisieren der Themen

Da die Zeit des Lean Coffee begrenzt ist, können nur die wichtigsten Themen besprochen werden. Daher müssen die Teilnehmer die vorgeschlagenen Themen priorisieren, um diese nach absteigender Wichtigkeit zu besprechen. Je nach Dauer der

Diskussionen zu den Themen kann es passieren, dass Themen mit geringer Priorität aus Zeitgründen nicht mehr diskutiert werden können.

Das Priorisieren kann z.B. durch das sogenannte *Dot-Voting* [Sch17] erfolgen. Dabei erhält jeder Teilnehmer drei kleine runde Aufkleber, die er auf die Themen, die ihn interessieren, kleben kann. Er verteilt die Punkte entsprechend der Wichtigkeit der Themen: Interessieren ihn beispielsweise drei Themen gleich stark, dann erhalten alle drei Themen je einen Punkt; wenn ihn ein Thema besonders stark interessiert, dann vergibt er alle drei Punkte für dieses. Die Themen werden anschließend nach absteigender Punktanzahl sortiert. Es wird mit dem Thema begonnen, das die meisten Punkte und damit das höchste Interesse hat.

Damit möglichst viele Themen bearbeitet werden können und die Zeitverteilung gerecht ist, bestimmt die Gruppe eine feste Zeitvorgabe pro Thema (*Timebox* [Sch17]). Ist die Zeit für ein Thema abgelaufen (z.B. 5 oder 10 Minuten), wird das nächste Thema gestartet. Wessen Thema schneller fertig wird, der kann dieses vorzeitig beenden und so ihm eigentlich noch zustehende Zeit anderen Themen schenken.

Diskussion und Verlängerung der Diskussionszeit

Wenn die Diskussion beginnt, hängt der Koordinator die Haftnotiz mit einem Thema aus der Spalte „*zu diskutieren*" in die Spalte „*in Diskussion*". Zuerst stellt der Teilnehmer, der das entsprechende Thema einbrachte, es in wenigen Sätzen noch einmal kurz vor. Er ist auch für den Umgang mit den Ergebnissen verantwortlich.

Nach Ablauf der festgelegten Diskussionszeit (z.B. 5 oder 10 Minuten) lässt der Moderator die Gruppe abstimmen, ob sie dieses Thema weiter diskutieren möchte oder das nächste an die Reihe kommen soll. Dazu ruft der Moderator jeden Teilnehmer auf, mit einfachem Handzeichen seine Meinung kundzutun:

- „*Daumen hoch*": Ich will dieses Thema weiter diskutieren.
- „*Daumen nach unten*": Für mich ist das Thema beendet, ich will ein neues diskutieren.

Die Gruppe sollte sich vorher einigen, wie sie mit dem Abstimmungsergebnis umgeht:

- entweder *Mehrheitsentscheid*: die einfache Mehrheit der Handzeichen entscheidet, oder
- *Veto-Entscheid*: Sobald auch nur ein „*Daumen nach unten*" gezeigt wird, wird dies als Veto interpretiert und das nächste Thema begonnen. (Der Koordinator achtet darauf, dass sich die anderen Teilnehmer nicht beim Veto-Geber wegen dessen Entscheidung beschweren.)

Wird das Thema weiter diskutiert, sollte dafür eine kürzere Zeitspanne (z.B. nur drei Minuten) zur Verfügung stehen. Nach Ablauf der Verlängerung wird wieder abgestimmt. Besteht dann immer noch Diskussionsbedarf, ist dieses Thema den Teilnehmern offenbar so wichtig, dass sich ein separates Meeting lohnt, in dem dieses ausdiskutiert wird. Der Teilnehmer, der dieses Thema einbrachte, wird das Meeting dazu ansetzen.

Ist die Diskussion zu einem Thema beendet, wird dessen Haftnotiz in die Spalte „*diskutiert*" gehängt und das nächste Thema startet, indem seine Haftnotiz in die Spalte „*in Diskussion*" verschoben wird.

Sollten nach Ablauf der Zeit noch hochpriorisierte Themen übrig sein, liefert das eine gute Motivation für weitere Lean Coffees. Allerdings ist dann darauf zu achten, dass nicht einfach mit der Themenliste weitergemacht wird, sondern das Format komplett wieder durchlaufen wird, also mit dem Themensammeln begonnen wird.

Modifikationen

Mit dem Lean-Coffee-Format kann auch experimentiert werden, um die für sich passende Variante zu finden. So kann bei Lean Coffees, die nur dem Austausch von Informationen dienen sollen („Informationsaustausch-Lean Coffee"), die Themenpriorisierung weggelassen werden und die Diskussionszeit auf beispielsweise drei oder fünf Minuten begrenzt werden.

Es ist auch möglich, mit einem kurzen Informationsaustausch-Lean Coffee zu beginnen, um erst einmal einen Überblick über die Themenlandschaft zu bekommen, bevor per Dot-Voting entschieden wird, in welches Thema tiefer eingestiegen werden soll.

> **Abgrenzung zu Open Space**
>
> Lean Coffee unterscheidet sich von Open Space dadurch, dass es
> - nur eine Diskussion mit allen Teilnehmern gibt,
> - die Diskussion zu einem Thema von vornherein zeitlich begrenzt ist und
> - am Ende des Treffens nicht notwendigerweise ein Aktionsplan steht. Daher eignet sich Lean Coffee besser zum Erfahrungsaustausch.

Fazit

Lean Coffee ist ein strukturiertes Meetingformat ohne Agenda, bei dem die Teilnehmer die Tagesordnung durch die Themen, die sie einbringen, bestimmen. Um möglichst viele Themen zu besprechen, wird die Länge der Diskussion pro Thema durch Zeitbegrenzung limitiert.

Lean Coffee unterscheidet sich von anderen Meetings dadurch, dass
- jeder formlos einladen kann,
- es ein hierarchiefreies Meeting und
- keine inhaltliche Vorbereitung notwendig ist,
- es durch Zeitbegrenzung und Abstimmungen keine ausufernden Diskussionen gibt,
- die Teilnehmer sich einbringen können, indem sie die ihnen wichtigen Themen adressieren,

- durch Priorisierung die Themen zuerst besprochen werden, die den meisten Teilnehmern am wichtigsten sind.

Lean Coffee lebt davon, dass jede Gruppe damit experimentiert und ausprobiert, was für sie am besten passt. Dies bezieht alle Komponenten von Lean Coffee ein: die Diskussionszeit, das Priorisierungsverfahren etc. Insofern ist diese Beschreibung ein Vorschlag für eigene Experimente.

Kanban

> Kanban ist keine weitere agile Methode. Es ist ein anderer philosophischer Ansatz zur Verbesserung der Agilität.
>
> – David J. Anderson, Initiator von Kanban in der IT

Kanban ist der japanische Ausdruck für „Signalkarte" und steht für eine Methodik aus dem Toyota-Produktionssystem. Mit dieser soll ein gleichmäßiger Fluss *(Flow)* der Produkte durch die Fertigung sichergestellt und so Lagerbestände reduziert werden. Der Fokus liegt dabei auf „one piece flow", d.h. der optimale Fluss eines jedes einzelnen Produktes durch die Fertigung [WikiKB].

David Anderson [And11] adaptierte die Kanban-Idee für die IT und entwickelte *„Kanban in der IT"*. Grundlegende Prinzipien aus *Lean Production*, *Lean Development*, der *Theory of Constraints* und dem klassischen Risikomanagement flossen dabei zusammen [And11, Leo12, WikiKBSW, WikiKB].

Im Kontext agiler Methoden wird unter *Kanban* jeweils *Kanban in der IT* nach David Anderson verstanden.

Ein einfaches Kanban-Board

Kanban-Boards (auch Kanban-Tafeln) dienen zur Visualisierung des Bearbeitungsflusses (Arbeitsablauf, Arbeitsfolge, *„Workflow"*) in einem organisatorischen Bereich wie einem Team oder einer Abteilung. Meist besteht ein Kanban-Board aus einem einfachen Whiteboard und Haftnotizen. Jeder Zettel („Ticket") auf dem Board repräsentiert dabei eine Aufgabe. Das Board zeigt die verschiedenen Zustände, in denen sich eine Aufgabe befinden kann: In der Abbildung 16 [WikiKBT, Sch17] sind dies

- *„Noch zu erledigen"*,
- *„In Bearbeitung"* und
- *„Erledigt"*.

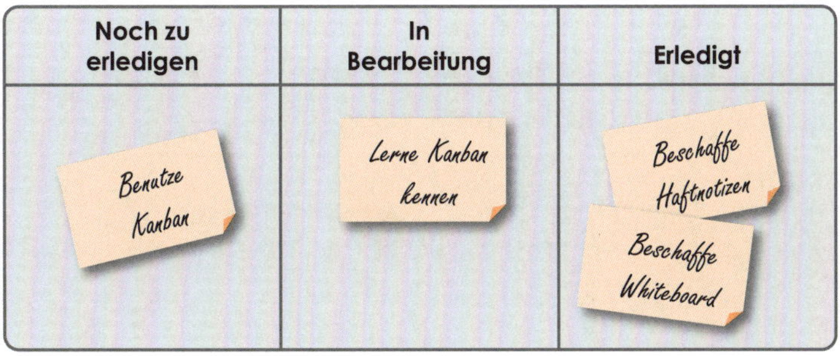

Abbildung 16: Ein einfaches Kanban-Board (nach [WikiKBT]): die Aufgaben „Beschaffe Haftnotizen" und „Beschaffe Whiteboard" sind bereits erledigt, die Aufgabe „Lerne Kanban kennen" wird gerade bearbeitet und die Aufgabe „Benutze Kanban" ist noch zu erledigen.

Die Haftnotiz jeder Aufgabe befindet sich in der Spalte, die dem Zustand entspricht, in der sich die Aufgabe befindet.

Entsprechend dem Bearbeitungsstand einer Aufgabe wandert deren Haftnotiz von links nach rechts über das Board: aus dem Vorrat der Aufgaben, die auf ihre Bearbeitung warten („*Noch zu erledigen*") über die Bearbeitung („*In Bearbeitung*") in die Sammlung bereits erledigter Aufgaben („*Erledigt*").

Aufgaben, die – aus welchen Gründen auch immer – nicht weiter bearbeitet werden können, werden mit einer andersfarbigen Haftnotiz und dem Text „blockiert" gekennzeichnet. Gleichzeitig kümmert man sich um die Lösung der Blockade und beginnt nicht mit einer neuen Aufgabe!

Work-in-Progress-Limits (WiP-Limits)

Kanban entfaltet seine Wirkung erst durch die Begrenzung der Anzahl an Aufgaben, die gleichzeitig bearbeitet werden. Diese sogenannten *Work-in-Progress-Limits* (*WiP-Limits*) werden durch Zahlen in den jeweiligen Spalten dargestellt. Sie begrenzen die maximale Anzahl von Aufgaben in der jeweiligen Spalte: In Abbildung 17 dürfen maximal 5 Aufgaben in „Bereit", 4 in „Entwickeln", 3 in „Testen" und 3 in „Release" sein.

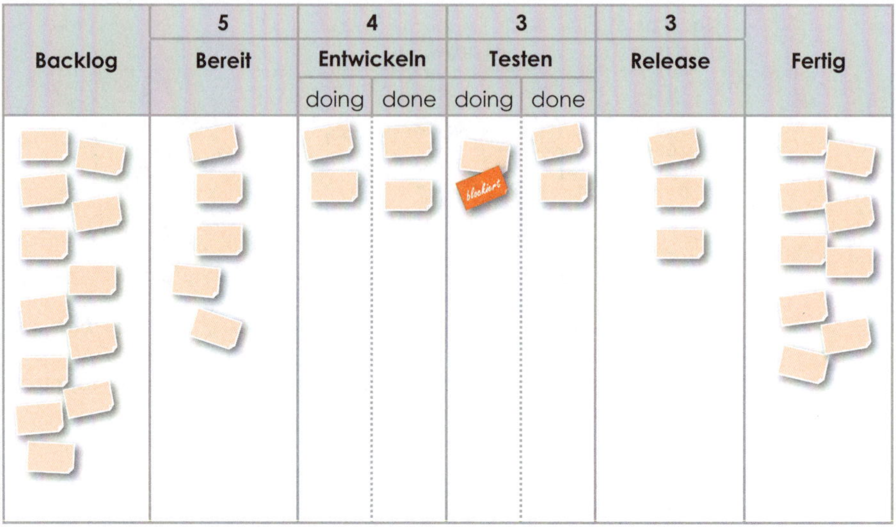

Backlog	Bereit	Entwickeln		Testen		Release	Fertig
	5	4		3		3	
		doing	done	doing	done		

Abbildung 17: Beispiel für ein Kanban-Board aus der Softwareentwicklung mit einer Blockierung in der Spalte „Testen"

Diese Begrenzungen dienen dazu, → *Engpässe* zu erkennen. Ein Engpass ist eine Stelle, an der die Aufgaben langsamer bearbeitet werden – langsamer „fließen" – als davor und danach. Hier stauen sich Aufgaben. Für Engpässe gibt es verschiedene Gründe: fehlende Ressourcen, Überlastung von Ressourcen, längere Bearbeitungsdauer als in den Stationen davor etc. Erst durch *Work-in-Progress-Limits* fallen Engpässe auf und können behoben werden. Nach der Beseitigung eines Engpasses wird an einer anderen Stelle ein Engpass auftreten, der dann gelöst werden muss. Engpässe treten so lange auf, bis ein Auftrag perfekt durch das System fließt.

Die permanente Beseitigung von Engpässen stellt eine kontinuierliche Verbesserung des Systems dar.

Blockierte Aufgaben werden bei den WiP-Limits immer mitgezählt, blockierte Aufgaben verringern also den Platz für „fließende Aufgaben". Daher müssen Blockaden immer gelöst werden, um die vollständige Bearbeitungskapazität zu erhalten. In der Praxis wird gerne einfach das WiP-Limit heraufgesetzt. Das löst jedoch keine Blockaden und ist Selbstbetrug. Erkannte Probleme müssen gelöst werden!

Bei mehrstufigen Kanban-Systemen wie dem → *Flight-Levels-Modell* müssen die WiP-Limits immer auf der Ebene gesetzt werden, auf der der Effekt erreicht werden soll. WiP-Limits nur auf Arbeitsebene zu setzen, ohne die Anzahl der Projekte zu begrenzen, entfaltet keine Wirkung! (siehe „*Das Flight-Levels-Modell zur Regelung der Projekte, Produkte und Initiativen einer Organisation*" auf Seite 199).

Die Grundprinzipien von Kanban

Kanban baut auf vier Grundprinzipien auf [Bur14,15]:

1. Beginne mit dem, was du gerade tust.

Dieses Grundprinzip weist auf zwei Aspekte hin: Zum einen soll die Arbeit, die man aktuell tut, zu Ende gebracht werden, bevor etwas Neues begonnen wird. Zum anderen kann Kanban direkt und einfach ohne Veränderungen in der Organisation eingeführt werden.

2. Vereinbare, dass evolutionäre Veränderung verfolgt wird.

Durch Kanban soll eine Organisation verbessert werden. Dies wird vor allem durch kleine evolutionäre Schritte erreicht.

3. Respektiere initial bestehende Prozesse/Rollen/Verantwortlichkeiten und Jobtitel.

Kanban respektiert den Status quo der Organisation: Alle vorliegenden Rollen, Prozesse etc. bleiben bestehen. Alles wird weiterhin so gemacht wie bisher. Es wird zunächst lediglich transparent gemacht. Daher lässt sich Kanban auch sehr leicht einführen.

4. Ermutige dazu, Führung auf jeder Ebene der Organisation zu zeigen – vom einzelnen Mitarbeiter bis zum höheren Management.

Die Organisation kann nur dann besser werden, wenn sich alle in der Organisation daran beteiligen. Besonders wichtig ist es dabei, dass sich auch die Mitarbeiter, die die direkte Arbeit verrichten, dabei einbringen und „*Acts of Leadership*" zeigen, indem sie z.B. konkrete Verbesserungsvorschläge einbringen.

Die Kernpraktiken von Kanban

Kanban besteht aus einer Grundmenge an Praktiken, die im Folgenden vorgestellt werden. Für eine Vertiefung sei die Fachliteratur empfohlen [Bur14,15].

Kernpraktik 1: *Visualisiere.*
Für alle gut sichtbar visualisiert das Kanban-Board den Wertstrom mit seinen Prozessschritten. Dabei sind die Prozessschritte als einzelne Spalten dargestellt. Die den Wertstrom durchlaufenden Aufgaben werden auf Haftnotizen festgehalten und durchlaufen im Rahmen ihrer Bearbeitung im Wertstrom das Kanban-Board von links nach rechts. Das Kanban-Board zeigt damit den aktuellen Stand aller im Wertstrom befindlichen Aufgaben.

Kernpraktik 2: *Limitiere die Menge paralleler Arbeit (Work in Progress, WiP).*
Die Anzahl der Aufgaben, die sich gleichzeitig in einem Prozessschritt befinden, muss limitiert werden. Zum einen wird so Fokus auf die in Bearbeitung befindlichen Auf-

gaben erreicht. Zum anderen müssen bei auftretenden Problemen in der Bearbeitung einer Aufgabe diese Probleme zuerst gelöst werden, statt einfach eine neue Aufgabe zu beginnen. Dadurch wird der Wertstrom – und die Organisation – bei *jedem* auftretendem Problem evolutionär verbessert.

Durch die Begrenzung der in einem Prozessschritt befindlichen Aufgaben entsteht ein → *Pull-System*. Erst wenn sich Aufgaben in Richtung Fertigstellung – nach rechts auf dem Board – bewegen, wird Kapazität für neue Aufgaben frei. Diese Verfügbarkeitssignale fließen stromaufwärts – nach links auf dem Board. Ohne WiP-Limits gehen diese Pull-Signale verloren.

Kernpraktik 3: *Manage den Arbeitsfluss.*

(Langform: Manage den Arbeitsfluss, um Gleichmäßigkeit, Pünktlichkeit und gute wirtschaftliche Ergebnisse zu erreichen – und nimm Kundenbedürfnisse vorweg [Bur14,15].)

Anwender eines Kanban-Prozesses messen typischerweise Größen wie → *Längen von Warteschlangen*, → *Zykluszeit* und → *Durchsatz*. Damit wollen sie feststellen, wie gut ihre Arbeit organisiert ist, wo sie verbessern und welche Zusagen sie ihren Kunden geben können. Sie erleichtern damit sich und anderen die Planung und steigern ihre Verlässlichkeit.

In dieser Praktik geht es auch um den Inhalt dessen, was man tut. Es geht nicht um das Empfangen von Befehlen oder das Abarbeiten von Vorgegebenem. Vielmehr ist eine Neuausrichtung des Prozesses in Richtung Entdecken und Erfüllen von Bedürfnissen des Kunden entscheidend [Bur14,15].

Kernpraktik 4: *Mache Prozessregeln explizit.*

Prozessregeln sind keine Anweisungen oder Verordnungen, sie sind ein Weg, um zwischen allen Beteiligten ein gemeinsames Verständnis darüber aufrechtzuerhalten, wie das System betrieben wird. Indem implizite Regeln explizit gemacht werden, wird das darunterliegende Denken überprüft [Bur14,15].

Prozessregeln können von einfachen Themen – die Bedeutung einzelner Spalten im Kanban-Board – bis hin zu komplexen Zusammenhängen – *„Wenn eine neue Aufgabe gezogen wird, wird der Auftraggeber informiert, falls es wahrscheinlich ist, dass diese Auswirkungen auf bestehende (fertige) Arbeit hat."* – reichen [Bur14,15].

Kernpraktik 5: *Implementiere Feedbackzyklen.*

Bei Kanban geht es nicht (nur) darum, Aufgaben abzuarbeiten, sondern (auch) Wissen zu erarbeiten – d.h. zu lernen. Lernen braucht Feedback, schnelles Lernen braucht schnelles Feedback [Sch17].

Feedback ist notwendig sowohl zum Inhalt der Arbeit als auch zum Vorgehen bei der Bearbeitung. Daher ist methodisch sauber zwischen diesen beiden Feedback-Schleifen zu unterscheiden: Das *Review* schließt die Feedback-Schleife zum Inhalt, die *Retrospektive* schließt die Feedback-Schleife zum Vorgehen [Sch17]. Das *Daily*

Standup-Meeting schließt beide Feedback-Schleifen auf 24h-Basis und weist auf aktuelle Blockaden hin, die gelöst werden müssen, um weiterarbeiten zu können [Sch17].

Kernpraktik 6: *Erziele Verbesserung kooperativ und entwickle experimentell.*
(Langform: Erziele Verbesserung kooperativ und entwickle experimentell und verwende dazu Modelle und die wissenschaftliche Methode [Bur14,15]).

In Organisationen wird die Leistung kooperativ durch mehrere bis viele Beteiligte erbracht. Bei der Verbesserung der Organisation und deren Abläufe ist ebenfalls Kooperation besser, um eine breite Akzeptanz der Veränderung zu erreichen, die Vielfalt der Ansichten und Sichtweisen aufzunehmen und zu integrieren sowie größere Verbesserungen zu erreichen.

Veränderungen können immer nur Experimente sein, da ihr Ergebnis nicht garantiert ist (→ *Lean Change*). Daher ist das Verständnis, dass *jede* Veränderung ein Experiment ist, grundlegend für erfolgreiche Organisationsentwicklung.

Modelle sind Vereinfachungen der Wirklichkeit. Sie können dabei helfen, ein besseres Prozessverständnis zu erreichen und Experimente zu entwickeln, die zu einer Verbesserung des Prozesses führen. So sind *Wert*, *Fluss* und *Verschwendung* Modelle – und damit Vereinfachungen – von dem, was wirklich stattfindet. Andere Modelle basieren auf den Ideen von W. Edwards Deming, der Engpasstheorie, der Systemtheorie, dem systemischen Denken oder auf der Komplexitätstheorie [Bur14, 15, WikiKBSW].

Die Werte von Kanban

Aus den Grundprinzipien und den Kernpraktiken lassen sich die Werte von Kanban ableiten [Bur13, 14, 15] und [Roo13].

1. Wert: *Verstehen.*
Um → *Cargo-Kult* zu vermeiden, muss man verstehen, was man tut. Dies beginnt bei klaren[10] Themen und zieht sich bis zu komplexen Themen fort. Bei klaren Themen ist Verstehen leicht, bei komplizierten Themen muss man sich schon anstrengen, Komplexes verschließt sich einem direkten Verstehen. Doch können über die im → *Cynefin-Framework* empfohlene Vorgehensweise (*probiere – erkenne – reagiere*) Erkenntnisse über Zusammenhänge und deren Wahrscheinlichkeiten gewonnen werden.

2. Wert: *Vereinbarung.*
Vereinbarung findet sich im zweiten Grundprinzip von Kanban wieder: *Vereinbare, dass evolutionäre Veränderung verfolgt wird*. Vereinbarung bezieht sich auf ein gemeinsames Verständnis aller Beteiligten über das Was und das Wie einer zu bearbeitenden Aufgabe oder Veränderung.

---

[10] Zur Klassifizierung siehe *Cynefin-Framework*.

3. Wert: *Respekt.*

„Respekt für die Menschen" ist eine Säule von Lean Management, einer Quelle von Kanban. Dies findet sich im dritten Grundprinzip von Kanban wieder: *Respektiere initial bestehende Prozesse/Rollen/Verantwortlichkeiten und Jobtitel.* Bei Respekt geht es um das Akzeptieren des anderen in seinem Anderssein.

4. Wert: *Leadership.*

Leadership findet sich im vierten Grundprinzip von Kanban wieder: *Ermutige dazu, Führung auf jeder Ebene der Organisation zu zeigen – vom einzelnen Mitarbeiter bis zum höheren Management.* Leadership meint, dass jeder auf seiner Ebene Verantwortung und Führung für seine Themen übernimmt.

5. Wert: *Flow.*

Flow findet sich im dritten Kernprinzip wieder: *Manage den Arbeitsfluss.* Dieser Wert bezieht sich auf die Effizienz im Wertstrom – darauf, die Dinge *richtig zu tun.* Gleichzeitig kommen damit Gleichmäßigkeit und Vorhersagbarkeit ins System, um Überlastungen zu verhindern und den Kunden zuverlässige Aussagen geben zu können, wann etwas fertig sein wird.

6. Wert: *Fokus auf den Kunden.*

Zusammen mit dem fünften Wert *(Flow)* lässt sich dieser Wert erweitern zu: „Sorge dafür, dass es einen gleichmäßigen Flow gibt, der dem Kunden früh und regelmäßig Wert liefert." Es geht nicht um das Abarbeiten von Aufgaben, sondern um das Erzeugen von *Wert für den Kunden.* Wert ist durchaus monetär gemeint, viel stärker allerdings in Bezug auf den Zweck dessen, was der Kunde mit dem Produkt vorhat, den *Wert durch den Nutzen, den das Produkt dem Kunden stiftet.* Werden nur Aufgaben abgearbeitet, von denen der Kunde nicht profitiert, entstehen nur Kosten *(sunk cost)* und kein Wert.

7. Wert: *Transparenz.*

Transparenz findet sich in drei Kernpraktiken wieder:
- Kernpraktik 1: *Visualisiere.*
- Kernpraktik 4: *Mache Prozessregeln explizit.*
- Kernpraktik 5: *Implementiere Feedback-Schleifen.*

In Kanban wird Transparenz auf unterschiedlichen Ebenen hergestellt:
1. Die Arbeit wird sichtbar gemacht.
2. Der Wertstrom wird sichtbar gemacht: Welche Prozessschritte durchlaufen die Aufgaben? In welchen Prozessschritten befinden sich aktuell welche Aufgaben?
3. Die Einflussgrößen, Regeln und Grenzen, die unsere Entscheidungen beeinflussen und die Leistung unseres Systems bestimmen, werden sichtbar gemacht.
4. Die Auswirkungen von 1. bis 3. werden durch kundenzentrierte Metriken ersichtlich.

Die Punkte 1 bis 3 ergeben zusammen wichtige Einflussmöglichkeiten, um mit relativ geringen Kosten bedeutende Veränderungen vorzunehmen. Punkt 4 stellt sicher, dass die Veränderungen in die richtige Richtung gehen.

Kanban führt so zu lernenden und adaptiven – und damit wettbewerbsfähigen – Organisationen.

8. Wert: *Balance.*

Die zweite Kernpraktik *Limitiere die Menge paralleler Arbeit* bringt folgende Vorteile:

- Nach → *Littles Gesetz* aus der → *Warteschlangentheorie* entstehen tendenziell kürzere Durchlaufzeiten und damit auch kürzere Feedback-Schleifen: Der Kunde bekommt schneller etwas geliefert und wir lernen schneller aus seinem Feedback.
- Erst wenn freie Kapazitäten für die Bearbeitung neuer Aufgaben verfügbar sind, werden diese auch begonnen. Dies schafft Flow aus der Sicht der Aufgaben und hält Angebot und Nachfrage aus Team- bzw. Mitarbeitersicht im Balance (vgl. den Wert *Respekt*).
- Weiterhin entsteht Balance zwischen verschiedenen Arten operativer Arbeit und zwischen operativer Arbeit und Verbesserungsarbeit.

Kanban führt so zu robusteren Organisationen, die für eine Bandbreite von Aufgaben Vorhersagbarkeit bzgl. Leistung und Lieferzeiten – von Stunden oder Tagen bis Monate oder noch längere Zeiträume – bieten.

9. Wert: *Zusammenarbeit.*

Zusammenarbeit findet sich in der 6. Kernpraktik wieder: *Erziele Verbesserung kooperativ und entwickle experimentell.*

Aufbauend auf den Werten *Vereinbarung*, *Respekt* und *Fokus auf den Kunden* formuliert *Zusammenarbeit* die Erwartung, über die Grenzen des eigenen Teams hinauszugehen, um Hindernisse im Flow zu beseitigen. Es geht nicht darum, dass das eigene Team optimal arbeitet – es geht um eine optimale Gesamtorganisation. Dazu ist Zusammenarbeit mit anderen Teams notwendig.

In der Langform der 6. Kernpraktik *Erziele Verbesserung kooperativ und entwickle experimentell (verwende dazu Modelle und die wissenschaftlichen Methode)* wird die Aufforderung formuliert, systematisch das Verstehen zu verbessern, indem beobachtet wird, Modelle gebildet sowie Experimente und Messungen durchgeführt werden (empirisches Vorgehen).

Canvases

Canvases sind Kommunikationsmittel – es geht bei diesen immer um die Interaktionen zu einem Thema. Daher sind diese als Leitfäden für Dialoge zu verstehen, um alle relevanten Aspekte zu berücksichtigen. Jedoch können die hier und in [Sch17] vorgestellten Canvases allenfalls Ideen und Einladungen sein, den für Sie besser passenden Canvas selbst zu entwickeln. Dies ist ein Prozess!

Starten Sie daher, indem Sie einen Canvas so, wie hier abgebildet, übernehmen und von dort ausgehend Schritt für Schritt verbessern. Und versehen Sie Ihre Canvases immer mit einer Versionsnummer, um auch hierbei Fortschritt zu zeigen [Sch17].

Die hier vorgestellten Canvases stehen Ihnen – wie alle Canvases aus [Sch17] ebenfalls – unter www.wertstrom-organisation.de/buch zum Download zur Verfügung.

Canvas für die Wertstrom-Organisation

Die 7 Kernfragen plus Zusatzfrage für die Wertstrom-Organisation können zur Bearbeitung durch Teams und Organisationen auf Canvases gebracht werden (Abbildung 18). Die Fragen 6 und 7 betreffen die direkte Umsetzung, daher sind diese – zunächst – für einen Canvas nicht relevant.

Canvas für die Wertstrom-Organisation	
Frage 1: Wozu ist unsere Organisation da? Was ist der Zweck unserer Organisation?	
Frage 2: Wer ist unser Kunde? Wem entsteht Nutzen durch den primären Zweck unserer Organisation?	**Frage 3: Was ist unser Produkt?** Wie setzen wir den primären Zweck unserer Organisation um?
Frage 4: Wie und wodurch entsteht unseren Kunden durch unser Produkt welcher Wert? Wie führt der primäre Zweck über das Produkt zu Wert für unsere(n) Kunden?	
Frage 5: Wo entsteht bei uns das, was zu diesem Wert führt? Wo und wie/wodurch entsteht in unserem Wertstrom Wert für unseren Kunden?	
Frage 8: Wie verteilen wir die Produktivitätsverbesserungen? Wer profitiert wie von der Wertstrom-Organisation und wie organisieren wir das?	

Abbildung 18: Canvas für die Wertstrom-Organisation (Die Fragen wurden für den direkten Einsatz in Organisationen umformuliert. Da die Fragen 6 und 7 die direkte Umsetzung betreffen, wurden diese nicht mit in den Canvas aufgenommen.)

Lean Change Canvases

Lean Change Canvases sind ausführlich in [Sch17] vorgestellt, daher werden hier nur einige kurz vorgestellt.

Der *strategische/taktische Canvas*

Der strategische/taktische Canvas (Abbildung 19) dient der Steuerung von Veränderungen auf strategischer und auf taktischer Ebene. Zwar ist der zu betrachtende Ausschnitt unterschiedlich – wie beim *Flight-Levels-Modell* hat die strategische Ebene mehr Übersicht und die taktische Ebene mehr Details –, die grundlegenden Fragestellungen sind jedoch dieselben.

Strategischer/Taktischer Change Canvas	
VISION: Was ist die Vision für diese Veränderung?	BEDEUTUNG: Warum ist diese Veränderung für die Organisation wichtig?
ERFOLGSKRITERIEN: Wie und woran messen wir unseren Erfolg?	FORTSCHRITTSKRITERIEN: Wie und woran messen wir unseren Fortschritt in Richtung unserer Vision?
WER UND WAS IST VON DIESER VERÄNDERUNG BETROFFEN?: Welche Personen, Abteilungen und Prozesse müssen sich ändern, um unsere Vision zu erreichen?	
WIE UNTERSTÜTZEN WIR DIE MENSCHEN?: Mit welchen Aktionen unterstützen wir (die Change-Sponsoren) die Menschen durch die Veränderung?	

WAS NOCH?	-1 MONAT	NÄCHSTES	VORBEREITUNG	EINFÜHRUNG	ÜBERPRÜFUNG
Liste von möglichen Experimenten	Experimente, die voraussichtlich in einem Monat eingeführt werden	Die nächsten Experimente zur Einführung	Experimente in Planung und Validierung	Laufende Experimente	Experimente in der Überprüfung

Abbildung 19: Beispiel für einen strategischen/taktischen Canvas [Sch17]

Team Canvases

Zur Unterstützung der die Aufgaben bearbeitenden Teams haben sich Team Canvases bewährt. Teams leiten sich so selbst absichtsvoll durch die Bearbeitung ihrer Aufgaben.

Team Canvases sind in Varianten mit verschiedenem Detaillierungsgrad [Sch17] bekannt. Die Abbildung 20 zeigt einen ausführlicheren Team Canvas. Es sind auch minimalere Canvases möglich, wie Abbildung 21 zeigt.

Team Canvas

VISION: Wo will unser Team in 6 Monaten / 1 Jahr sein?	
ERFOLGSKRITERIEN: Wie und woran messen wir unseren Erfolg?	FORTSCHRITTSKRITERIEN: Wie und woran messen wir unseren Fortschritt Richtung unserer Vision?
UNTERSTÜTZUNG: Was unterstützt unsere Veränderung?	HINDERNISSE: Was behindert unsere Veränderung?
UNTERSTÜTZUNG: Welche Unterstützung brauchen wir, um unsere Veränderung umzusetzen?	

WAS KÖNNEN WIR TUN?	-1 MONAT	NÄCHSTES	VORBEREITUNG	EINFÜHRUNG	ÜBERPRÜFUNG
Liste von möglichen Experimenten	Experimente, die voraussichtlich in einem Monat eingeführt werden	Die nächsten Experimente zur Einführung	Experimente in Planung und Validierung	Laufende Experimente	Experimente in der Überprüfung

Abbildung 20: Beispiel für einen Team Canvas mit hohem Detaillierungsgrad [Sch17]

Minimaler Change Canvas I

WARUM?	WOZU?	WIE UND WORAN MESSEN WIR ERFOLG/FORTSCHRITT?
• Warum machen wir die Veränderung? => Welche Probleme sollen überwunden werden?	• Wozu ist die Veränderung gut? Wozu machen wir die Veränderung? => Bedeutung der Veränderung für die Organisation	• Wie soll der Zielzustand aussehen? => Vision für die Veränderung • Wie wird die Veränderung kommuniziert? • Wie werden die Beteiligten unterstützt?
WAS?	**WER?**	**WANN?**
• Was wollen wir erreichen? Was wollen wir messen? => Kriterien für Erfolg und Fortschritt • Was soll gemacht werden? => Aktionen	• Wer ist von der Veränderung betroffen? => Personen, Prozesse	• Wann wird was gemacht? => Reihenfolge der Aktionen

Abbildung 21: Beispiel für einen minimalen Change Canvas [Sch17]

OpenSpace Change Canvases

Während *Lean Change Canvases* konkrete Veränderungen unterstützen, liefert der *OpenSpace Change Canvas* (Abbildung 22) anhand von 5 der 7 Leitfragen (siehe Seite 188) von OpenSpace Change den Rahmen für die Veränderung. Daher ist dieser grundlegender und damit auch stabiler über die Zeit. Eine Überprüfung 1 bis 2 mal pro Jahr ist völlig ausreichend.

Open Space Change Canvas	
1. Was soll geändert werden?	
2. Warum soll das geändert werden? Gründe für die Veränderung	3. Wozu soll das geändert werden? Sinn/Zweck der Veränderung
4. Für wen ist die Veränderung wichtig? • Wer initiiert? • Wer treibt an?	5. Wem nutzt die Veränderung? Wer profitiert?

Abbildung 22: OpenSpace Change Canvas

Wardley Maps

Eine Wardley Map [War17] stellt die Struktur eines Produktes mit der technologischen Reife der dazu notwendigen Komponenten – diese entspricht dem Stand im Lebenszyklus der Komponenten – dar. Damit vereinen Wardley Maps den Wertstrom mit dem Stand der technologischen Entwicklung.

Abbildung 23: Aufbau einer Wardley Map

Eine Wardley Map ist wie folgt aufgebaut (Abbildung 23):
- Zentral ist der Kunde. Dieser steht oben in der Mitte.
- Von oben nach unten werden die für die Leistung notwendigen Komponenten aufgetragen. Die Sichtbarkeit der Komponenten für den Kunden bestimmt die Höhe: Je sichtbarer, desto höher.
- Von links nach rechts wird die Reife der Komponenten bzw. deren Technologie aufgetragen: Je reifer – und damit allgemeiner verfügbar – eine Komponente bzw. deren Technologie ist, desto weiter rechts steht diese.

Das folgende Beispiel baut auf einem Beispiel von Simon Wardley [War17] auf, führt dieses allerdings weiter.

1. *Sie müssen das Kundenbedürfnis verstehen!*

Nehmen wir an, Ihre Kunden wollen als Produkt eine Tasse Tee trinken. (Wobei erst einmal zu klären wäre, was das eigentliche Bedürfnis dahinter ist, also welchen „Job" der Tee erfüllen soll, ob es um das Stillen von Durst, um Entspannung oder was auch immer geht.

> **„Jobs-to-be-Done"-Ansatz von Clayton Christensen**
>
> Der frühere Professor der Harvard Business School Clayton Christensen geht davon aus, dass Kunden keine Produkte um ihrer selbst willen kaufen, sondern weil dieses Produkt einen „Job" erledigen soll – wie Theodore Levitt sagte: *„Kunden wollen keinen ¼-Zoll-Bohrer, sie wollen ein ¼-Zoll-Loch."*
>
> Christensen untersuchte, warum sich in einem bestimmten Schnellrestaurant an einem Highway nach Los Angeles in den Morgenstunden Milchshakes besonders gut verkauften. Er fand heraus, dass Pendler diese als Frühstück kauften, weil sie es mit einem Strohhalm beim Fahren konsumieren konnten, ohne sich zu vollzukrümmeln, und zudem bis zum Mittagessen satt blieben.
>
> Bei der Entwicklung eines Produktes muss genau dieser Job für das Produkt herausgefunden werden.
>
> PS: Kunden wollen eigentlich auch kein ¼-Zoll-Loch, sie wollen ein Bild aufhängen.

2. *Sie müssen verstehen, was notwendig ist, um das Kundenbedürfnis zu erfüllen!*

Dies mag im Beispiel „Eine Tasse Tee" banal aussehen, ist es bei realen Kundenbedürfnissen allerdings nicht. Es geht darum, herauszufinden, was das einfachste, das minimale Produkt ist, das alle Kundenanforderungen vollständig erfüllt. Mehr zu leisten, als der Kunde bereit ist, zu bezahlen, ist Verschwendung. Weniger zu leisten erfüllt das Kundenbedürfnis nicht vollständig und kann daher dazu führen, dass Kunden nicht kaufen.

Um eine Tasse Tee herzustellen brauchen Sie *Tee, eine saubere Tasse* und *heißes Wasser*.

3. Was brauchen Sie dazu? Und wo bekommen Sie das her?

Die Wardley Map baut sich tiefer auf, indem Sie nach jedem Schritt die folgenden zwei Fragen stellen:

- *Was braucht diese Komponente, um ihren Nutzen voll zu erbringen?*
- *Und wo bekomme ich dies her?*

Denken Sie dabei so offen wie möglich! Seien Sie wie ein Computer und denken Sie alles durch, ohne voreilig Schlüsse zu ziehen oder Entscheidungen zu treffen! Entscheidungen treffen Sie erst später!

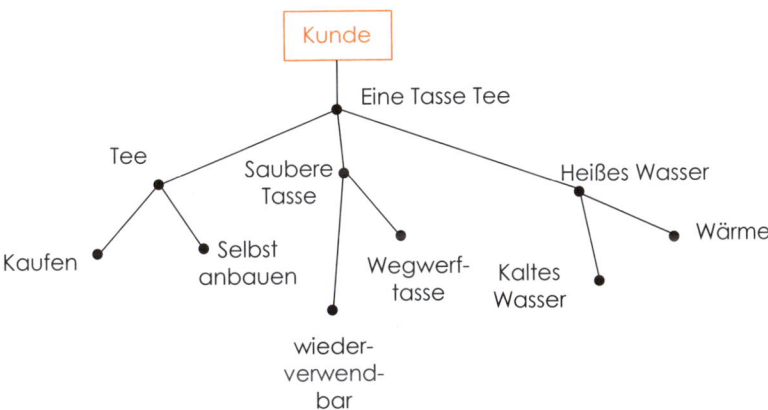

Abbildung 24: Wardley Map „Eine Tasse Tee": Entwickeln der Komponenten (1)

In unserem Beispiel betrifft dies (Abbildung 24):

- Tee: *Wo bekommen Sie Tee her?* Die beiden Möglichkeiten sind kaufen oder selbst anbauen.
- „Saubere Tasse": *Wo bekommen Sie eine saubere Tasse her?* Sie können wiederverwendbares Geschirr oder eine Wegwerftasse einsetzen.
- „Heißes Wasser": *Wo bekommen Sie heißes Wasser her?* Sie brauchen dazu kaltes Wasser und Wärme, um das kalte Wasser zu erhitzen.

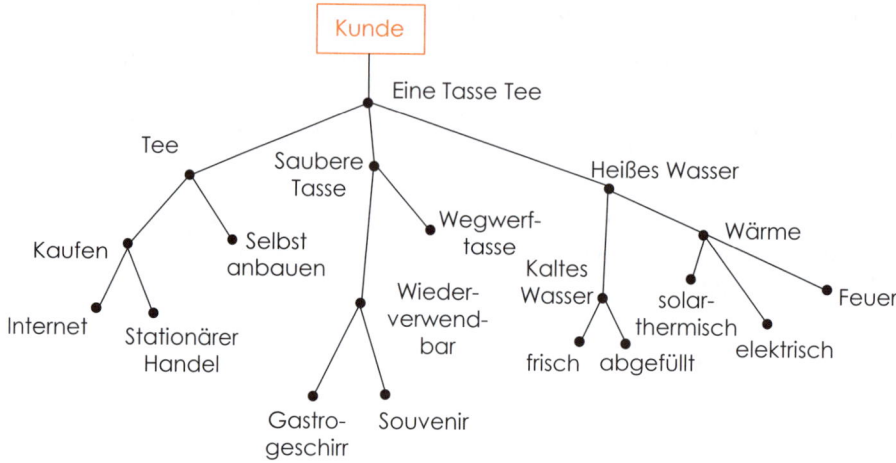

Abbildung 25: Wardley Map „Eine Tasse Tee": Entwickeln der Komponenten (2)

In der nächsten Runde wird weiter in die Tiefe gegangen (Abbildung 25):

- „Tee kaufen": im Internet oder im stationären Handel.
- „Wiederverwendbare Tasse": Gastronomiegeschirr oder Tasse als Souvenir verkaufen.
- „Kaltes Wasser": frisch oder abgefüllt.
- „Wärme": solarthermisch, elektrisch oder per Feuer.

Die Zweige „Tee" und „Tasse" sind vorerst an ihr Ende gekommen, da Sie hierfür auf verfügbare Lösungen zugreifen können. Eine Souvenir-Tasse muss natürlich auf Ihr Angebot zugeschnitten sein!

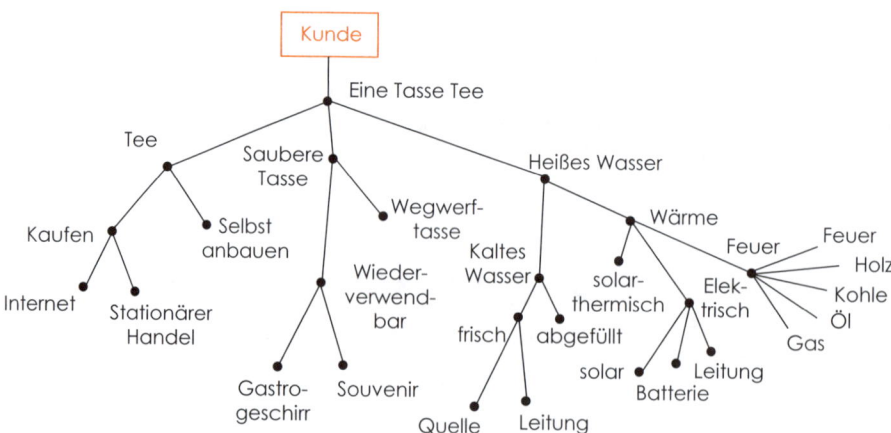

Abbildung 26: Wardley Map „Eine Tasse Tee": Entwickeln der Komponenten (3)

In der nächste Runde erhalten Sie (Abbildung 26):
- „Frisches Wasser": aus einer Quelle oder der Wasserleitung.
- „Elektrisch erzeugte Wärme": Solaranlage, Batterie oder Stromleitung.
- „Feuer" können Sie erzeugen aus Gas, Flüssigkeiten wie Öl, Kohle oder Holz.

Damit sind wir zunächst zum Ende der Analyse gekommen, da Sie nun verschiedene Möglichkeiten haben. Ggf. müssen Sie nach einer Entscheidung für bestimmte Komponenten weiter in die Tiefe gehen.

4. Treffen Sie Entscheidungen!

Mit Abbildung 26 haben Sie die Möglichkeiten für Ihr Angebot. Bevor Sie entscheiden, müssen Sie Ihre Entscheidungsbasis weiter ausbauen!

Für Kunden kann die Sichtbarkeit der Komponenten ihres Produktes eine wichtige Rolle spielen: Je näher Komponenten am Kunden sind, desto sichtbarer – und möglicherweise kaufentscheidender – sind diese. Je weiter weg Komponenten sind, desto unsichtbarer – und möglicherweise unwichtiger – sind diese für den Kunden. Dies meint die Achse „Sichtbarkeit" in Abbildung 27.

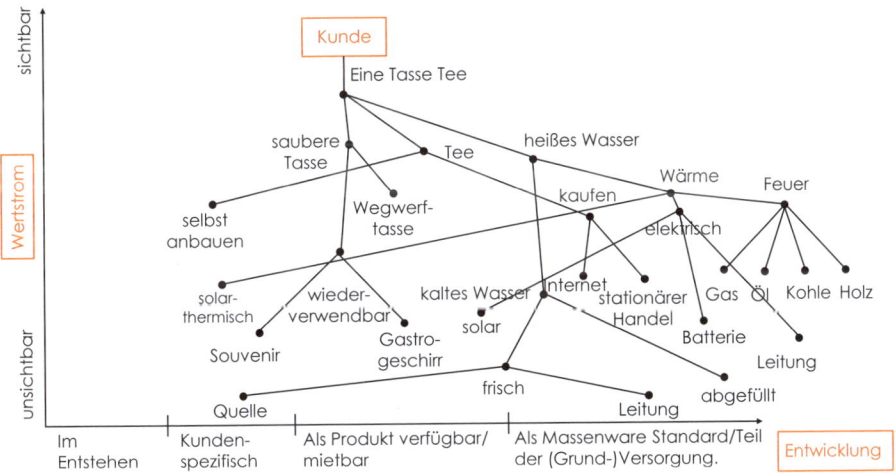

Abbildung 27: Wardley Map „Eine Tasse Tee": Sichtbarkeit der Komponenten

Der technologische Reifegrad – und damit die Verfügbarkeit – der Komponenten Ihres Produktes spielt eine weitere wichtige Rolle für Ihre Entscheidungen. Die Idee ist, den technischen Reifegrad jeder einzelnen Komponente anzugeben und so entscheiden zu können, was man selbst entwickelt und herstellen muss und was günstig gekauft werden kann, weil es verfügbar ist („Make or Buy"-Analyse). Diese Einteilung leistet die Wardlay Map mit der horizontalen Einteilung. Daraus lassen sich strategische Entscheidungen ableiten.

Wenn Sie die Reifegrad-Beurteilungen für die Komponenten aus Abbildung 27 berücksichtigen, kommen Sie zur Wardley Map Ihres Angebotes „Eine Tasse Tee" (Abbildung 28)

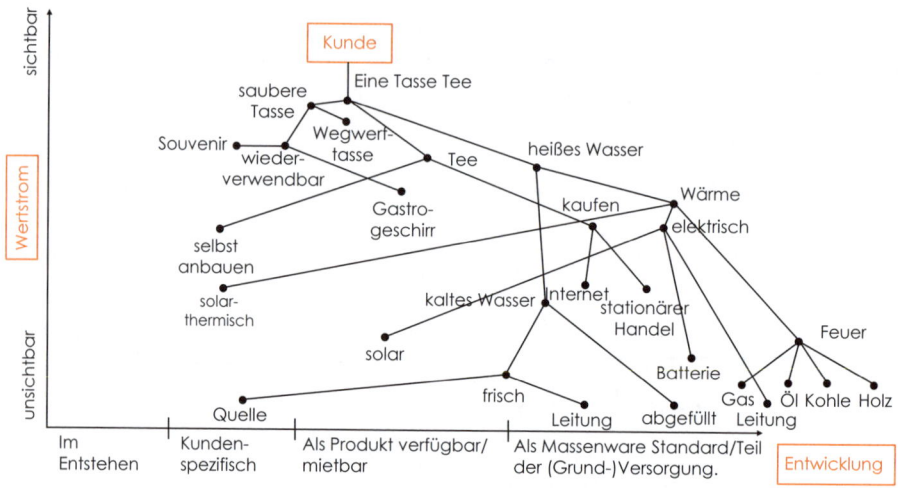

Abbildung 28: Wardley Map „Eine Tasse Tee": Bewertung der Komponenten nach deren technologischer Reife/Verfügbarkeit

Nun können Sie Entscheidungen treffen! Sie haben alle Komponenten für Ihr Produkt „Eine Tasse Tee" mit deren technologischer Reife.

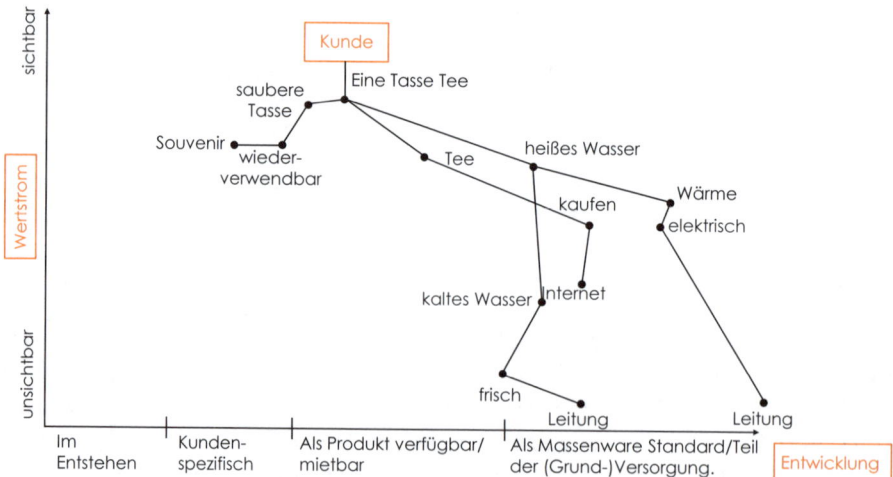

Abbildung 29: Wardley Map „Eine Tasse Tee": Vereinfachte Map nach Entscheidung

Der Einfachheit halber nehmen wir für die weitere Betrachtung folgende Entscheidungen an (Abbildung 29):

- eine wiederverwendbare Souvenir-Tasse verkaufen,
- Tee im Internet kaufen,
- frisches Wasser aus der Wasserleitung entnehmen,
- heißes Wasser über elektrischen Strom aus der Stromleitung erzeugen.

5. Wie Sie von der Wardley Map zum Wertstrom kommen.

Wenn Sie die Abbildung 29 nun um 90° nach rechts drehen und die einzelnen Komponenten und Tätigkeiten zu Prozessschritten zusammenfassen, erhalten Sie die bekannte Darstellung eine Wertstromes (Abbildung 30). In der Darstellung der Wardley Map ist der Wertstrom verbunden mit der Beschaffung bzw. Herstellung der Komponenten.

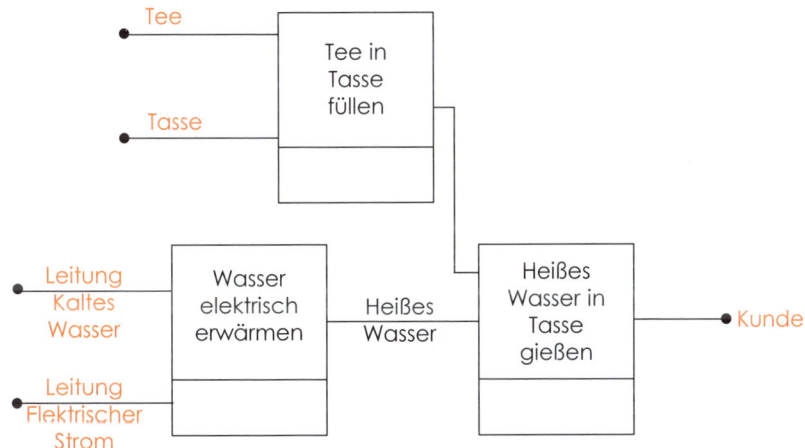

Abbildung 30: Darstellung des Wertstroms zu „Eine Tasse Tee"

IV Los geht's!

Nun sind Sie am Zug! Transformieren Sie Ihre Organisation in eine Wertstrom-Organisation!

Auf dem Weg dahin sollen Ihnen noch einige Anregungen und Hinweise mitgegeben werden.

Das Ziel der Wertstrom-Organisation

Das Ziel der Wertstrom-Organisation ist eine ausschließlich auf Wertschöpfung für einen organisationsexternen Kunden ausgerichtete Organisation. Diese ist eine lernende Organisation und entwickelt sich permanent mit dem Fokus auf *flussgetriebene Wertschöpfung zum ausschließlichen Nutzen des Kunden* weiter. Der organisationsexterne Kunde ist dabei in den Wertstrom integriert, ebenso organisationsexterne Lieferanten. Kern ist die Zusammenarbeit aller Beteiligten, unterstützt durch dazu notwendige Strukturen, Prozesse und Tools.

Der Erfolg der Wertstrom-Organisation ist messbar

Das Erfolgskriterium der Wertstrom-Organisation ist die Zufriedenheit des organisationsexternen Kunden. Dazu ist diesem das *passende Produkt* zum *passenden Zeitpunkt* in der *passenden Qualität* zum *passenden Preis* zu liefern. Alle weiteren Messgrößen – wie Reaktionsgeschwindigkeit auf Veränderungen im Markt, Mitarbeiterzufriedenheit, Produktivität etc. – sind dafür notwendige Voraussetzungen.

Beim Messen geht es nicht um Fremdkontrolle, sondern um Feedback zur Selbstkontrolle, damit ein Regelkreis zur Selbststeuerung entsteht. Rother und Shook geben folgende Prinzipien für Messgrößen zur Beurteilung an [Rot18]:

1. *Die Messgrößen sollen die Mitarbeiter vor Ort ermutigen, das gewünschte Verhalten an den Tag zu legen.*
2. *Die Messgrößen sollen dem oberen Management Informationen liefern, um Entscheidungen treffen zu können.*
3. *Prinzip 1 kommt vor Prinzip 2.*

Dazu müssen Sie berücksichtigen, dass Sie das, was Sie messen, durch das Messen managen: Wenn Sie z.B. Beratertage messen, dann bekommen Sie Beratertage – und keine zufriedenen organisationsexternen Kunden. Wenn Sie die Anzahl der Fehler messen, dann sinkt die Anzahl gemessener Fehler – und möglicherweise auch die Qualität.

Sie müssen sich davon verabschieden, Verhalten von Menschen über das Messen von Größen beeinflussen zu wollen.

Die Wertstrom-Organisation wird über das Produkt geführt

Durch die Ausrichtung der Organisation auf die Leistung für einen organisationsexternen Kunden geschieht nun *Führung über das Produkt* statt über die hierarchische Struktur der Aufbauorganisation. Dies führt zu einer steigenden Verantwortung für jeden Einzelnen – Verantwortung für sein Tun und sich selbst. Dies stellt einen weiteren Bruch mit dem bisher Gewohnten dar. Die Beteiligten benötigen deshalb unter Umständen einige Zeit, diese Verantwortung zu entwickeln und sich an sie zu gewöhnen.

Komplexe Lösungen sind individuell

Die in Teil II zu den 7 Kernfragen plus Zusatzfrage gegebenen Erläuterungen stellen jeweils *eine* mögliche Antwort vor. Dabei wurde versucht, eine *maximal ideale* Antwort aufzuzeigen.

Im Komplexen gibt es keine richtigen und falschen Antworten, sondern nur im *jeweiligen Orts-Zeit-Kontext passende und weniger passende*. Es gibt nur die für Ihre Organisation in der aktuellen Situation passende Antwort – die morgen möglicherweise schon überholt sein kann. Daher müssen Sie permanent Ihre Lösungen überprüfen und ggf. anpassen. Dies schaffen Sie, indem Sie zyklisch vorgehen, die 7 Kernfragen plus Zusatzfrage immer wieder durchlaufen, die bisherigen Antworten überprüfen und ggf. neue – passendere – Antworten finden. OpenSpace Change unterstützt Sie dabei methodisch.

Gehen Sie schrittweise und aufeinander aufbauend vor!

Rom wurde nicht an einem Tag erbaut.

Sie werden nicht in einem einzigen Durchlauf durch die 7 Kernfragen plus Zusatzfrage Ihre Organisation komplett umbauen können. Sie müssen agil vorgehen, also schrittweise und aufeinander aufbauend mit Überprüfung der Ergebnisse und des Vorgehens. Gehen Sie daher die Fragen zyklisch durch! Bauen Sie auf dem auf, was schon vorhanden ist! Stellen Sie schon Bestehendes infrage! Fragen Sie immer, ob das, was vorhanden ist, *jetzt gut genug* funktioniert! Wenn nicht, finden Sie etwas Besseres. Und: Hüten Sie sich vor Perfektionismus! „*Gut genug für jetzt*" reicht, Sie können im nächsten Durchlauf, im nächsten Zyklus – falls dann notwendig – etwas Passenderes finden.

Schneiden Sie alte Zöpfe ab!

> Über den Grand Canyon kann man nur in einem Sprung springen.

Es ist ein Missverständnis, dass es in Lean nur *Kaizen* – Evolution, die schrittweise Verbesserung – gäbe. Veränderung ist nicht gleichmäßig, sondern diskontinuierlich – mal geht es schneller, mal langsamer voran. Größere Hindernisse können oft nur in einem Schritt überwunden werden – und müssen dies dann auch. Dies meint *Kaikaku*: Ähnlich einer Revolution wird mit größerer Anstrengung eine grundlegende Veränderung bewirkt. Kaizen und Kaikaku sind keine Gegensätze, sondern ergänzen einander: Wo ein schrittweises Vorgehen – Kaizen – nicht möglich ist oder zu lange dauern würde, ist ein Sprung – Kaikaku – notwendig. Auf diesen folgt eine schrittweise Verbesserung, ein schrittweises Anpassen an die neuen Gegebenheiten [Bay07, ite19].

Sie werden also in Situationen kommen, in denen Sie mit einem schrittweisen Vorgehen nicht (schnell genug) weiterkommen. Dann müssen Sie springen. Und anschließend wieder schrittweise anpassen.

Was Sie immer beachten müssen

Bei allem, was Sie in Bezug auf eine Transformation Ihrer Organisation in Richtung Wertstrom-Organisation machen, müssen Sie u.a. die folgenden Punkte immer beachten[1]:

1. *Ein von allen in der Organisation geteiltes klares Verständnis von Zweck, Kunde, Produkt und Kundennutzen durch das Produkt schaffen*: Damit Wertströme fließen, Verbesserungen an diesen eine Richtung haben, organisationsexternen Kunden wirklich zugehört wird, muss allen das *Wozu* des Wertstromes klar sein! Dieses *Wozu* gibt den Beteiligten Sinn, Motivation und Richtung für ihre Anstrengungen. Lücken und Missverständnisse führen zu schwerwiegenden Konsequenzen in Bezug auf die Leistung für den organisationsexternen Kunden.
2. *Wertströme stehen über allem*: Wenn Wertströme der Kern der Struktur der Organisation sind, dann müssen diese an erster Stelle stehen! Diese sind aktiv zu gestalten und permanent zu verbessern. Jede Entscheidung muss dann auf ihre möglichen Auswirkungen auf die Wertströme untersucht werden. Das Wohl des

---

[1] Anregungen dazu gaben u.a. [Sch17, Ker18, Mat19a, b].

Wertstromes muss an erster Stelle stehen. Im Zweifelsfall ist immer zum Vorteil des Wertstromes zu entscheiden.
3. *Führung des Wertstromes durch das Produkt, den Einfluss des Linienmanagements begrenzen*: Die meisten Organisationen haben aktuell ein aus der Aufbauorganisation resultierendes Linienmanagement. Dieses steht in der Regel konträr zu durchgehenden Wertströmen, da es durch diese Macht und Einfluss verliert. Daher wird Ihnen das Linienmanagement immer wieder in die Quere kommen (können). Gehen Sie diesen möglichen Konflikt im Vorfeld proaktiv und offen an! Bieten Sie Linienmanagern Herausforderungen an, die sowohl die Wertströme unterstützen und ihnen persönlich Sinn vermitteln!
4. *Den Fluss managen, nicht die Menschen*: Konzentrieren Sie Ihre Anstrengungen auf die Abläufe und Prozesse, nicht auf (erwünschtes) Verhalten von Menschen! Schaffen Sie die Abläufe und Prozesse, die das von Ihnen erwünschte Verhalten ermöglichen! Und machen Sie dies transparent. Denn Verhalten verdeckt – auch indirekt – zu beeinflussen ist Manipulation!
5. *Rahmenbedingungen schaffen, die ein Entfalten des Potenzials der Mitarbeiter im Wertstrom ermutigen*: Sie müssen die passenden Rahmenbedingungen schaffen, in denen die Mitarbeiter ihr Potenzial so entfalten können, dass dieses die Wertströme unterstützt. Dazu müssen Sie die Bedürfnisse, Wünsche und Möglichkeiten der Mitarbeiter kennen, die Sie dann mit geeigneten Ansätzen wie Aus- und Weiterbildungen, Workshops etc. bedienen. Schaffen Sie Netzwerke[2], in denen sich die Mitarbeiter gegenseitig unterstützen und voneinander lernen.
6. *Wertstrom ist Mannschaftssport*: Ein Wertstrom kann nur dann fließen, wenn alle in diesem Wertstrom *gemeinsam* am *gleichen* Ziel arbeiten: der Leistung für den organisationsexternen Kunden. Es gibt dann kein „die", nur ein „wir". Alle gewinnen und verlieren gemeinsam, weil sie zusammen in *einem* Boot sitzen[3]. Der Wettbewerb findet *außerhalb* des Wertstromes statt. Wettbewerb innerhalb eines Wertstromes ist Verschwendung!
7. *Sicheren Kontext schaffen, der Irrtümer zulässt*: Zu irren ist menschlich. Insbesondere bei komplexen Themen ist es fast unmöglich, nicht zu irren. Dies ist so lange kein Problem, solange schnell gelernt wird. Daher sind die Schritte – und die damit möglichen Irrtümer – möglichst klein zu halten, dafür müssen diese schnell hintereinander erfolgen[4]. Dies braucht einen sicheren Kontext, in dem Irrtümer möglich sind[5].

---

[2] Z.B. *Gilden* und *Communities of Practice* [Sch17].
[3] Daher sind individuelle Boni und Ziele kontraproduktiv.
[4] Deshalb sollen → *Reviews* und → *Retrospektiven* mindestens alle 14 Tage durchgeführt werden.
[5] Dies meint das Konzept von *Psychological Safety*.

Gefahren, Hindernisse und Fehlermöglichkeiten

> Was wie Faulheit aussieht, kann Erschöpfung sein.
> Was wie Widerstand aussieht, kann mangelnde Klarheit sein.
> Was wie ein Problem der Menschen aussieht, kann ein Situationsproblem sein.
>
> – Chip und Dan Heath[6]

Bei der Transformation zur Wertstrom-Organisation können Sie verschiedenen Gefahren, Hindernissen und Fehlermöglichkeiten ausgesetzt sein. Die folgende Liste[7] kann nur eine kleine Auswahl sein:

1. *Fehlende Führung über ein von allen in der Organisation geteiltes klares Verständnis von Zweck, Kunde, Produkt und Kundennutzen durch das Produkt*: Das *Wozu* des Wertstromes kann durch nichts ersetzt werden, es ist das Fundament der Wertstrom-Organisation. Fehlt dieses, wird alles Weitere früher oder später kollabieren oder mindestens steckenbleiben.
2. *Eine technokratische Umsetzung vergisst die beteiligten Menschen*: Bei einem Wandel geht es nicht um neue Tools, sondern um die beteiligten Menschen! Wie auch schon bei anderen Veränderungsthemen besteht immer die Gefahr, notwendige Veränderungen in Kommunikation und Interaktion durch technische Tools und Prozesse zu ersetzen. Das kann nicht funktionieren. Menschen wollen mit anderen Menschen interagieren.
3. *Nur Teile des eigentlich notwendigerweise durchgängigen Wertstroms werden organisiert (z.B. nur Entwicklung oder Produktion)*: Statt einen durchgängigen Wertstrom zu organisieren, werden nur Teile organisiert bzw. die Transformation bleibt in einer teilweisen Organisation eines Wertstromes stecken. Dies kann beispielsweise dann passieren, wenn die Linienorganisation stärker als die Produktverantwortlichen ist, wenn die Organisation nicht über das Produkt geführt wird.
4. *Widersprüche und mangelnde Klarheit in den Aussagen des Managements*: Aussagen von Managern müssen klar und widerspruchsfrei sein. Leider ist dies oft nicht der Fall – aus welchen Gründen auch immer. Wenn Sie als Manager keine Klarheit haben, machen Sie dies transparent. Niemand erwartet von Ihnen, immer alles zu wissen. Erwartet wird von Ihnen Ehrlichkeit, Verlässlichkeit, Vertrauen und Zuversicht. Dazu gehört auch der offene Umgang mit Unsicherheit und Unbekanntem.
5. *Widersprüche zwischen Ansagen und Handeln des Managements*: Noch schlimmer als (4.) sind Inkonsistenzen und Widersprüche zwischen Ansagen und Handeln von Managern. Diese werden – wenn auch unbewusst – von den Mitarbeitern wahrgenommen und vermitteln *„ein irgendwie komisches Gefühl"*. Deshalb müssen Sie als Manager jederzeit authentisch, klar und kongruent in Ihren Ansagen und Ihrem Handeln sein! D.h. dann nicht, dass Sie einmal eingeschlagene Wege und

---

[6] Weitere Ausführungen dazu in [Sch17].
[7] Anregungen dazu gaben u.a. [Sch17, Ker18, Mat19a, b].

Entscheidungen nicht revidieren können – ganz im Gegenteil. Sie müssen dies nur klar und deutlich machen und Ihre Beweggründe für Entscheidungen und ggf. Änderungen von Entscheidungen ehrlich kommunizieren.
6. *Die bisherigen Strukturen untergraben den Wandel zur Wertstrom-Orientierung*: Bei einem Wandel gibt es immer jemanden, der etwas aufgeben muss, dadurch vielleicht etwas verliert – und sei dies nur die Sicherheit des Status quo. Dies kann einen Wandel untergraben oder erschweren. Es gibt keinen *„Widerstand, der gebrochen werden muss"*, nur unberücksichtigte Bedürfnisse. Daher müssen Sie die Bedürfnisse derjenigen, die am Status quo festhalten, kennen, verstehen, berücksichtigen und bedienen.

Teilen Sie Ihre Lösungen, Probleme und Anregungen

Lassen Sie die Welt an Ihren Antworten auf die 7 Kernfragen plus Zusatzfrage teilhaben! Teilen Sie Ihre Lösungen, Probleme und Anregungen und profitieren Sie von denen anderer! Nutzen Sie dazu die Webseite www.wertstrom-organisation.de oder Twitter @schellerconsult.

Inhalte zu einem „Wertstrom-Organisation-Playbook" werden zunächst online unter www.wertstrom-organisation.de/playbook gesammelt. Sie sind eingeladen, dort Ihre Lösungen und Erfahrungen anderen zur Verfügung zu stellen. Kontaktieren Sie bei Interesse dazu gerne den Autor.

Ausbildungen

Zum Konzept der Wertstrom-Organisation (WSO) gibt es Ausbildungen in verschiedenen Stufen, die aufeinander aufbauen:
1. *WSO Practitioner*: Diese Ausbildung umfasst drei Tage Training.
   Gedacht ist diese Ausbildung zum Einstieg in das Thema und für alle, die Ihre Organisation zukunftsfähig machen wollen.
2. *WSO Master*: Diese Ausbildung umfasst die Stufe 1 zzgl. fünf Tage Vertiefung und Praxis.
   Gedacht ist diese Ausbildung für alle, die erste Erfahrungen gemacht haben oder gerade dabei sind, diese zu machen.
3. *WSO Coach*: Diese Ausbildung umfasst die Stufe 2 zzgl. acht Blöcke Coach-Ausbildung à 2,5 Tage, verteilt über ein Jahr.
   Gedacht ist diese Ausbildung für alle, die ihre eigene oder eine andere Organisation dabei unterstützen wollen, zukunftsfähig zu werden.
4. *WSO Trainer*: Diese Ausbildung umfasst die Stufe 3 zzgl.
   – Erfahrungen aus verschiedenen Projekten mit WSO,
   – CoTrainieren in Stufen 1, 2 und 3,
   – persönliches Coaching.

Gedacht ist diese Ausbildung für alle, die das WSO-Konzept weitertragen möchten und Ausbildungen der vorgenannten Stufen geben wollen.

Alle Ausbildungen sind in Präsenz- und Online-Varianten verfügbar. Weitere Informationen finden Sie unter www.wertstrom-organisation.de/ausbildungen.

Quellenangaben

All66a: Allen, Thomas J.: Managing the flow of scientific and technological information. Ph.D. dissertation, M.I.T Sloan School of Management, 1966.

All66b: Allen, Thomas J.: Performance of information channels in the transfer of technology. Industrial Management Review 8: 87-98, 1966.

All77: Allen , Thomas J.: Managing the Flow of Technology: Technology Transfer and the Dissemination of Technological Information within the R&D Organization. MIT Press, Cambridge/MA, 1977, first paperback printing 1984.

AM01: Manifest für Agile Softwareentwicklung, online: https://agilemanifesto.org/iso/de/manifesto.html

And: Anders, Johann: Dr. Demings 14 Punkte guten Managements, online http://sehen-lernen.com/dr-demings-14-punkte-guten-managements/

And11: Anderson, David J.: Kanban: Evolutionäres Change Management für IT-Organisationen. dpunkt, Heidelberg, 2011.

And16: Anderson, David J.; Carmichael, Andy: Die Essenz von Kanban kompakt. Dpunkt, Heidelberg, 2016.

Arg78: Argyris, Chris; Schön, Donald A.: Organizational Learning: A Theory of Action Perspective. Addison-Wesley, Reading/Massachusetts, 1978.

Arg96: Argyris, Chris; Schön, Donald A.: Organizational Learning II – Theory, Method, and Practice. Addison-Wesley, Reading/Massachusetts, 1996.

Bay07: Bayer, Paul: Kaizen und Kaikaku. wandelweb.de, Blogeintrag vom 28.11.2007, online: http://www.wandelweb.de/blog/?p=53

Bee17: Beedle, Mike: https://medium.com/@mikebeedle/the-agile-movement-is-not-very-agile-4898a9adb684

Bha16: Bhagwati, Miriam: Aufbau- und Ablauforganisation bei http://www.daswirtschaftslexikon.com/. Online: http://www.daswirtschaftslexikon.com/d/aufbau-_und_ablauforganisation/aufbau-_und_ablauforganisation.htm. Stand 2016.

Blei91: Bleicher, Knut : Organisation. Strategien – Strukturen – Kulturen. Gabler, Wiesbaden, 1991.

Blu16: Blum, Claudia: Echtes Lean Leadership gelingt mit Shopfloor Management. Management Circle, Online: https://www.management-circle.de/blog/echtes-lean-leadership-gelingt-mit-shopfloor-management/

Blu17: Blum, Claudia: 5 Shopfloor- Kennzahlen, die Ihre Prozesse messbar machen. Management Circle, Online: https://www.management-circle.de/blog/shopfloor-kennzahlen-die-prozesse-messbar-machen/

Boe11: Boeg, Jesper: Priming Kanban. A 10 step guide to optimzing flow in your software delivery system. InfoQ, 2011, URL: http://www.infoq.com/minibooks/priming-kanban-jesper-boeg

BR19: Business Roundtable: Business Roundtable Redefines the Purpose of a Corporation to Promote 'An Economy That Serves All Americans'. 19.08.2019, online: https://www.

businessroundtable.org/business-roundtable-redefines-the-purpose-of-a-corporation-to-promote-an-economy-that-serves-all-americans

Bur13: Burrows, Mike: Introducing Kanban through its values. Blogeintrag vom 03.01.2013. online: https://blog.agendashift.com/2013/01/03/introducing-kanban-through-its-values/. Deutsche Übersetzung von Arne Roock [Roo13].

Bur14: Burrows, Mike: Kanban from the Inside. Understand the Kanban Method, connect it to what you already know, introduce it with impact. Blue Hole Press, Sequim, 2014, deutsche Version [Bur15].

Bur15: Burrows, Mike: Kanban. Verstehen, einführen, anwenden. dpunkt.verlag, Heidelberg, 2015.

BVSF: *Engpass-Konzentrierte-Strategie* auf strategie.net. Bundesverband StrategieForum e.V. online: https://www.strategie.net/engpass-konzentrierte-strategie

BW: *Organizational Charts* von Manu Cornet im Blog *Bonkers World*, online: http://bonkersworld.net/organizational-charts

Con68: Conway, Melvin E.: How Do Committees Invent?. In: F. D. Thompson Publications, Inc. (Hrsg.): Datamation. 14, Nr. 5, April 1968, S. 28–31, online: http://www.melconway.com/Home/pdf/committees.pdf http://www.melconway.com/Home/Committees_Paper.html http://www.melconway.com/research/committees.html

DeG17: DeGrandis, Dominica: Making Work Visible. Exposing time theft to optimize work & flow. IT-Revolution, Portland/OR., 2017.

Dem92: Deming, W. Edwards: Out of the Crisis, Massachusetts Institute of Technology, 19th Printing, 1992.

DI14: Deming Institute: Dr. Deming's 14 Points for Management, online https://deming.org/explore/fourteen-points

Dom09: Domb, Ellen; Radeka, Katherine: LAMDA and TRIZ: Knowledge Sharing. The TRIZ Journal, 06. April 2009, online: https://triz-journal.com/lamda-and-triz-knowledge-sharing-across-the-enterprise/

Dun92: Dunbar, Robin: Neocortex size as a constraint on group size in primates. Journal of Human Evolution, Volume 22, Issue 6, June 1992, S. 469-493.

Dun93: Dunbar, Robin: Coevolution of neocortical size, group size and language in humans. In: Behavioral and Brain Sciences. 16, 1993, S. 681-735.

Ede98: Ederer, Günter; Seiwert, Lothar J.: Das Märchen vom König Kunde. Service in Deutschland – Wüste oder Oase?; das Strategiebuch für Kundenorientierte Unternehmen; das 1x1 der Kundenorientierung. Gabal, Offenbach, 2. Auflage, 1998.

Fis97: Fischermanns, Guido; Liebelt, Wolfgang: Grundlagen der Prozessorganisation. Verlag Dr. Götz Schmidt, Gießen, 1997.

Fri08: Friedrich, Kerstin; Seiwert, Lothar J.; Geffroy, Edgar K.: Das neue 1x1 der Erfolgsstrategie. EKS® – Erfolg durch Spezialisierung. Gabal, Offenbach, 12. Auflage, 2008.

Fri11: Friedrich, Kerstin; Malik, Fredmund; Seiwert, Lothar: Das große 1x1 der Erfolgsstrategie. EKS® – Erfolg durch Spezialisierung. Gabal, Offenbach, 16., aktualisierte Auflage 2011.

Fri20: Friedrich, Kerstin: Spielregeln für Game Changer. Den Teamgeist entfesseln durch radikale Transparenz und Gamifizierung. Gabal, Offenbach, 2020.

Fri94: Friedrich, Kerstin; Seiwert, Lothar J.: Das 1x1 der Erfolgsstrategie. Der sichere Weg zu konkurrenzlosen Spitzenleistungen. mvg, München/Landsberg am Lech, 1994.

FriEKS: Friedrich, Kerstin: EKS. Die Strategie für eine neue Wirtschaft, EKS Akademie, Trainingsunterlagen.

Gab_W: Definition von Wert im Gabler Wirtschaftslexikon: https://wirtschaftslexikon.gabler.de/definition/wert-49005

Gai83: Gaitanides, Michael: Prozessorganisation. Entwicklung, Ansätze und Programme prozeßorientierter Organisationsgestaltung. Franz Vahlen, München, 1983.

Ham09a: Hamel, Gary: Moon Shots for Management. Harvard Business Review, Feb 2009, Vol. 87(2):91-98. (deutsche Version [Ham09b]).

Ham09b: Hamel, Gary: Mission: Management 2.0. Harvard Business manager, Seite 86-95, April 2009.

Ham12: Hamel, Gary: Schafft die Manager ab! Harvard Business Manager, Januar 2012, S. 22-36.

Ham90: Hammer, Michael: Reengineering Work: Don't Automate, Obliterate, Harvard Business Review, July 1990. Online: https://hbr.org/1990/07/reengineering-work-dont-automate-obliterate

Ham93: Hammer, Michael; Champy, James: Reengineering the Corporation: A Manifesto for Business Revolution. HarperCollins, 1993.

Ham94: Hammer, Michael; Champy, James: Business Reengineering. Die Radikalkur für das Unternehmen. 2. Auflage. Campus-Verlag, Frankfurt/Main, 1994.

Her18: Hermann, Silke; Pflaeging, Niels: Open Space Beta. A handbook for organizational transformation in just 90 days. Beta Codex Publishing, Wiesbaden, 2018. deutsche Version [Her19].

Her19: Hermann, Silke; Pfläging, Niels: Open Space Beta. Das Handbuch für organisationale Transformation in nur 90 Tagen. Vahlen, München 2019.

Hum15: Humble, Jez; Molesky, Joanne; O'Reilly, Barry: Lean Enterprise. How High Performance Organizations Innovate at Scale. O'Reilly, Sebastopol/CA, 2015. deutsche Version [Hum17].

Hum17: Humble, Jez; Molesky, Joanne; O'Reilly, Barry: Lean Enterprise. Mit agilen Methoden zum innovativen Unternehmen. O'Reilly, Heidelberg, 2017.

ini: Open Space Methode: 47 Praxistipps zur Vorbereitung, initio – Organisationsberatung, online: https://organisationsberatung.net/open-space-methode-open-space-konferenz/

IPE: Kanban-Steuerung. Eine Unternehmensleistung der IPE GmbH. Online: https://www.ipe-group.de/fileadmin/user_upload/allgemein/pdf/wissen/kanban-steuerung_10-10-01.pdf

ite19: item Redaktion: Kaikaku vs. Kaizen: Was sind die Unterschiede? Produktion. Technik und Wirtschaft für die deutsche Industrie. Blogeintrag vom 23.07.2019, online: https://www.produktion.de/technik/kaikaku-vs-kaizen-was-sind-die-unterschiede-129.html

Ker18: Kersten, Mik: Project to Product. How to survive and thrive in the age of digital disruption with the flow framework. IT-Revolution, Portland/OR., 2018.

Kle15: Klevers, Thomas: Agile Prozesse mit Wertstrom-Management. Ein Handbuch für Praktiker – Bestände abbauen – Durchlaufzeiten senken – Flexibler reagieren. CETPM Publishing, Herrieden, 2. überarbeitete Auflage, 2015.

Kna17: Knapp, Jake; Zeratsky, John; Kowitz, Braden: Sprint. Wie man in nur fünf Tagen neue Ideen testet und Probleme löst. REDLINE, München, 2017.

Kön98: Königswieser, Roswita; Exner, Alexander: Systemische Interventionen. Architekturen und Designs; Klett-Cotta, Stuttgart, 1998.

Kos62: Kosiol, Erich: Organisation der Unternehmung. Gabler, Wiesbaden, 1962.

Küh18: Kühn, Reiner: Das Märchen von der Auslastung. Vortrag auf der *manage agile 2018*. Online: https://www.manage-agile.de/files/manageagile/site/vortraege2018/tag2/M1.2_20181017-Das_Maerchen_von_der_Auslastung.pdf

Küs99: Küssner, Mark: Organisation in der Lean-Unternehmung. Vandenhoeck & Rupprecht, Göttingen, 1999.

LAI19: Wiegand, Bodo; Franck Philip: Lean Administration I. So werden Geschäftsprozesse transparent. Die Analyse. Lean Management Institut, Meerbusch, Version 5.0, 2019.

LAII19: Wiegand, Bodo; Nutz, Katja: Lean Administration II. So managen Sie Geschäftsprozesse richtig. Schritt 2: Die Optimierung. Lean Management Institut, Meerbusch, Version 5.0, 2019.

Lal15: Laloux, Frederic: Reinventing Organizations. Ein Leitfaden zur Gestaltung sinnstiftender Formen der Zusammenarbeit. Franz Vahlen, München, 2015.

Laq12: Laqua, Ingo: Lean Administration. Das Ergebnis zählt. Der Weg zu nachhaltig schlanken Prozessen auf den Teppichetagen. LOG_X, Ludwigsburg, 2012.

LeaOF: Lean Prinzipien: 2. Verstehe den Wertstrom und erkenne Verschwendung im Prozess. Darstellung auf Webseite. Online: https://www.leanoffice.tv/flow-in-prozessen/lean-prinzipien/2-wertstrom/

LEI: Lean Enterprise Institute: LAMDA CYCLE. Lean Lexicon, 5th Edition, online: https://www.lean.org/lexicon/lamda-cycle

Len: Lenz, Thomas: Nahtstellenorganisation. Internetseite von: dieBasis – Organisations- und Kompetenzentwicklung GmbH. Online: http://www.diebasis.at/upload/multifile/846703205.pdf. Ohne Jahresangabe.

Leo12: Leopold, Klaus; Kaltenecker, Siegfried: Kanban in der IT: Eine Kultur der kontinuierlichen Verbesserung schaffen. Hanser, München, 2012.

Leo17a: Leopold, Klaus: Kanban in der Praxis. Vom Teamfokus zur Wertschöpfung. Hanser, München, 2017.

Leo17b: Leopold, Klaus: Flight Levels: Die Verbesserungsebenen der Organisation. Blogeintrag vom 23.04.2017. online: https://www.leanability.com/de/blog-de/2017/04/flight-levels-die-verbesserungsebenen-der-organisation/

Leo18: Leopold, Klaus: Agilität neu denken. Warum agile Teams nichts mit Business-Agilität zu tun haben. LEANability, Wien, 2018.

Leo19: Leopold, Klaus: Es war einmal ein Flight Level. Blogeintrag vom 22.03.2019. online: https://www.leanability.com/de/blog-de/2019/03/es-war-einmal-ein-flight-level/

Leo20: Leopold, Klaus: Flight Levels Flow Design, Unterlagen zum Kurs, Flight Levels Academy, Wien, 2020.

Lew15: Lewis, James: Microservices And The Inverse Conway Manoeuvre. Präsentation auf der goto Konferenz 2015, online: https://gotocon.com/dl/goto-cph-2015/slides/JamesLewis_MicroservicesAndTheInverseConwayManoeuvre.pdf

Lik09: Liker, Jeffrey K.; Hoseus, Michael: Die Toyota Kultur. Das Herz und die Seele von „Der Toyota Weg". FinanzBuch Verlag, München, 2009.

Low97: Low, Albert: Wo bist Du, wenn ein Vogel singt? Kommentare zum Mumonkan. Theseus, Berlin, 1997.

Küh18: Kühn, Reiner: Das Märchen von der Auslastung. Präsentation auf der Konferenz *manage agile 2018*, online: https://www.manage-agile.de/files/manageagile/site/vortraege2018/tag2/M1.2_20181017-Das_Maerchen_von_der_Auslastung.pdf

Mai18: Maier, Tobias: Agile Transition versus Agile Transformation – equivalent or different? Online: https://www.methodpark.de/blog/agile-transition-versus-agile-transformation-equivalent-or-different/

Mal02: Maleh, Carole (Hrsg.): Open Space in der Praxis. Erfahrungsberichte: Highlights und Möglichkeiten, Beltz. Weinheim und Basel, 2002.

Mat19a: Mathis, Christoph: Business Agility ist erwachsen geworden. Präsentation auf der Agile World 2019, online: https://2019.agileworld.de/system/files/abstract/Business%20Agility%20-%20Agilita%CC%88t%20wird%20erwachsen.pdf

Mat19b: Mathis, Christoph: Business Agility ist erwachsen geworden. Präsentation auf der Manage Agile 2019, online: https://www.manage-agile.de/files/manageagile/site/vortraege2019/tag1/Di1.5-2019-11-manage-agile-mathis-business-agility-final.pdf

Mez14: Mezick, Daniel: Prime/OS. Version 01.01, Published November 15, 2014. Online: https://openspaceagility.com/wp-content/uploads/2015/03/PrimeOS-V01.01.pdf. Deutsche Version online: http://os-agility.de/wp-content/uploads/2018/05/PrimeOS-V01.01-Deutsch-20180512.pdf

Mez15: Mezick, Daniel; Pontes, Deborah; Shinsato, Harold; Kold-Taylor, Louise, Sheffield, Mark: The Open Space Agility Handbook. The User's Guide. New Technology Solutions, 2015. deutsche Version [Mez19].

Mez19: Mezick, Daniel; Pfeffer, Joachim; Pontes, Deborah; Sasse, Miriam; Sheffield, Mark; Shinsato, Harold; Kold-Taylor, Louise: Das Open Space Agility Handbuch: Organisationen erfolgreich transformieren. peppair, Wangen im Allgäu, 2019.

Mod19: Modig, Niklas; Åhlström, Pär: Das ist Lean. Die Auflösung des Effizienzparadoxons. Rheologica, 2019.

Moi16: Mois, Tim; Baldauf, Corinna: 24 Work Hacks … auf die wir gerne früher gekommen wären. sipgate, Düsseldorf, 2016.

MT17: microtech: Was ist Business Process Reengineering (BPR)? Eintrag auf Webseite vom 18.04.2017, online: https://www.microtech.de/erp-wiki/business-process-reengineering

Owe08: Owen, Harrison: Open Space Technology – Ein Leitfaden für die Praxis. Schäfer-Poeschel, Stuttgart, 2008.

p:b: Thomas J. Peters, Robert H. Waterman: Auf der Suche nach Spitzenleistungen. Was man von den bestgeführten US-Unternehmen lernen kann, perspektive:blau. Zusammenfassung, online: http://www.perspektive-blau.de/buch/0409a/0409a.htm

Pet00: Peters, Thomas J.; Waterman, Robert H.: Auf der Suche nach Spitzenleistungen: Was man von den bestgeführten US-Unternehmen lernen kann. Mvg, Landsberg am Lech, 8. Auflage, 2000.

Pfe18: Pfeffer, Joachim; Sasse, Miriam: Open Space Agility kompakt. Mit Freiraum und Transparenz zur echten agilen Organisation. peppair, Wangen im Allgäu, 2018.

Pfl15: Pfläging, Niels; Hermann, Silke: Komplexitoden. Clevere Wege zur (Wieder)Belebung von Unternehmen und Arbeit in Komplexität. Redline, München, 2015.

Pfl16: Dialog mit Niels Pfläging zum Thema Organisationsphysik, 11.10.2016 verfügbar unter https://agile-unternehmen.de/niels-pflaeging-organisationsphysik/

Pfl19: Pfläging, Niels; Hermann, Silke: Zellstrukturdesign. Eine Sozialtechnologie von Red42. BetaCodex Publishing, Wiesbaden, 2019.

Pfl20: Pfläging, Niels; Hermann, Silke: Zellstrukturdesign. Eine neue Sozialtechnologie, die unternehmerischer Wertschöpfung Flügel verleiht. Vahlen, 2020.

Pin10: Pink, Daniel H.: Drive. Was Sie wirklich motiviert. Ecowin Verlag, Salzburg, 2010.

Pin94: Pine II, B. Joseph: Maßgeschneiderte Massenfertigung. Neue Dimensionen im Wettbewerb. Ueberreuter, Wien, 1994.

Pop03: Poppendieck, Mary und Poppendieck, Tom: Lean Software Development: An Agile Toolkit for Software Development Managers. Addison-Wesley, 2003.

Pop20: Poppenborg, Mark: Wie agil ist Euer Unternehmen? Blogeintrag auf LinkedIn vom 05.05.2020, online: https://www.linkedin.com/pulse/wie-agil-ist-euer-unternehmen-mark-poppenborg/

Pro94: Probst, Gilbert J.B.; Büchel, Bettina S.T.: Organisationales Lernen – Wettbewerbsvorteil der Zukunft, Gabler, Wiesbaden, 1994.

Rei09: Reinertsen, Donald G.: The Principles of Product Development Flow. Second Generation Lean Product Development. Celeritas Publishing, Redondo Beach, 2009.

Rei97: Reinertsen, Donald G.: Managing the Design Factory. A Product Developer's Toolkit. Free Press, New York, 1997.

Rod10: Roden, Herbert; Klaus, Christoph: Lean Six Sigma Taschenbuch: Erfolg durch Verbesserung. Shaker, Düren, 2010.

Roo12: Roock, Arne: Ist Little's Law keine lineare Beziehung? Blogeintrag vom 15.12.2012, online: https://www.software-kanban.de/2012/12/ist-littles-law-keine-lineare-beziehung.html, deutsche Übersetzung von [Veg12].

Roo13: Roock, Arne: Kanban durch seine Werte einführen (Übersetzung). Blogeintrag vom 12.01.2013. online: https://www.software-kanban.de/2013/01/kanban-durch-seine-werte-einfuhren.html, deutsche Übersetzung von [Bur13].

Rot18: Rother, Mike; Shook, John: Sehen Lernen – mit Wertstromdesign die Wertschöpfung erhöhen und Verschwendung beseitigen. Lean Management Institut, Meerbusch, Version 1.7, 2018.

Rum19: Rumpler, Michael: Auf welchem Flight Level wird was gemacht? Blogeintrag vom 15.11.2019. Online: https://www.leanability.com/de/blog-de/2019/11/auf-welchem-flight-level-wird-was-gemacht/

Rut77: Rutherford, B. A.: Value Added as a Focus of Attention for Financial Reporting: Some Conceptual Problems. In: Accounting and Business Research. 7, 1977, S. 215.

Sai93: Saint-Exupéry, Antoine de: Der Kleine Prinz, Anaconda, 1993.

Sch02: Schober, Holger: Prozessorganisation: Theoretische Grundlagen und Gestaltungsoptionen. Deutscher Universitäts-Verlag Gabler Edition Wissenschaft, Wiesbaden, 2002.

Sch17: Scheller, Torsten: Auf dem Weg zur agilen Organisation. Wie Sie Ihr Unternehmen dynamischer, flexibler und leistungsfähiger gestalten. Vahlen, München, 2017.

Sch21: Scheller, Torsten: OpenSpace Change. Organisationsveränderung aus eigener Kraft. Vahlen, München, 2020. (in Bearbeitung)

ScP17: Schönfeld, Patrick: Die 14 Punkte guten Managements gemäß W. E. Deming, online: https://chaosverbesserer.de/blog/2017/06/20/die-14-punkte-guten-managements-gemaess-w-e-deming/

Sch10: Schulte-Zurhausen, Manfred: Organisation. Vahlen, München, 5. Auflage, 2010.

Sch96: Schwickert, Axel C.; Fischer, Kim: Der Geschäftsprozeß als formaler Prozeß – Definition, Eigenschaften und Arten, in: Arbeitspapiere WI, Nr. 4/1996, Hrsg.: Lehrstuhl für Allg. BWL und Wirtschaftsinformatik, Johannes Gutenberg-Universität: Mainz 1996.

Sec18: Sechser, Elisabeth: Nahtstellenorganisation. Internetseite von: Sichtart e.U. | Organisationsentwicklung – Personalentwicklung – Coaching. Online: https://www.sichtart.at/nahtstellenorganisation. 18. Juli 2018.

SG17: The Scrum Guide by Ken Schwaber and Jeff Sutherland, scrum.org, November 2017, online: https://www.scrumguides.org/scrum-guide.html, als pdf in Englisch: https://www.scrumguides.org/docs/scrumguide/v2017/2017-Scrum-Guide-US.pdf als pdf in Deutsch: https://www.scrumguides.org/docs/scrumguide/v2017/2017-Scrum-Guide-German.pdf

sip: sipgate: Open Friday. Ihr wollt die Kreativität aller nutzen und gleichzeitig Meetings und Terminfindungschaos loswerden? Online: https://www.openfriday.org/openfriday-org-deutsch

Smi98: Smith, Preston G.; Reinertsen, Donald G.: Developing Products in Half the Time. John Wiley & Sohns, New York, Second Edition, 1998.

Sno07: Snowden, David; Boone, Mary: Entscheiden in chaotischen Zeiten. Harvard Business manager. Ausgabe 12/2007.

St13: Stack, Jack; Burlingham, Bo: The Great Game of Business: The Only Sensible Way to Run a Company. Crown Business, New York, 2013.

Ste99: Stengel, Rüdiger von: Gestaltung von Wertschöpfungsnetzwerken. DeutscherUniversitätsVerlag, Wiesbaden, 1999.

Str93: Strubl, Christian: Systemgestaltungsprinzipien. Entwicklung einer Prinzipienlehre und ihre Anwendung auf die Gestaltung „zeitorientierter" Unternehmen. Vandenhoeck & Rupprecht, Göttingen, 1993.

Sur07: Surowiecki, James: Die Weisheit der Vielen. Warum Gruppen klüger sind als Einzelne, 2. Auflage, Plassen, Kulmbach, 2017.

Sut14: Sutherland, Jeff: Scrum: The Art of Doing Twice the Work in Half the Time", Random House Business, London, 2014.

Sut15: Sutherland, Jeff: Die Scrum-Revolution: Management mit der bahnbrechenden Methode der erfolgreichsten Unternehmen, Campus Verlag, Frankfurt am Main, 2015.

Tak86a: Takeuchi, Hirotaka; Nonaka, Ikujiro: The New New Product Development Game. Harvard Business Review, Januar 1986. Online: https://hbr.org/1986/01/the-new-new-product-development-game. Deutsche Version [Tak86b].

Tak86b: Takeuchi, Hirotaka; Nonaka, Ikujiro: Das neue Produktentwicklungsspiel. Holistische Methoden lösen das sequentielle Projektmanagement ab. Harvard Businessmanager Ausgabe 3/86 vom 25.06.1986, S. 40. Online: https://www.manager-magazin.de/harvard/print/hm/d-29861760.html

Tho12: Thomke, Stefan; Reinertsen, Donald: Die sechs Mythen der Produktentwicklung. Harvard Business Manager, Juli 2012, S. 68 – 79.

Tho99: Thomke, Stefan; Reinertsen, Donald: Agile Produktentwickler brauchen keine Marktprognosen. Harvard Business Manager, Mai 1999, S. 31 – 46.

ThW14: Inverse Conway Maneuver, Technology Radar, Thought Works, online: https://www.thoughtworks.com/radar/techniques/inverse-conway-maneuver

Töd19: Tödtmann, Claudia: Management-Klassiker für Eilige (7) – Die Top-Ten der Managementliteratur auf den Punkt gebracht: Thomas J. Peters und Robert H. Waterman „Auf der Suche nach Spitzenleistungen". Management-Blog. Wirtschafts-Woche, 20.11.2019, online: https://blog.wiwo.de/management/2019/11/20/management-klassiker-fuer-eilige-7-die-top-ten-der-managementliteratur-auf-den-punkt-gebracht-thomas-j-peters-und-robert-h-waterman-auf-der-suche-nach-spitzenleistungen/

Vah09: Vahs, Dietmar: Organisation. Ein Lehr- und Managementbuch. Schäfer-Poeschel, Stuttgart, 7., überarbeitete Auflage, 2009.

Veg12: Vega, Frank: Little's Law: Isn't It a Linear Relationship? Blogeintrag vom 07.09.2012, online: http://www.vissinc.com/2012/09/07/littles-law-isnt-it-a-linear-relationship/ Deutsche Übersetzung von Arne Roock [Roo12].

War14: Ward, Allen C.; Sobek II, Durward K.: Lean Product and Process Development. Lean Enterprise Institute, Cambridge/MA, 2nd Edition, 2014.

War17: Wardley, Simon: Crossing the river by feeling the stones, online: https://static.sched.com/hosted_files/buildstuff2017a/3e/Keynote%20Simon%20Wardley%20%40swardley%20-%20Crossing%20the%20river%20by%20feeling%20the%20stones.pdf

Wei03: Weik, Elke; Lang, Rainhart: Moderne Organisationstheorien 2. Strukturorientierte Ansätze, Gabler, Wiesbaden, 2003.

Wei20: Weichselbaum, Ernst; Pfläging, Niels: In jedem Unternehmen steckt ein besseres. Vahlen, München, 2020.

WikiABO: *Ablauforganisation* bei Wikipedia: https://de.wikipedia.org/wiki/Ablauforganisation

WikiAFO: *Aufbauorganisation* bei Wikipedia: https://de.wikipedia.org/wiki/Aufbauorganisation

WikiBPRD: *Business Process Reengineering* bei Wikipedia, https://de.wikipedia.org/wiki/Business_Process_Reengineering

WikiBPRE: *Business process re-engineering* bei Wikipedia: https://en.wikipedia.org/wiki/Business_process_re-engineering

WikiDZ: *Dunbar-Zahl* bei Wikipedia: https://de.wikipedia.org/wiki/Dunbar-Zahl

WikiGC: Gesetz von Conway bei Wikipedia: https://de.wikipedia.org/wiki/Gesetz_von_Conway

WikiGP: *Geschäftsprozess* bei Wikipedia: https://de.wikipedia.org/wiki/Gesch%C3%A4ftsprozess

WikiKB: *Kanban* bei Wikipedia: http://de.wikipedia.org/wiki/Kanban

WikiKBSW: *Kanban (Softwareentwicklung)* bei Wikipedia: https://de.wikipedia.org/wiki/Kanban_(Softwareentwicklung)

WikiKBT: *Kanban-Tafel* bei Wikipedia, http://de.wikipedia.org/wiki/Kanban-Tafel

WikiKR: *Kommunizierende Röhren* bei Wikipedia: https://de.wikipedia.org/wiki/Kommunizierende_R%C3%B6hren

WikiJT: *JIT-Belieferung* bei Wikipedia: https://de.wikipedia.org/wiki/Just-in-time-Produktion#JIT-Belieferung

WikiMA: *Management* bei Wikipedia: https://de.wikipedia.org/wiki/Management

WikiOR: *Organisatorische Resilienz* bei Wikipedia: https://de.wikipedia.org/wiki/Organisatorische_Resilienz

WikiOS: *Open Space* bei Wikipedia: https://de.wikipedia.org/wiki/Open_Space

WikiRF: *Refactoring* bei Wikipedia: https://de.wikipedia.org/wiki/Refactoring

WikiSDT: *Selbstbestimmungstheorie* bei Wikipedia: https://de.wikipedia.org/wiki/Selbstbestimmungstheorie

WikiSFM: *Werkstattsteuerung* bei Wikipedia: https://de.wikipedia.org/wiki/Werkstattsteuerung

WikiTOC: *Theory of Constraints* bei Wikipedia: https://de.wikipedia.org/wiki/Theory_of_Constraints

WikiTr: *Transformation* (Betriebswirtschaft) bei Wikipedia: https://de.wikipedia.org/wiki/Transformation_(Betriebswirtschaft)

WikiTS: *Technische Schulden* bei Wikipedia: https://de.wikipedia.org/wiki/Technische_Schulden

WikiV: *Verschwendung* bei Wikipedia: https://de.wikipedia.org/wiki/Verschwendung

WikiW: *Wert* bei Wikipedia: https://de.wikipedia.org/wiki/Wert_(Wirtschaft)

WikiWA: *Wertstrom-Analyse* bei Wikipedia: https://de.wikipedia.org/wiki/Wertstromanalyse

WikiWD: *Wertstrom-Design* bei Wikipedia: https://de.wikipedia.org/wiki/Wertstromdesign

WikiWEDD: *W. Edwards Deming* bei Wikipedia (Deutsch): https://de.wikipedia.org/wiki/William_Edwards_Deming

WikiWEDE: *W. Edwards Deming* bei Wikipedia (Englisch): https://en.wikipedia.org/wiki/W._Edwards_Deming
WikiWK: *Wertkette* bei Wikipedia https://de.wikipedia.org/wiki/Wertkette
WikiWM: *Wertstrom-Management* bei Wikipedia https://de.wikipedia.org/wiki/Wertstrommanagement
WikiWP: *Wertstrom-Planung* bei Wikipedia: https://de.wikipedia.org/wiki/Wertstromplanung
WikiWS: *Wertstrom* bei Wikipedia: https://de.wikipedia.org/wiki/Wertstrom
WikiWST: *Warteschlangentheorie* bei Wikipedia: https://de.wikipedia.org/wiki/Warteschlangentheorie
Woh12: Wohland, Gerhard; Wiemeyer, Matthias: Denkwerkzeuge der Höchstleister. Warum dynamikrobuste Unternehmen Marktdruck erzeugen. UNIBUCH, Lüneburg, 2012.
Wom90: Womack, James P.; Jones, Daniel T.; Roos, Daniel: The Machine That Changed the World. The Story of Lean Production, Macmillan/Rawson Associates, New York, 1990.
Wom92: Womack, James P.; Jones, Daniel T.; Roos, Daniel: Die zweite Revolution in der Autoindustrie. Campus, Frankfurt a.M., 1992.
Wom96: Womack, James P.; Jones, Daniel T.: Lean Thinking, Simon & Schuster, New York, 1996.
Wom97: Womack, James P.; Jones, Daniel T.: Auf dem Weg zum perfekten Unternehmen. Campus, Frankfurt a.M., 1997.
Zol13: Zollondz, Hans-Dieter: Grundlagen Lean Management. Einführung in Geschichte, Begriffe, Systeme, Techniken sowie Gestaltungs- und Implementierungsansätze eines modernen Managementparadigmas. Oldenbourg Verlag München, 2013.
Zeu15: Zeuch, Andreas: Alle Macht für niemand. Murmann, Hamburg, 2015.
Zeu16: Zeuch, Andreas: Holacracy. Vom Scheitern eines Betriebssystems. Blogeintrag vom 12. Dezember 2016, online: https://unternehmensdemokraten.de/2016/12/12/holacracy-vom-scheitern-eines-betriebssystems/

Über den Autor

„Mein Ziel sind Rahmenbedingungen, in denen Menschen ihr Potenzial zum Nutzen aller entfalten. Funktionierende Organisationen sind ein erster Schritt zur Verwicklung meiner Vision: *Wir RENNEN am Morgen FREUDIG zu unserer Arbeit und ENTFALTEN KOOPERATIV unser Potenzial, um unsere KUNDEN mit herausragenden innovativen Produkten und Services ZU BEGEISTERN.*"

Managementrebell Torsten Scheller ist der Experte für die *Wertstrom-Organisation, OpenSpace Change* und *Lean Change*. Mit seiner Spezialisierung auf Organisationsentwicklung, Business Agility, Business Transformation und Operational Excellence unterstützt er Organisationen bei Transformationen.

Torsten Scheller geht es um funktionierende Organisationen. Dies sind Organisationen, die ihren Mitgliedern die Entfaltung ihres Potenzials ermöglichen und auf diesem Wege seine oben genannte Vision umsetzen.

Als Quer- und Andersdenker treiben ihn radikale Verbesserungen der Wertschöpfung an, insbesondere im Bereich Produktentwicklung. Er gilt als kritischer Geist, dessen wertvolle Impulse Menschen zum Nach- und Weiterdenken anregen und weiterbringen.

Torsten Scheller war viele Jahre Produkt- und Projektmanager an verschiedenen Stellen des Wertstroms in Unternehmen – vom Start-up über KMU bis zu Konzernen. Dabei führte er unter anderem Lean Development, Kaizen und Kontinuierliche Verbesserungsprozesse (KVP) in Entwicklungsabteilungen ein, beriet einen Geschäftsbereich eines internationalen Konzerns bei der Strategieentwicklung im Kontext Technologien und Geschäftsmodelle und leitete einen internationalen Industrieverband.

Er ist Autor des Buches „Auf dem Weg zur agilen Organisation" (Vahlen 2017) und entwickelte neben der *Wertstrom-Organisation* und *OpenSpace Change* – auch bekannt als *Lean Change 3.0* – gemeinsam mit Jason Little (Toronto) *Lean Change 1.0*.

Torsten Scheller studierte Elektrotechnik, Betriebswirtschaftslehre, Arbeits-, Betriebs- und Organisationspsychologie sowie Angewandte Sozialpsychologie und hält einen *Master of Business Administration* (*MBA*) in General Management. Er ist ausgebildeter Verhaltenstrainer und -Coach. Seit vielen Jahren befasst er sich mit dem Radikalen Konstruktivismus, der Systemtheorie, dem systemischem Denken und Vorgehen sowie der Psychologie.

Torsten Scheller ist Mitglied bei Mensa e.V.

Kontakt über www.scheller.consulting und kontakt@scheller.consulting.

Danksagungen

An dieser Stelle möchte ich mich bei allen bedanken, die zum Gelingen dieses Buches beigetragen haben.

Dem Vahlen Verlag – insbesondere Thomas Ammon und Dennis Brunotte – danke ich dafür, mein Buchprojekt in der vorliegenden Art und Weise herausgebracht zu haben.

Lektor Dennis Brunotte – meinem „Maxwell Perkins" – danke ich zusätzlich für das Formen eines Waldes aus lauter Bäumen.

Meinen Testlesern Linda Boltz, Marcell Boltz und Oliver Rosenstein danke ich für ihr Feedback und ihre Hinweise, die das Buch an vielen Stellen verbesserten und präsierten.

Dank Corona hatte ich Zeit und Gelegenheit, das Manuskript komplett zu überarbeiten und zu verbessern.

Meiner Familie danke für die Mittagsruhe und das Entbehren vieler gemeinsamer Stunden.

Lizenzbedingungen

Die *Wertstrom-Organisation* und *OpenSpace Change* werden unter der CC-BY-SA-Lizenz veröffentlicht. Dies bedeutet: Sie dürfen diese nutzen, remixen, optimieren und weiterentwickeln – auch zu kommerziellen Zwecken. Durch Nutzen, Remixen, Optimieren und Weiterentwickeln erklären Sie sich damit einverstanden,

1. Torsten Scheller als Originalautor anzuführen,
2. den folgenden Quellenverweis anzugeben:
   Diese Arbeit basiert auf der *Wertstrom-Organisation* und *OpenSpace Change* von Torsten Scheller, veröffentlicht unter der CC-BY-SA-4.0-Lizenz, und in *Scheller, Torsten: Die Wertstrom-Organisation. Vahlen 2020* beschrieben. Weitere Informationen sind unter www.wertstrom-organisation.de und www.open-space-change.de zu finden.
3. Ihre aus dem Konzept abgeleiteten Konzepte zu gleichen Bedingungen zu lizenzieren.

Stichwortverzeichnis

Symbole
3D-Drucker 91, 92
7 Kernfragen plus Zusatzfrage 55
12 Prinzipien für agile Arbeit 14
30-Tage-Integration 194
60-Tage-Vorbereitungsphase 192
80-Tage-Umsetzungsphase 193

A
Abhängigkeiten
– zwischen Elementen 80
– zwischen Modulen und Produktteilen 92
Ablauf 79, 80
– des betrieblichen Geschehens 42
– nichtvorhersagbarer 80
– Open Space 176
– schlechte Gestaltung des 75
Ablauforganisation 16, 42, 43, 48, 49, 103, 120
Ablaufstruktur 154
Ablösen der sequentiellen Verarbeitung 142
Abnahmegeschwindigkeit 108
Abteilungen 45, 128
Abteilungsegoismen 119
Abweichungsursachen 131
Acht Merkmale einer „guten" Arbeitsorganisation 26
Act 191, 194
Act&Plan 196
Acts of Leadership 213
After-Sales-Service 72
Agile Implementierungen 15, 16
Agile Interaktionen 157, 204
Agile Organisation 23
Agiles Manifest 14
Agile Vorgehensweisen 184
Agilität 15, 60, 86, 155, 162, 187
Aktionäre 59
Aktivitäten 70
– drei Arten von 71
– unterstützende 71
– werterhöhende 71
Amazon 58, 86
Analyse der Geschäftsprozesse 102
Analyse des Wertstromes 101
Anderson, David 210
Anfänger 188
Angebotsüberhang 107

Angst 16
Ankunftsrate 98
Anlagestrategie 60
Anliegen 177
Anliegenwand 177
Anpassung, permanente 31
Anpassungsfähigkeit 159
Anreizsysteme, nachhaltige 17
Anspruchsgruppen 127
Anträge 78, 79, 81
Anweisungen 42
Anwender 26, 92
Apple 58, 86
Arbeitsablauf 210
Arbeitsanreicherung 46
Arbeitsblöcke 66
– optimale Größe von 93, 96
Arbeitsfluss 214, 216
Arbeitsfolge 210
Arbeitskapazitäten 74
Arbeitskontexte, soziale 137
Arbeitsleistung 49
Arbeitsorganisation, 8 Merkmale einer „guten" 26
Arbeitsplan 7
Arbeitsprozess, nicht-sachgerechter 75
Arbeitsrecht 144
Arbeitsrhythmus 8
Arbeitsschritte 75
– unnötige 105
Arbeitsteilung 43, 139
Arbeitsumfeld, offenes 8
Arbeitsvorrat 67
Arbeitszeit 75, 163
Argument, Primat des 156
Arten von Teilnehmern eines Open Space 181
Ashby, William Ross 82
Auf Anhieb richtig liegen 99
Aufbauorganisation 42, 43, 45, 48, 49, 103, 124, 136, 145
Aufbaustrukturen 42
Aufeinander aufbauend 84
Aufgaben
– blockierte 212
– komplexe 142
Aufgabenverteilung 103
Aufgabe von Management 81
Aufträge 79, 103

Auftragsliste 98
Auftragsstrukturanalyse 103
Aufwand bei der Produktentwicklung 91
Aufwand, zusätzlicher 75
Ausführungszeiten 33
Ausführung von Arbeit 116
Ausgangsrampe 71, 104, 105
Ausgangsstelle 104
Auslastung 48, 97
Auslastungsentscheidung 67
Auslieferung 115
Aussagen für Wertströme aus dem Gesetz von Little 97
Ausschuss XIII, 75
Automatisierung 200
(Teil)Autonome Arbeitsgruppen 43, 50
Autonomie 98, 152, 153

B
Backlog 98
– priorisiertes 98
Baecker, Dirk 138
Balance 217
Batchgröße 96
Baukastenprinzip 85
Bearbeitungsdauer 75
Bearbeitungsfluss, Visualisierung des 210
Bearbeitungsgeschwindigkeit 109
Bearbeitungsrate 98
Bearbeitungsschleifen 80
Bearbeitungsschritt 33, 83
Bearbeitungszeit 75
Bedürfnisse des Kunden 10
Beedle, Mike 15, 28
Beeinflusser 194
Begleiter 176, 180
Beim Kunden auftretende Fehler 89
Benson, Jim 205
Berater 187
Bereichsleiter 128
Berichtswesen 129
Beschäftigung 86
Bestände 10, 74
Best practice 77
Beta-Organisation 187
Betriebsgeheimnisse 86
Bevollmächtigung 117
Bewegungen, unnötige 75
Beziehungen zwischen den beteiligten Menschen 99
Beziehungsqualität 145
Bindung 145
Bleicher, Knut XIV
Blindleistung 74
Blockgröße 99
Boards 149
Breites Fachwissen 142

Buchhaltung 129
Büroarbeit 102
Bürokontext 81
Businessentscheidungen 130
Business on Demand 21
Business Process Reengineering 12, 40, 43, 50, 118
Business-Wert 165
Buurtzorg 40

C
California Agile 15
Canvases 149, 217
– für die Wertstrom-Organisation 218
Cargo-Kult 16, 27, 38, 215
– im Agilen 3
Cashflow 100
– je Wertstrom 131
Champy, James 12
Change Management 42
– klassisches 185
Chaos 76
Chaotisch 77
Chargen, große 99
Chargengröße 96
Check 191, 193
Check&Plan 196
Christensen, Clayton 222
Coaches 187
Colleague Principles 144
Comand & Control 138
Communities of Practice 121
Compliance 125, 144
Concept-to-Cash 73
Controlling 129
Conway, Melvin E. 134
COOs 128
CoP 121
Crossfunktional 138
Crossfunktionale Teams 40
Cynefin-Framework 76, 115

D
Daily Standup 121, 148, 150, 205
Daily Standup-Meeting 214
Darstellung mit Schwimmbahnen 103
Debts 81, 102
Defects 81, 102
Demingkreis 190
Deming-Rad 190
Deming, W. Edwards 5, 23, 28, 50
Denkbandbreite 67
Deutero Triple Loop Learning 147
Deutschen Bahn 60, 62, 63
Deutschen Bank 60, 62, 63
Dezentralisierung 121, 124, 130

Die Dinge richtig tun 146, 152, 160, 184, 197, 201, 205
Dienstleister, interner 122
Dienstleistungen 68
– für die Peripherie 128
– interne 143
Dienstleistungsumgebungen 81
Die richtigen Dinge richtig tun XV, 26
Die richtigen Dinge tun 147, 152, 160, 184, 197, 205
Digitaler Zwilling 68
Dilemma der Ablauforganisation 48
Direktiven-Fluss 42
Do 190, 193, 196
Doing Twice the Work in Half the Time 163
Do it right the first time 99
Dokumentation 178, 179
Doppelarbeit 10
Dotted lines 128
Dot Voting 179
Double Loop Learning 147
Dringlichkeit 175
Drucker, Peter F. 56, 62, 63, 87
Dunbar-Zahl 27, 71, 116, 130, 135, 139, 152
Durchflussmenge 65, 89, 90
Durchflusszeit 65, 81, 86, 87, 88, 89, 90, 99
Durchführungszeiten 33
Durchlaufzeit 10, 32, 33, 48, 65, 81, 86, 87, 88, 89, 90, 96, 97, 99, 131
– des Wertstromes 33
Durchsatz 66, 67, 96, 97, 98, 214
– eines Systems 67
Dynamikrobustheit 123
Dynamische Regelung 156
Dysfunktionalitäten, soziale 150

E
Edison, Thomas Alva 100
Effektivität 114, 147, 197
Effizienz 114, 146, 197
Effizienzgedanke 48
Eigentümer 127
Eigentumsrecht 136
Einfach 76
Einfluss 125
Einflussgrößen 216
Einführungsphase 188
Eingangsrampe 71, 104, 105
Eingangsstelle 104
Eingebaute Instabilität 7
Einkäufer 26
Einsichten 185
Einwände 156
EKS®, Engpasskonzentrierte Strategie 30, 61, 62, 64, 148, 169, 172
Elemente 69, 79, 80, 81, 90, 104, 105, 108
– Beschaffenheit der 82

– klare 82, 83
– komplexe 82, 83
– komplizierte 82, 83
E-Mail-Zeiten 66
Empfang 129
Empirisches Vorgehen 217
Ende-zu-Ende-Sicht 73
Ende-zu-Ende-Wertstrom 25
Engpassanalyse 172
Engpässe 67, 84, 90, 94, 95, 99, 102, 112, 139, 170, 171, 212
Engpass für die Produktivität 84
Engpasskonzentrierte Strategie 30, 61, 62, 64, 148, 169, 172
Engpasstheorie 30, 67
– fünf Schritte des Kerns der 67
Entgangene Defekte 89
Entkoppeln 66, 85
Entscheidungen 42, 66, 78, 86, 87, 91, 93, 99, 121, 124, 130, 136, 140, 143, 156
– bei Projekten, Produkten und Initiativen der Organisation 160
– für ein Optimierungskriterium 87
– Prinzipien aus der Soziokratie 156
– Prinzipien für 156
– Revidierbarkeit jeder – 156
– strategische 113
– treffen 225
– über Arbeit 116
– unternehmenspolitische 103
– widerspruchsfreie 86
Entscheidungsautonom 130
Entscheidungsfreiheit 117, 152
Entscheidungshoheit 127
Entscheidungskompetenz 121
Entscheidungsprozesse 17, 152
Entscheidungsstrukturen 136
Entwicklungsflexibilität 91
Entwicklungskosten 93
Entwicklungsphasen, überlappende 8
Entwicklungs-, Produktions und Servicestrom 72
Entwicklungsprozess 8
Entwicklungsstrom 72
Entwicklungsteams 99
Entwicklungszeit 78
Entwicklungszeitplan 91
Erfolge 103, 125
Erfolgsdruck 99
Erfolgsfaktoren für Open Space 181
Ergebnisse 79, 80, 159
Ergonomie, mangelnde 75
Erklärung über den Zweck eines Unternehmens 59
Erste-Anbieter-Renten 117
Escaped Defects 89
Evolutionäre Schritte 213

Ewiggestrige 17
Experimente 76, 100, 185, 215
Experimentelles Vorgehen 77
Experten 76, 143, 149, 185
– in der Organisation 143
– teamungebundene 143
Experten-Gruppen 46

F

Facilitatoren 176, 180, 187
Faktor, begrenzender 67
Fast Followers 62
FAVI 40, 135
Features 81, 90, 102
Feature Teams 112, 139
Feedback 84, 114, 159, 197
– schnelles 143, 184
Feedback-Prozesse, offene 143
Feedback-Schleifen 148, 204, 205, 216, 217
– zum Inhalt 205
– zur Vorgehensweise 205
Feedbackstrukturen 148
Feedbackzyklen 214
Fehler XIII, 75, 81, 90, 102
Fehlerkorrektur 75
Fehlproduktion 11
Feststellungen über Wertströme 84
FIFO-Kopplungen 111
Firmenpolitik 17
Fixkosten 67
Flexibilität 86
Fließband 83
Fließgeschwindigkeit 65, 89, 90, 108
Flight-Levels-Modell 148, 160, 192, 199, 200, 212
– Flight Level 1 201
– Flight Level 2 201
– Flight Level 3 165, 202
Flow 31, 210, 216, 217
– Distribution 89
– Efficiency 89
– Load 89
– Time 89
– Velocity 89
Flurfunk 125
Fluss 100, 101, 104, 105, 210
– der Elemente 82
– kontinuierlicher 108, 110, 112
– Metriken 89, 90
– Prinzip 10
Flusseffizienz 65, 89, 90, 99
Flussgrößen 89, 90
Flussorientierung 120
Flussverteilung 89, 90
Fokus auf den Kunden 216, 217
Folgeprozess 73
Follow-up 181

Ford, Henry 107, 151
Formell autorisierte Führungskräfte 198
Formelle Struktur 154
Forschung und Entwicklung 107
Freiheiten 98
Friedrich, Kerstin 151
Führen 123
Führung 31, 98, 121, 150, 216
– komplexitätsgerechte 98
Führungsaufgaben 17, 98
Führungskräfte, Aufgabe der 152
Führungsspanne 144
Funktionale Trennung 39, 45, 47
Funktionen 45, 81, 82, 90, 102
– mehr 99
Funktionsbereiche 47, 128
Funktionsspezialisierung 120
Funktionsübergreifendes Lernen 8

G

Galilei, Galileo 67
Gamifizierung 149
Gangbarkeit 156
Gehalt 163
Gemba 67, 101
Gemba Walk 101
Gemeinschaften 59
Genba 101
Genchi Genbutsu 101
Generalist 142
Gerüchteküche 125
Gesamtablauf, optimaler 101
Gesamtkosten, Minimum der 96
Gesamtlebensdauer 93
Gesamtprofitabilität 93
Geschäftsergebnisse 89, 90
Geschäftsfelder 103
Geschäftsführung 129
Geschäftsprozesse 33, 50, 102, 103, 118
Geschäftszahlen 84
Geselle 188
Gesellschaft 127
Gesetz der zwei Füße 178
Gesetz von Ashby 82, 83, 110, 115, 137, 138, 156
Gesetz von Conway 134
Gesetz von Little 96
Gestaltungsspielraum 17
Gewinn 170, 172
Gewinnmaximierung 170, 172
Gilden 121
Goethe, Johann Wolfgang von 76
Goldene Henkel 153
Goldene Regel der Mechanik 67
Goldratt, Eliyahu M. 67
Google 86
Gottl-Ottlilienfeld, Friedrich von 45

Grenzen 216
Größe von Arbeitsblöcken, optimale 93
Großgruppenformate 61, 147
Großgruppenmethode 132, 174
Großgruppenprozess 138
Grundbedürfnis, konstantes 172
Gründer 59
Grundprinzip, systemtheoretisches 85
Grundprinzipien von Kanban 213
Grundprobleme der Taylor-Ford-Organisation 45
Grundprobleme heutiger Organisationen 16, 45
Grundsätze von Open Space 178
Grundstruktur der Organisation 44
Gruppen 45
Gruppenarbeitsphasen 174, 178
Gruppendynamik 8
Gruppenleistung 8

H

Ha 188
Haltung 151
Hamel, Gary 16, 40
Hammer, Michael 12
Handeln 191
Handlungen 93
Handlungsnotwendigkeit 113
Handwerker 86
Ha–Phase 195
Harvard Business Review 7, 13
Hauptproblem unserer Organisationen 19
Hauptprozesse 103
Hauptrolle 143
Headquarter 122
Hejl, Peter M. 58
Hermann, Silke 122
Herzberg, Frederick 26
Hierarchieebenen 18
Hierarchien 16, 136, 139
Hilfe zur Selbsthilfe 187
Holakratie 136
Humanismus 27
Humankapital 25
Hummeln 181

I

Ideation 86
Ideen 17
Identität 58
Individualität 74, 86
Industrie 4.0 68
Informationen 17, 69, 80, 81, 103
Informationsfluss 42, 69, 70, 72, 105, 121
Informationsstrom 69
Informationsstrukturanalyse 103
Informationsverluste 46
Informationsversorgung 129

Informationswege 103
Informelle Leader 198
Informelle Struktur 154
Info Shop 129
Initiativen 158, 160, 161
Inkrementell 84, 184
Innen-außen-Unterscheidung 124
Innovation 125, 129, 172
Innovationsfähigkeit 86
Innovationsstrategie 172
Input 50
In Search of Excellence 4
Instabilität, eingebaute 7
Institutionen, politische und staatliche 87
Integration 196
Integrationsphase 194
Interaktionen 145, 150, 161, 200, 217
– agile 148, 150, 193
– der Teams 201
Interaktionsstelle 145
Interdisziplinäre Teams 40
Interessengruppen 16
Interne Komplexität 48
Inverses Conway-Manöver 134, 135
Investitionen 93
Ist-Kommunikationsstruktur 134
Ist-Leistungen 131
Ist-Zustand 105
Iterationen 189
Iterativ 84, 184

J

Job für das Produkt 222
Job safety not role safety XV
Jobs-to-be-Done 222
Jones, Daniel-T. 74
Just-in-time 100

K

Kaffeepause 177
Kanban 111, 160, 199, 201, 210
– in der IT 210
– Kernpraktiken 213
Kanban-Board 210, 213
Kapazitäten 10
– zum Atmen 95
Kapazitätsauslastung 48, 103
Kapital 59, 74, 100, 172
Kawai, Mitsuru 136, 154
Kawashima, Hiromi 131
Kelvin, Lord 87
Kernkompetenzen 171
Kernproblem 171
Key Account Manager 128
Klar 76
Klarheit 148, 149
Klärungsaufwand 75

Kleinfabriken 35
Knoten 84
Know-how 49
Komatsu Ltd. 131
Kommunikation 116, 149, 150, 161, 200
– dialogorientierte 145
– schlechte 75
Kommunikationsbandbreite 67
Kommunikationsmittel 217
Kommunikationsnahtstellen 119
Kommunikationsprozesse 121
Kommunikationsstruktur einer Organisation 134
Kommunikationssystem 199
Kommunikationswege 103
Kommunizierende Röhren 153
Kompetenz 98, 152
Komplex 76, 78, 80
Komplexität 85, 138, 141, 149, 169
– organisationsinterne 138
Kompliziert 76, 78, 80
Kompromisse 87
Konflikte 86, 87
Konsensfindung 145
Konsumenten 25, 26, 92
Kontext
– klarer 79
– komplexer 80
– komplizierter 79
Kontextwechsel 33, 97
Kontinuierlicher Fluss 106, 108
Kontrollansatz 77
Kontrolle 150
– subtile 8
Kontrollsystem Gleichgestellter 17
Konzentration 171
Kooperation 161, 215
Kooperationsstrategie 172
Koordination 49, 150
– mehrerer Teams 201
Koordinationsaufwand 75
Koordinationsboard 202
Kopfarbeit 33, 80
Kopplungen 126
– zwischen Modulen und Produktteilen 92
Kosiol, Erich 43, 45
Kosten 65, 68, 74, 91, 93, 100, 103, 216
– Entwicklungs- 93
– Herstellungs- 93
– minimale 86
– Service- 93
– Vertriebs- 93
Kostenarten 96
Kostenbewertung 103
Kostensteigerungen 90
Kostenstrukturanalyse 103
Kostentreiber 75

Kriterien für den erfolgreichen Abschluss der Ha-Phase 196
Kriterien für den erfolgreichen Abschluss der Shu-Phase 195
Kunde 26, 61, 66, 72, 81, 83, 88, 92, 101, 105, 107, 123, 126, 127, 145, 152, 165
– Bedürfnisse des - 139
– organisationsexterner 26
Kundenanforderungen 80, 107
Kundenbedürfnisse 171
– verstehen 222
– zu erfüllen 222
Kundenfeedback 184
Kundenkontakt, direkter 93
Kundenorientierung 10
Kundentakt 83, 109, 110
Kundenwert 86
Kundenwünsche 81, 82, 86
Kurzer Dienstweg 125
Küssner, Mark 117

L

Lager 74
Lagerbestände 96, 131
Lagerkosten 96
Laloux, Frederic 40
LAMDA 192
LAMDA-Zyklus 99, 191
Leader, informelle 194
Leadership 216
Leading by example 98
Lead Time 89
Lean 155
Lean Administration 68, 74
Lean Change 73, 114, 148, 156, 173, 181
Lean Change 2.0 182, 186
Lean Change 3.0 23, 173, 186
Lean Change Canvases 218
Lean Change-Iterationen 193
Lean Change-Zyklus 185
Lean Coffee 121, 148, 205
– Abgrenzung zu Open Space 209
– Ablauf 207
– Einladung 206
– Funktionsweise 206
– Informationsaustausch 209
– Modifikationen 209
Lean Management 10, 31, 40, 48, 68, 74, 89, 101, 151, 216
Lean Office 68
Lean-Philosophie 74
Lean-Prinzipien 11
Lean Startup 184
Lean Thinking 10, 74
– fünf Schlüsselprinzipien 31
– Prinzipien des 206
Lebende Organismen 42

Lebenszyklus-Gewinn 90, 91
Leffingwell, Dean 69, 74
Leidenschaft 175, 176
Leistung 125
– administrative 129
– Bewertung durch den Kunden 91
– compliance-relevante 129
– der Organisation 15
– gewünschte 92
– ohne Marktbezug 128
Leistungsabweichungen 131
Leistungsbeziehungen 123, 126
Leistungseinheiten 145
Leistungsempfänger 127
Leistungserstellung, bedarfsgerechte 11
Leistungserstellungsprozess 68
Leistungsfähigkeit, Verbesserung der Leistungsfähigkeit von Systemen 67
Leistungsindikatoren, ganzheitliche 17
Leistung, zusätzlich gewonnene 91
Leopold, Klaus XII, 199, 204
Lernen 84, 117, 143
– erster Ordnung 146, 197
– funktionsübergreifendes 8
– permanentes 146
– verschiedener Ordnungen 146
– wechselseitiges 143
– zweiter Ordnung 147, 197
Lernende Organisation 23, 116, 146, 164
Lernendes System 148
Lernkapitel 188
Lernkultur 139
Lernmechanismen 148
Lernphasen 188
Lernprozesse 31, 138, 170, 172
Lernschleife 114, 143
Lerntransfer 8
Lerntransfer im Unternehmen 8
Lernveranstaltungen 121
LeSS 112, 139
Levitt, Theodore 222
Lieferanten 59, 109
Liegezeiten 33, 75
Lightsmith, Jeremy 205
Linienorganisation 128
Little, Jason 182
Little, John D. C. 96
Littles Gesetz 217
Lokale Steuerung 108, 109
Lose Kopplung der Module im Produkt 135
Losgröße 33, 108
Luxusgüter 86

M

Macht 46
– Organisation der formalen 42
Make or Buy 113

Malik, Fredmund 170
Management 18, 47, 98, 128, 158
– Aufgabe des 68
– kompliziertheitsorientiertes 98
Managementkapazitäten 67
Managementkonsequenzen 8
Management-Modell 199
Managementparadigmen 67
Managementphilosophie 10
Managementprozesse 18
Managementsystem 6, 84
– sieben tödliche Krankheiten 6
Manager 180, 198
Manifest für Agile Softwareentwicklung 14
Manufakturen 86
Markt 107, 123, 165
Marktanalysen 107
Marktanforderungen 86
Marktbedürfnisse 171
Marktbeobachtung 107
Marktbezug 127
Märkte 124
– interne 17
Marktforschung 107
Marktführerschaft 62
Marktführung 170
Marktgeschehen 165
Marktmacht 107
Marktphase 177
Marktveränderungen 66
Maßnahmen 103
– umzusetzende 179
Material 79, 81, 100
Materialbewegungen 75
Materialfluss 68, 72, 82, 112
Matrix 143
Matrix-Organisation 143
Matrixstruktur 46
Matsushita, Konosuke 49
Mayer, Arthur 48
McGregor, Douglas 115
Meeting, hierarchiefreies 209
Mehrheitsentscheid 208
Mehrkosten für Koordination, Kommunikation und Interaktion 135
Mehrleistung 135
Mehrwert für Kunden 59
Meister 188
Mengen 103
Menschen 98, 151
– drei Grundbedürfnisse 151
Messgrößen 88, 89
– in Bezug auf das Business 89
Mewes, Wolfgang 169, 171
Mikro-Unternehmen 133
Minimumprinzip 171

Minimum von Lager- und Transaktionskosten 66
Mini-Retrospektive, tägliche 205
Mini-Review, täglicher 205
Mission, Management 2.0 18
Mitarbeiter 59, 98, 127
– Wertstrom 151
Mitarbeiterpotenzial, nicht-genutztes 75
Mitarbeiterzufriedenheit 34, 89
Mitbestimmung 17
Modelle 215
Modularisierung des Produktes 92
Module 66, 85
Moltke d.Ä., General 114
„Moon Shots for Management" 16
Morgenrunde 178
Morning Star 40, 144
Motivation 98, 172
Motivationsmaßnahmen 75
Muster 77
Mythen der Produktentwicklung 99

N
Nacharbeit 75
Nachfrageüberhang 107
Nahtstellen 85, 109, 119, 145, 150, 157
Nahtstellenorganisation 145, 157
Net Promoter Score 89
Netz 145
Netzwerke 131
– dynamische 139
– flexible 139
– komplexe – auf Basis von Zusammenarbeit 84
Netzwerkeffekte 18
Netzwerkorganisation 124
Netzwerkstrukturen 84
Neue Formen der Arbeit 144
Neue Philosophie des Managements 16
New Work 27
NGOs 87
Nicht-Planbarkeit 80
Nicht-Routine-Prozesse 136
Nicht-Vorhersagbarkeit 80
Niederlassungen 123
Nonaka, Ikujiro 7
Nordsieck, Fritz 40, 130
Not necessary but nice to have 66
NPS 89
Nutzen 43, 91, 92, 152, 172
– für den Kunden 55
– Maximierung des 170
– Maximierung des Nutzens für die Zielgruppe 172
– verschwendungsfrei erzeugt 40
– zwingender 170
Nutzenmaximierung 171, 172

O
Oberflächlichenkosmetik 27
Offenheit 131
One piece flow 210
Open Fridays 174, 196
Open Space 23, 61, 147, 155, 156, 157, 173, 174, 186, 189, 192, 193, 209
OpenSpace Agility 186, 187
OpenSpace Beta 186, 187
OpenSpace Change 23, 73, 148, 149, 156, 157, 173, 186
OpenSpace Change Canvases 221
OpenSpace Change Coaches 198
OpenSpace Change Facilitator 198
OpenSpace Lean Change 186
Operative Ebene 160
Optima, lokale 85, 119
Optimieren 48
– der Auslastung 95
Optimierungen, lokale 128, 139
Optimierungsbestrebungen, ressortbezogene 119
Optimierungsinseln 48
Optimierungskriterien 86, 87
Optimierungspotenzial 103
Optimierungsziele 86
Optionen 185
Organigramm 42, 115, 134
Organisationales Lernen organisieren 197
Organisation der Wertschöpfungsprozesse 25
Organisationen 43, 66, 84, 103, 131, 134, 149, 160
– als Maschinen 42
– als statische Gebilde 42
– funktional getrennte 121
– Gestaltung von 21
– in der Lean-Unternehmung 117
– segmentierte 118, 132
Organisationsdesigns 42
Organisationseinheiten, funktionsintegrierte objektbezogene 118
Organisationsentwicklung 35, 215
Organisationsform, zukunftsgerechte 25
Organisationskultur, Gestaltung 27
Organisationsmitglieder, gemeinsame Realität 58
Organisationsphysik 125
Organisationsstruktur 31, 55
Organisationsstrukturanalyse 103
Organisatorische Aufgaben 103
Organisatorische Schulden 39, 40
Ort der Wertschöpfung 101
Ortsbezug 80
OSA 187
OSB 187
OSC 186, 187
Outcome 43, 63, 64
Out of the Crisis 6

Output 43, 50, 63, 64
Over-Engineering 153
Owen, Harrison 174

P
Parallelisierung der Arbeit 142
Parameter 85
PDC3A-Zyklus 148
PDCA 99, 191, 192
PDCA-Zyklus 101, 114, 189, 190, 192
Perfektion 11, 99
Peripherie 122, 123, 124, 129, 130, 143, 165
– segmentierte 132
Peripheriezellen 129
Personalverwaltung 129
Peters, Thomas J. 4, 61, 136, 137, 164
Pfirsich-Modell der Organisation 122
Pfläging, Niels 121, 125
Plan 99, 190, 192
Planbarkeit 78, 79
Plan–Do–Check–Act-Zyklus 99, 190
Planen 190, 204
Planning 150, 193, 204
– 1 204
– 2 204
Planung 99, 193
Planungsstelle 107
Porter, Michael E. 69
Preis, gewünschter 92
Preisansprüche 92
Preisvorstellungen 92
Pre-Sales-Service 72
Primäre Aktivitäten 70
Prime/OS^{TM} 173, 186, 187
Priorisierung 98, 99, 184
– fehlende 99
Prioritäten 67
Problemlösungen 121
Problemlösungsarena 136
Problemlösungskompetenz 130
Probst, Gilbert J. 39, 40
Produkt 62, 64, 69, 78, 90, 93, 101, 103, 104, 134, 143, 158, 160, 161
Produktaufbau 82
Produktbezogener ROI 93
Produktentwicklung 64
Produktfamilie 101
Produktfunktionen 81
Produktidee 72
Produktion 68, 78, 79, 104, 107, 115
– zu frühe 74
Produktionsbereich 131
Produktionskontext 81
Produktionsmix 111
Produktions-Produkt-Markt-Geschäftseinheiten 119
Produktionsprozesse 79

– lineare 84
Produktionsrhythmus 88, 108
Produktionsstart 72
Produktionsstraße 97
Produktionsstrom 72
Produktionsumgebungen 81
Produktionsvolumen 112
Produktivität 75, 84, 163
Produktivitätsfortschritt 162
Produktivitätsverbesserung 163
Produktkonzept 7
Produktmanager 128
Produktstruktur 82, 85
Produktteile 85
Produktverfügbarkeit 90
Produkt-Wertstrom 151
Profit Center 128
Projekte 73, 93, 99, 118, 137, 143, 155, 158, 160, 161
Projektmanager 128
Projekt-Organisation 143
Projektteams, selbstorganisierende 8
Prozessanalyse 103
Prozessbeschreibungen 67
Prozesse 32, 69, 79, 80, 100, 108
– administrative 79
– falsche oder schlechte 75
– immaterielle 170
– nicht planbare 94
Prozessketten 109
Prozess-Landkarte 42
Prozesslernen 147, 197
Prozessorganisation 13, 43, 50, 118
Prozessorientierung 120
Prozessregeln 214, 216
Prozessschritte 67, 213
– unnötige 75
Psychologische Grundbedürfnisse 152
Pull 31, 127, 155
Pull-Prinzip 11
Pull-System 106, 107, 108, 111, 114, 214
Punkt, kybernetisch wirkungsvollster 171
Push 155

Q
Qualität 65, 74, 75, 81, 86, 89, 90, 100, 112
– eines Prozesses 33
– gewünschte 92
Qualitätsansprüche 92
Qualitätsprobleme 75
Qualitätssicherung 67

R
Rahmenbedingungen 99, 116, 150, 176
Rampe zu Rampe 68, 71, 105
Rapid Prototyping-Techniken 92
Raum 74

- offenhalten 176
Reagieren auf Veränderung mehr als das Befolgen eines Plans 14
Reaktionsgeschwindigkeit auf Änderungen 90
Reaktionszeit 92
Rebellen 17
Rechnungslegung 129
Red42 GmbH 122
„Redestab"-Zeremonie 180
Redundanzen 157
Refinements 150, 193, 204
Reflexion
– bzgl. der Vorgehensweise des Tuns 146
– bzgl. des Inhaltes des Tuns 147
– bzgl. des Lernprozesses 147
Reflexionsprozesse 138
Reframing 13
Regelabweichung 159
Regelkreise 109, 159
Regeln 156, 159, 216
– statt steuern 159, 197
Regelung 69, 116, 126, 131, 150, 159
– der Wertströme einer Organisation 199
– lokale 123
Regelungsprozesse 140
Regelungssysteme 148
Reife der Technologie 222
Reinertsen, Donald G. 92
Relevanz 175
Renewing 12
Reputationsträger 194, 198
Respekt für die Menschen 216, 217
Ressourcen 17, 71, 74
– interne 187
Ressourcenauslastung 99, 139
Ressourcenhoheit 127, 130
Ressourcenzuteilung 17
Restructuring 13
Retrospektiven 121, 143, 146, 148, 150, 193, 197, 204, 214
Return on Invest 93
Reviews 121, 143, 147, 148, 150, 160, 193, 197, 204, 214
Revitalizing 13
Ri 188
Richtige Dinge 152
Richtige Dinge richtig tun 184, 197
Ries, Eric 146
Ri–Phase der Meisterschaft 197
Risiken 81, 90, 102
ROI 93
Rollen 124, 144
– im Open Space 180
– in OpenSpace Change 198
Rolleninhaber 144
Rother, Mike 72
Routine 139

Routine-Prozesse 136
Rückfragen 75
Rückkopplungen 148, 149
Rückkopplungselemente 84
Rückkopplungsstrukturen 116
Rüstzeiten 33
– geistige 33
Ruth Seliger 140

S

SAFe® 69, 71
Schlüsselposition, strategische 172
Schmetterlinge 181
Schnittstelle 46, 145
Schrittmacher 105
Schrittmacher-Prozess 110, 111, 112, 114
Schrittweise 84
Schulden 81, 90, 102, 112
Schwachstellen 101, 103
Scope 78
Scrum 15, 110, 112, 139, 143, 160, 163, 201, 204
Scrum-Team 4
Segmente 118, 132
Segmentierung 120, 121
– der Organisationen nach Objekten 118
Sehen lernen 72
Selbstbedienungslager 108
Selbstbestimmungstheorie 152, 155
Selbstoptimierung 145
Selbstorganisation 99, 138, 150, 159
Selbstorganisierende Projektteams 8
Selbstorganisierte Teams 40
Selbstregelung 159
– einer Organisation 199
Selbststeuernde Prozesse 138
Selbststeuerung 110
Selbstwirksames Handeln 152
Selbstzweck 60
Self-Determination Theory 152
Self Selecting Teams 155, 157
Seltene Experten-Leistungen 129
Seneca 169
Service 115
– des Zentrums 133
Service Partner 128
Servicestrom 72
Session 177
Sessionanbieter 180
Shared Services 128
Shewhart Cycle 190
Shook, John 72
Shop Floor 131
Shop-Floor-Controlling 131
Shop-Floor-Management 131
Shu 188
Shu–Ha–Ri-Modell 186, 188

Shu–Phase des Erlernens 189
Sicherheit 81, 86
Sicht auf das System 137
Sicht auf Einzelressourcen 137
Sichtbarkeit halbfertiger Produkte 80
Sichtweise
– marktgetriebene 171
– systemische 124
– systemtheoretische 124
Sieben Leitfragen für OpenSpace Change 188
Signalkarte 210
Silodenken 144
Single Loop Learning 146
Sinn 58, 98, 150, 152, 153, 156
sipgate 174
Skalenvorteile 121
Skalierungsframeworks, agile 69, 112, 139
Snowden, Dave 76, 158
Sofortmaßnahmen 103, 104, 179
Software 68
Software-Architekt 81
Softwareentwicklung 78, 81, 84, 89, 97, 102
Soll-Kommunikationsstruktur 134
Soll-Wertstrom 106, 115
– idealer 101
Sommerlatte, Tom 118
Soziale Eingebundenheit 152, 153
Soziokratie 156
Spezialgebiet, erfolgversprechendstes 172
Spezialisierung 49, 139, 171, 172
– auf einen eingeschränkten Objekt- oder auch Produktbereich 120
– funktionale 139
Spezialisten 142
Spezialwissen 143
Spielerische Elemente 149
Spieltheorie 186
Sponsor 175, 180, 198
Spotify 24, 28, 86, 135
Sprints 110, 112, 189, 193
Stabsstellen 128
Stakeholder 199
Standups 193
Start-ups 143
Stellen 45
Steuern 159
– wird durch Feedback zum Regeln 159
Steuerung 49, 126, 150, 159
– ganzheitliche 170
– zentrale 109, 111, 116, 123
Steuerungsaufwand 75
Steuerungsphilosophie, traditionelle 140
Störanfälligkeit des Wertstromes 95
Störungen 33
Störungskarte 131
Storytelling 150, 152, 186, 194
Strategie 17, 58, 90, 103, 169, 172

– Engpasskonzentrierte 169
Streben nach Perfektion 31
Strom der Wertschöpfung 70
Structure follows Process follows Value follows Purpose follows Benefit 40
Strukturen
– der Organisation 49, 135
– des Produktes 135
– des Wertstroms 81
– dysfunktionale 151
– formale 134
– formelle 125, 144, 154
– informelle 125, 154
– lineare 83, 84
– lineare – der Wertströme 79
– organisatorische 172
Stückkosten 91
Subsystem 145
Subtile Kontrolle 8
Sunk cost 216
Supermärkte 108, 114, 129
Sutherland, Jeff 15, 163
Symbole zur Wertstrom-Aufnahme 105
Synchronisierung 88
Systemadministration 129
Systeme 85, 134, 145, 159
– komplexe 171
– lebende 124
– soziale 138
– Verbesserung der Leistungsfähigkeit von 67
– vernetzte komplexe 171
Systemgrenzen 120
Systemmitte 145
Systemtheorie 67

T

Tagesgeschäft 103
Takeuchi, Hirotaka 7
Taktzeit 88, 110
Talente 17
Tätigkeiten der Mitarbeiter
– nichtwertschöpfende 33
– tatsächlich verrichte 103
Tätigkeitsstrukturanalyse 103
Taylor-Ford-Organisation 15, 44, 45, 47, 49, 85, 107, 109, 121, 128, 139, 144
Teamarbeit 138
– motivationale Aspekte 141
Teambasierende Organisation 34
Team Canvases 219
Teamgröße 130, 140
Teamorganisation 140
Teams IX, XII, 4, 8, 16, 71, 73, 99, 112, 115, 123, 131, 132, 137, 139, 140, 143, 145, 150, 151, 152, 156, 198, 201
– crossfunktionale 71, 142
– diverse 8, 140

– mit Themen verknüpfen 155
– selbstorganisierte 138, 150, 160
– universell einsetzbare 139
– Wertstrom organisieren 156
– zusammenstellen 155
Teamstrukturen 139, 141
Team-WiP-Limits 203
Technische Durchstiche 92
Technische Systeme 76
Technologie 33, 90
Technologieeinsatz, nicht-sachgerechter 75
Teile 81
Teilleistung 104
Teilnehmer 180
Teilprodukte 85
Teilsystem 85
Teilwertströme 85
Tetris spielen 95
Themenboard 207
The New New Product Development Game 7
Theory of Constraints 30, 67
Thomson, William, 1. Baron Kelvin 87
Tickets 210
Tiefes Spezialwissen 142
Time Boxing 184
Tooling 200
Tools 200
– technische 84
Toyota 86, 109, 136, 151, 154
Toyota-Produktionssystem 210
Transaktionskosten 96
Transfer 33
Transferzeiten 33
Transformation 182
– agile 169
Transition 182
Transparenz 87, 116, 131, 148, 149, 216
Transporte 75, 105
Trennung 145
– funktionale 116
– horizontale 119
– vertikale 119
– von Entscheiden über und Ausführen von Arbeit 127
T-Shaped Professionals 142
Tun 190-

U

Übergaben 119
Übergangserfahrung 188
Übergangzeiten 33
Über-Information 74
Überlappende Entwicklungsphasen 8
Überproduktion 11, 74
Überprüfen 191
Ulrich, Hans 39, 40
Umfang des Produktes 78

Umkehrbarkeit 156
Umsatz je Wertstrom 131
Umsetzungsgruppe 181
Umsetzungsphase 196
Umwelt 124
Unordnung 77
Unterbrechungen 33
Unternehmensgrößen 89, 90
Unternehmensnetzwerk 174
Unterscheidung
– innen – außen 122
– oben – unten 122
– zwischen Wertströmen und Prozessen 50
Unterstützende Aktivitäten 70
Unterstützer, externe 187, 194
Unvorhersehbares 98
Unvorhersehbarkeit 94
Ursache und Wirkung 77

V

Value 89
Value Chain 69
Value Stream 51, 70
– Cost 89
– Design 101
– Happiness 89
– Mapping 51, 101
– Planning 101
– Quality 89
Varianz der Bearbeitungszeit 66, 94
Veränderungen
– als Experimente 215
– Iterative und inkrementelle 184
– systemische 186
– während der Produktentwicklung 91
Veränderungsbarrieren 139
Veränderungsfähigkeit 183
Veränderungsinhalte 186
Veränderungsphasen 186
Veränderungsschmerz 67
Verantwortlichkeit 73
Verantwortung 98, 117, 143, 144, 155, 175, 176, 179
– für den Wandel 17
– operative 60
Verarbeitungszeit 75
Verbesserung 87, 101, 215
– des Wertstromes 100
– kontinuierliche 212
Verbesserungsbewusstsein 139
Verbesserungspotenzial 33, 51, 107
Vereinbarungen 179, 215, 217
– der beteiligten Teams 145
Verfügbarkeit 74
Verfügbarkeitssignale 214
Vergangenheit, Einfluss der 17
Verhalten 99

Stichwortverzeichnis

Verhaltenskontrolle 160
Verkaufsrhythmus 88
Verschwendete Lebenszeit 151
Verschwendung XIII, 10, 15, 19, 22, 51, 71, 74, 83, 84, 100, 101, 103, 105, 127, 151, 184
– Arten von 74
– erkennen und beseitigen 32
– in der Produktentwicklung 184
– Ursachen 101
– vermeidbare 90
Verschwendungsarten 25, 74
Verstehen 215
Vertrauen 16, 98, 150, 172
Verwaltung 78, 81
Verwirrung 75
Verzögerungen 90
Veto-Entscheid 208
Visualisierung 65, 131
Visual Management 131
Von der Wardley Map zum Wertstrom 227
Vorbereitung Open Space 175
Vorbereitungszeiten 33
Vorgänge
– immaterielle 172
– materielle 172
Vorgehen
– sequenzielles 8
– systemisches 174
Vorgehensweise 143
– agile 143
Vorgesetztenverhältnis 144
Vorhersagbarkeit 79
Vorhersehbares 98
Vor Ort gehen 101

W

Wachstumsfaktoren 170
Ward, Allen C. 191
Wardley Maps 113, 149, 221
– Aufbau 222
Warteschlangen
– Längen von 214
– System 96
Warteschlangentheorie 94, 99, 217
Wartezeiten 10, 75, 106
Was lagert – das rostet – das kostet 33
Waterman, Robert H. 4, 61, 136, 137, 164
Wechselseitige Verpflichtungen 144
Wechselwirkung 159
Weichselbaum, Ernst 145
Weiß, Enno 138
Weisungsbefugnisse 126
Welch, Jack 58
Wert 24, 65, 70, 74, 83, 89, 90, 216
– für den Kunden 81, 216
Wertbeurteilung 74
Wert(ein)schätzung 74
– des Kunden 74
Werterhalt 60
Werte von Kanban 215
Wertkette nach Porter 69
Wertschöpfend mit den Anforderungen der Peripherie 124
Wertschöpfend mit den Anforderungen des Marktes 124
Wertschöpfung 15, 31, 40, 41, 43, 48, 49, 50, 55, 66, 74, 75, 123, 126, 161, 165
– im engeren Sinne 127
– im weiteren Sinne 127
– unmittelbare 129
Wertschöpfungsbeziehungen 126
Wertschöpfungsergebnis 33
Wertschöpfungsgrad 33
Wertschöpfungskette 69
Wertschöpfungskettensystem 70
Wertschöpfungs-Netzwerke 84
Wertschöpfungsprozesse 31, 85, 86, 103
Wertschöpfungsstruktur 31, 85, 125, 130, 144, 154
Wertschöpfungssystem 85
Wertschöpfungszeiten 33, 88
Wertstrom 10, 32, 50, 51, 64, 67, 68, 69, 72, 77, 81, 85, 87, 90, 92, 99, 101, 102, 108, 115, 132, 135, 138, 139, 151, 156, 213, 216
– als Produkt 73
– -Analyse 51, 73, 101, 102, 104, 105
– -Aufnahme 106
– -Design 101, 105
– für komplexe Produkte 25
– Gesundheit des 89
– idealen ~ entwerfen 105
– in der Wissensarbeit 84
– klarer 77, 82
– komplexer 79, 82, 83
– komplizierter 79, 82
– -Kosten 89, 90
– kundenorientierter 106
– linearer 79
– -Management von 65, 68, 98, 100, 101, 115
– -Management, Ziel 71
– -Netzwerke 80, 84, 102, 165
– -Organisation 23, 34, 143, 146
    – Grundlagen der ~ 117
    – Vorteile 34
    – Weg zur 31
– organisieren 156
– perfekter 68
– -Planung 101, 113
– Richtlinien für effizienten und kundenorientierten 110
– -Segmente 71
– Struktur 82, 84, 85, 98
– Unplanbarkeit der Struktur 84
– -Vision 101

– Vorgehensweise zur Aufnahme des 104
– zwei Klassen von – 151
Wertstromschleifen 114
Wertstromunterbrechungen 25
Wettbewerb 103
Wettbewerbsfaktoren 74
WiP 66, 89, 97, 184, 213
WiP-Limit 184, 203, 211
Wir-Gefühl 58
Wissen 142
Wissensarbeit 78, 80, 84, 102
W. L. Gore & Associates 28, 135
Wohland, Gerhard 123
Womack, James P. 74
Workflow 210
Work in Progress 66, 89, 96, 97, 184, 213
Work-in-Progress-Limit 203, 211
Wozu 169

Y
Yammer 174

Z
Zahlungsbereitschaft 74
Zahlungseingang 33
Zeitbezug 80
Zeiten
– nichtwertschöpfende 101
– wertschöpfende 101
Zeitpunkt, gewünschter 92
Zellen 123
– der Peripherie 126
– des Zentrums 126
– mit Marktkontakt 122
– ohne Marktkontakt 122
Zellstrukturdesign 121, 130, 132, 139, 143
– Größe einer Organisation im 130

– was es im – nicht gibt 128
Zellteilung 124
Zentrale 123
Zentrale Steuerung 39, 45, 47
Zentralisierungsbestrebungen 117
Zentrum 122, 123, 124, 128, 132, 143, 165
Zergliederung 48
Ziehmann, Klaus 45
Ziele 131, 159
– Wertschöpfungsprozess auf ein Ziel ausrichten 86
Zielgruppe 170
– erfolgversprechendste 172
– Maximierung des Nutzen für die 172
Zielkonflikt 48
Zielzustand einer Veränderung 182
Zufriedenheit der Mitarbeiter 65
Zug 127
Zusammenarbeit 145, 149, 157, 161, 217
– mit dem Kunden mehr als Vertragsverhandlung 14
– verbessern 157
Zusammenarbeitsstrukturen, komplexe 84
Zu-seiner-Sache-machen 117
Zuständigkeiten 16
Zweck 16, 56
– die Wirkung von Zweck auf die Organisation 58
– einer Organisation 43, 55, 58
– eines Unternehmens 58
– primärer 57, 60, 61, 63, 86
– sekundärer 57, 60, 86
Zwischenbestände 10
Zwischenergebnisse 79, 80
Zwischenlagerungen 105
Zykluszeit 88, 214
– für Mitarbeiter 88

> Wie Sokrates weiß der Stückwerk-Ingenieur, wie wenig er weiß.
> Er weiß, dass wir nur aus unseren Fehlern lernen können.
> Daher wird er nur Schritt für Schritt vorgehen und die erwarteten
> Resultate stets sorgfältig mit den erreichten vergleichen …
>
> – Karl Popper